DISCOURS

SUR

LES RÉVOLUTIONS

DU GLOBE

Par CUVIER

AVEC DES NOTES D'APRÈS LES DONNÉES LES PLUS
RÉCENTES DE LA SCIENCE

ET UNE NOTICE HISTORIQUE

PAR

PAUL BORY

PARIS

BERCHE ET TRALIN, ÉDITEURS

69, RUE DE RENNES

—

1881

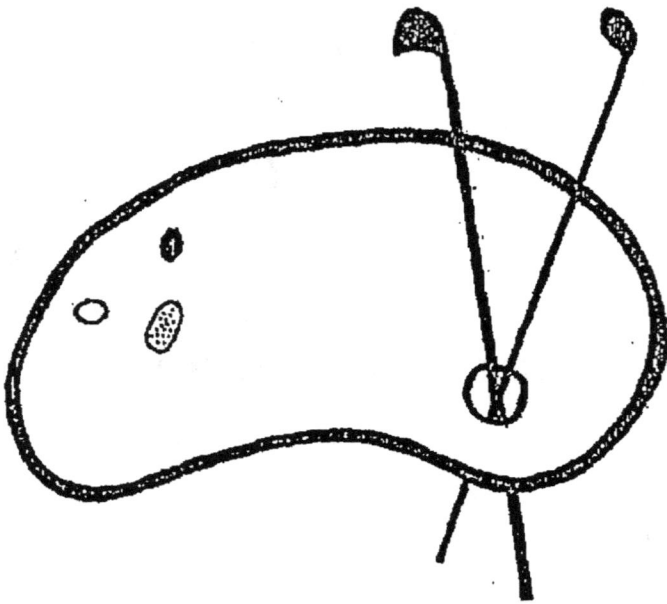

COUVERTURE SUPERIEURE ET INFERIEURE
EN COULEUR

BIBLIOTHÈQUE DES CHEFS-D'ŒUVRE

Format in-8 : 4 fr. 50. — Grand in-12 : 3 fr.

60 VOLUMES PARUS

Bernardin de Saint-Pierre. *Etudes de la nature* Nouv. éd. 1 vol.

Boileau. — *Poésies suivies du Traité du Sublime de Longin..* 1 vol.

Bossuet. — *Discours sur l'Histoire universelle.........* 1 vol.

Bossuet. — *Sermons, Panégyriques et Oraisons funèbres; n. éd.* 1 v.

Buffon. — *Les Animaux carnassiers.* Nouv. éd. revue et annotée. 1 vol.

Buffon. — *Les Oiseaux* de proie et les oiseaux qui ne peuvent voler. 1 vol.

Buffon. - *Les Quadrupèdes.* Animaux domestiques et animaux sauvages en France............ 1 vol.

Buffon-Lacépède. — *Les Amphibies et les Cétacés........* 1 vol.

Charlemagne. — *Histoire de Charlemagne et de son Temps,* d'après Eginard, par M. Dubois, pr. d'his. 1 vol.

Châteaubriand. — *Génie du Christianisme.* Nouv. édit...... 2 vol.

Châteaubriand. — *Itinéraire de Paris à Jérusalem.* Nouv. éd. 2 vol.

Corneille (Pierre). — *Œuvres choisies........* 1 vol.

Croisades (les premières) et le royaume de Jérusalem......... 1 vol.

Croisade (la) de Constantinople et son influence sur le commerce. 1 vol.

Croisades (les) *de saint Louis,* nouv. édit., avec un Avant-Propos 1 vol.

Cuvier. — *Discours sur les révolutions du globe,* avec des notes d'après les données les plus récentes de la science................. 1 vol.

Descartes. *Œuvres choisies.* 1 v.

Du Guesclin (Bertrand). — *Mémoires sur sa vie et ses exploits.* 1 vol.

Fénelon. - *Aventures de Télémaque,* préc. d'un avant-propos. 1 vol.

Fénelon. — *Traité de l'existence et des attributs de Dieu.......* 1 vol.

Gaulois et les Romains. (les), par M. Dupontacq, pr. d'hist. 1 vol.

Guerre de Cent ans. D'après Froissard, les religieux de St-Denys, Juvénal des Ursins et la chronique de Jeanne d'Arc (1328-1453)... 2 vol.

Joinville (sire de). *Mémoires ou histoire de saint Louis IX.....* 1 vol.

Josèphe. — *Histoire de la guerre des Juifs contre les Romains...* 2 vol.

La Bruyère. — *Les caractères de Théophraste,* préc. d'une préf. 1 v.

Lacépède. — *Les quadrupèdes ovipares,* précédés d'une notice. 1 vol.

Lacépède. *Histoire naturelle des serpents.................* 1 vol.

Lacépède. — *Les Poissons,* précédés d'un discours sur la pêche, etc. 1 v

La Rochefoucauld. — *Réflexions, Sentences et Maximes morales.* — **Vauvenargues.** *Œuvres choisies................* 1 vol.

Le Sage. — *Histoire de Gil-Blas,* revue et corrigée pour la jeunesse. 1 v.

Loyal Serviteur (le). *Mémoires du chevalier Bayard.* Nouv. édit. en français moderne............ 1 vol.

Lucain. — *La Pharsale,* traduct. de Marmontel avec des notes... 1 vol.

Malebranche. — *La recherche de la vérité,* préc. d'un avertis. 2 vol.

Massillon. — *Petit Carême.* 1 v.

Molière. *Œuvres choisies.* 1 vol.

Montesquieu. — *Considérations sur les causes de la grandeur et de la décadence des Romains........* 1 vol.

Montluc (Blaise de), maréchal de France. *Ses commentaires,* commençant en 1521 et finissant en 1574... 2 vol.

Pascal. — *Pensées,* précédées de la *Vie de Pascal,* par Mme Périer. 1 v.

Plutarque. *Les Vies des Grecs illustres,* traduct. de Ricard... 2 vol.

Plutarque. *Les Vies des Romains illustres,* traduct. de Ricard... 2 vol.

Racine. *Œuvres choisies...* 1 vol.

Retz (card. de). *Histoire des troubles civils de la Fronde* (1649-1653) 2 vol.

Sévigné (Mme de). *Lettres à Mme de Grignan,* pr. d'une Notice. 2 v.

Shakespeare. *Œuvres choisies,* Jules César, Hamlet, Macbeth, Richard II et Timon d'Athènes, traduction de M. Letourneur............ 1 vol.

Thierry (Augustin). *Récits des temps Mérovingiens..........* 1 vol.

Thierry (Augustin). *Conquête de l'Angleterre par les Normands.* 2 vol.

ANGERS, IMPRIMERIE A. BURDIN ET Cie, RUE GARNIER, 4.

DISCOURS

SUR

LES RÉVOLUTIONS DU GLOBE

ANGERS, IMP. BURDIN ET Cⁱᵉ, RUE GARNIER. /

DISCOURS

SUR

LES RÉVOLUTIONS

DU GLOBE

PAR CUVIER

AVEC DES NOTES D'APRÈS LES DONNÉES LES PLUS
RÉCENTES DE LA SCIENCE

ET UNE NOTICE HISTORIQUE

PAR

PAUL BORY

PARIS

BERCHE ET TRALIN, ÉDITEURS

69, RUE DE RENNES

1881

NOTICE HISTORIQUE SUR CUVIER

Le baron Georges-Léopold-Chrétien-Frédéric-Dago-
bert Cuvier est né le 23 août 1769, presque le même jour
que Napoléon Ier, à Montbéliard, petite ville du Doubs,
chef-lieu d'une principauté appartenant alors au duc de
Wurtemberg, mais qui, depuis, a été réunie à la France.

Sa famille était de la plus humble origine et avait sa
souche dans le petit village de Cuvier. Attachée aux
idées de la réforme, elle s'établit, au moment des troubles, dans la principauté de Montbéliard, où plusieurs de
ses membres occupèrent ensuite des charges distinguées.

Le grand-père de Cuvier était d'une branche pauvre
et remplissait à Montbéliard les modestes fonctions de
greffier de la ville. Il eut deux fils, dont l'un s'engagea
dans un régiment suisse au service de la France; c'est
celui qui devint le père du grand Cuvier.

Sa bonne conduite et sa bravoure l'élevèrent au rang
d'officier et lui valurent d'être fait chevalier de l'ordre

du Mérite. Il avait déjà cinquante ans lorsqu'il épousa une femme encore jeune, dont le souvenir sera cher à la postérité, non seulement parce qu'elle donna le jour au savant dont nous esquissons la vie, mais surtout parce qu'elle fut son premier maître, et quelle déposa dans cette intelligence d'élite les premiers germes qui devaient produire de si admirables fruits.

Lorsqu'il prit sa retraite, après 40 années de loyaux services, le père de Cuvier n'avait que sa modique pension pour subvenir aux besoins de sa famille.

Le jeune Cuvier manifesta dès sa plus tendre enfance une étonnante vivacité de conception. Il avait une si grande ardeur de savoir que, plusieurs fois, il inspira pour sa vie des craintes que la délicatesse de sa santé semblait justifier.

C'est alors que Madame Cuvier se montra dans tout son éclat, femme d'un esprit supérieur et mère pleine de tendresse, en faisant de l'instruction de son fils la principale occupation de sa vie.

Tout en cultivant les précieuses dispositions de son enfant, elle sut lui épargner de ces épreuves physiques qui ont souvent leur contre-coup dans un âge plus avancé. Elle se fit son professeur; l'enfant sut lire à quatre ans. De bonne heure, il fut mis à l'étude du latin; et, bien qu'elle ne connût pas cette langue, sa mère lui faisait répéter ses leçons; elle le faisait dessiner; elle lui faisait lire de nombreux ouvrages d'histoire et de littérature. En un mot elle développa en lui, de la façon la plus intelligente, cette passion pour la lecture et cette curiosité de toutes choses qui, selon l'expression même de Cuvier, ont fait le ressort principal de sa vie.

Notre jeune homme avait une si prodigieuse aptitude à tous les travaux de l'esprit, tout éveillait, excitait si bien son activité, qu'il avait terminé à 14 ans des études classiques comprenant non seulement les langues mortes, mais encore l'histoire, la géographie, l'arithmétique, l'algèbre, la géométrie et même la levée des plans.

Son goût pour l'histoire naturelle s'était éveillé de bonne heure, grâce à la trouvaille qu'il fit, chez un de ses parents, d'un exemplaire de Buffon. Après une première lecture, il relut encore l'œuvre du grand naturaliste, afin de s'en bien pénétrer. Il se fit en lui une sorte de révélation ; il entreprit de copier les figures qu'il avait sous les yeux, il les enlumina même d'après les descriptions. Poussé par une puissance irrésistible, il alla plus loin encore et compléta toutes les gravures de l'ouvrage, n'ayant pour guide que le texte du savant auteur. Il avait alors quinze ans !

A ce moment il dut quitter sa famille, qui le destinait à la théologie, afin concourir pour une des bourses fondées par un des souverains du Wurtemberg, au séminaire protestant de Tubingen, en faveur des jeunes gens de Montbéliard.

Malgré les espérances qu'avaient fait naître ses remarquables débuts, le jeune Cuvier échoua au concours. Il éprouvait déjà une certaine inquiétude de cet échec, lorsqu'une circonstance heureuse le mit en présence du duc régnant, Charles de Wurtemberg, pendant un séjour de ce prince à Montbéliard. Enchanté de l'intelligence du jeune Cuvier, charmé de ses réponses et de ses travaux, il lui accorda spontanément une bourse à l'Académie Caroline de Stuttgard.

Cette école de haute instruction, d'où sont sortis plusieurs hommes illustres de l'Allemagne, et, entre autres, le poète Schiller, avait été érigée en université, dès 1781, par l'empereur Joseph II, qui lui avait accordé tous les priviléges attachés à ce titre.

Cette faveur, due aux instances du prince Charles de Wurtemberg, aidait les projets qu'il formait de transformer cette maison en un établissement modèle.

Ce souverain semblait s'être proposé de montrer dès lors à de plus grandes nations ce qu'elles pourraient faire pour l'instruction de la jeunesse.

Il avait réuni dans cette magnifique Académie plus de 400 élèves, qui y recevaient l'instruction de plus de 80 maîtres. On y formait tout à la fois des peintres, des sculpteurs, des musiciens, des diplomates, des jurisconsultes, des médecins, des militaires, des professeurs dans toutes les sciences.

Il y avait cinq facultés supérieures : le droit, la médecine, l'administration, l'art militaire et le commerce.

Ce fut le 18 mai 1784 que le jeune Cuvier fit son entrée dans cette école, dont il devait être l'une des illustrations, comme il devait, plus tard, être la gloire de tous les corps qui ont eu l'honneur de le compter parmi leurs membres. Là il se perfectionna dans les langues anciennes et la littérature, dans la philosophie, le droit, le dessin et surtout dans les sciences naturelles, qui étaient l'objet de sa prédilection.

Les succès qu'il obtint furent d'autant plus remarquables que tout l'enseignement se faisait en allemand, et que le nouvel élève ignorait absolument cette langue. Il dut se familiariser d'abord avec elle; il y parvint en si peu de temps que non seulement il put comprendre ses maîtres, se tenir au niveau de ses camarades, mais encore il rendit si bien compte, en allemand, de ses connaissances, qu'il mérita plusieurs fois la première place aux examens semestriels subis par tous les élèves.

Lorsque le cours de philosophie était terminé, les élèves de Stuttgard passaient selon l'usage de l'Académie dans une des cinq facultés supérieures. Cuvier choisit l'administration; et le motif qu'il en donne est assez curieux pour mériter d'être rapporté : « C'est, dit-il, que « dans cette faculté on s'occupait beaucoup d'histoire « naturelle, et qu'il y aurait par conséquent de fréquen- « tes occasions d'herboriser et de visiter les cabinets. »

Dévoré du désir d'apprendre, « de savoir chaque jour un peu plus que la veille, » suivant sa propre expresssion, il mena de front et les études prescrites par le règlement de l'Académie Caroline et ses chères études sur l'histoire naturelle. Dans ce but il se lia avec plusieurs hommes distingués qui fréquentaient l'établissement, surtout avec M. Kermer, professeur de botanique, dont les entretiens le poussèrent loin dans toutes les branches des sciences naturelles.

Par zèle et par goût, le jeune Cuvier rédigea en français les leçons de ce professeur. Touché de cet aimable procédé, M. Kermer lui fit cadeau d'un Linné. C'était la 10ᵉ édition du *Système de la nature*. Sa joie fut grande. On la comprendra d'autant mieux que cet ouvrage fut à lui seul, pendant plus de dix ans, toute sa bibliothèque d'histoire naturelle.

Mais, à défaut des livres, il avait les objets. Cette étude directe des sujets, les lui gravait bien mieux dans la tête, a-t-il dit depuis, que s'il avait eu à sa disposition beaucoup d'estampes et de descriptions.

On se souvient du Buffon dont il avait, à quinze ans, complété les gravures en s'aidant du texte seul ; lorsqu'il aborda plus tard des études plus sérieuses, ce procédé lui devint plus familier encore, et n'ayant alors ni texte, ni figures, il écrivait les descriptions et suppléait à l'absence des planches.

Toutefois ses excursions dans les diverses branches de l'histoire naturelle ne nuisaient en rien aux études règlementaires. Il avait remporté presque tous les prix ; il avait même obtenu l'ordre de Chevalerie dont le prince Charles de Wurtemberg, dans un but de haute émulation, conférait la dignité aux cinq ou six plus méritants des élèves de l'Académie de Stuttgard.

On était en 1788 ; il venait de terminer son cours d'études ; son classement de sortie le désignait pour un prochain emploi ; mais il fallait attendre que quelque vacance se produisit dans les postes administratifs réservés aux jeunes gens de son mérite. Heureusement pour lui, plus heureusement encore pour la science, peut-on dire, la position de ses parents ne lui permettait pas d'attendre. Un de ses amis, M. Parrot, connu plus tard par d'importants travaux sur la physique, lui offrit de venir le remplacer en Normandie, dans la famille du comte d'Héricy, où il faisait une éducation particulière.

Le père de Cuvier demanda au duc de Wurtemberg la permission de retirer son fils de l'Académie pour l'envoyer remplir l'emploi qui lui était offert. Cette autorisation fut aussitôt accordée; le duc y joignit l'assurance gracieuse de l'employer plus tard dans l'administration de ses États.

Cuvier quitta Stuttgard et vint passer quelques semaines dans sa ville natale, qu'il ne devait plus revoir. De là, il se rendit dans la famille d'Héricy, à Caen, où il arriva en juillet 1788. Il n'avait pas encore tout à fait 19 ans; néanmoins, il n'hésitait-pas à se charger d'une des missions les plus élevées qui puissent être confiées à un homme ; il se vouait à former l'esprit et le cœur d'un enfant.

La famille au milieu de laquelle il allait désormais vivre l'accueillit avec les plus gracieux encouragements ; charmé de son ardeur pour le travail, le comte d'Héricy disposa l'emploi de son temps de façon à laisser au jeune précepteur le plus de loisirs possible pour les études qu'il projetait. Dès ce moment sa passion pour l'histoire naturelle prit une nouvelle vigueur. Bientôt les agitations de la Révolution engagèrent la fa-

mille d'Héricy à quitter la ville et à s'installer au château
de Friquainville, dans le voisinage de Fécamp, où
Cuvier demeura jusqu'en 1794.

Entouré, comme il le dit lui-même, des productions
les plus variées que la mer et la terre semblaient lui
offrir à l'envi, toujours au milieu des sujets de ses études, presque sans livres, vu la difficulté des temps, il
ne communiquait ses réflexions à personne et leur im-
primait par cela seul plus d'énergie et de profondeur.

Ses études, conduites jusque là selon les méthodes connues avant lui, commencent alors à prendre un caractère personnel; il entrevoit de nouvelles routes et s'y
engage avec cette sûreté d'allures qui est le propre du
génie; son esprit a conçu le plan de toute une révolution dans les sciences naturelles. La vue de quelques
térébratules, déterrées près de Fécamp, lui donne l'idée
de comparer les espèces fossiles aux espèces vivantes ;
la dissection de quelques mollusques lui suggère cette
autre idée d'une réforme à opérer dans le classement
méthodique des animaux : en sorte que les germes de
ses deux plus importants travaux, la comparaison des
espèces fossiles aux espèces vivantes et la réforme de la
classification du règne animal, remontent à cette époque.

Resté en correspondance avec ses amis du Wurtemberg, il leur avait adressé ainsi qu'à la Société d'histoire
naturelle qu'ils avaient formé à Stuttgard, de savantes
dissertations sur différents points des sciences naturelles. Déjà il était aisé de voir dans ses écrits qu'il aspi-

rait à changer la face de la science, à y introduire des classifications fournies par la nature elle-même et qui n'eussent rien d'arbitraire.

Il adressait en même temps à Lacépède la description d'une nouvelle espèce de *raie* que ce savant lui a dédiée.

L'esprit plein de sa conception hardie, choqué du désordre qui régnait dans la classe des *vers* de Linné, dans laquelle ce grand naturaliste rangeait plus de la moitié du règne animal, en y jetant tous les animaux à sang blanc, il commença l'un des plus beaux monuments scientifiques des temps présents.

Sur ces entrefaits il eut la bonne fortune de rencontrer au château de Valmont, à deux lieues de Fécamp, M. Tessier, que les orages de la Révolution retenaient dans ces parages et qui, depuis quelque temps, occupait l'emploi de médecin en chef de l'hôpital militaire de Fécamp. Ce savant membre de l'Académie des sciences ne put voir le jeune Cuvier sans être frappé de l'étendue de son savoir. Dès sa première entrevue il devina en lui le grand naturaliste. Il l'engagea d'abord à faire un cours de botanique aux médecins de son hôpital; puis, de plus en plus conquis par la haute science de son protégé, il écrivit à des savants de Paris pour leur faire part de l'heureuse découverte qu'il venait de faire. Il en écrivit surtout à ses amis du Jardin des Plantes. A Parmentier il s'écriait : « Je viens de trouver une perle dans le « fumier de la Normandie. » A de Jussieu, il disait en propres termes : « Vous vous souvenez que c'est moi « qui ai donné Delambre à l'Académie ; dans un autre

1.

« genre, ce sera aussi un Delambre. » Il établit une correspondance et des relations suivies entre Cuvier et un
autre jeune savant, Geoffroy Saint-Hilaire, déjà professeur au Jardin des Plantes.

Pénétrant toute la portée du génie de son nouvel ami,
le jeune professeur forma le projet de l'attirer à Paris.

« Venez, lui écrivait-il, venez jouer parmi nous le rôle
« d'un autre Linné, d'un autre législateur de l'histoire
« naturelle. »

Cuvier céda enfin à des instances devenues presque
des prières et, la tourmente révolutionnaire commençant à s'apaiser, il se rendit à Paris, dans les premiers
mois de 1795.

Il s'y rendit sur la promesse qu'il allait suppléer Mertrud, vieillard octogénaire qui occupait au Jardin des
Plantes la chaire d'anatomie comparée. Toutefois il ne
se séparait pas tout à fait de la famille d'Héricy ; il s'ins-
talla, en compagnie de son élève, chez le prince de Mo-
naco, qui mettait à la disposition du jeune d'Héricy une
partie de son hôtel de la rue de Varennes.

C'est dans cette demi-retraite que Cuvier essaya ce
qu'il pouvait espérer à Paris.

La lecture qu'il fit, au sein des Sociétés philomatique
et d'histoire naturelle, de divers mémoires sur l'anatomie des mollusques, des insectes et des zoophytes, les
vues qu'il développa sur la formation et l'usage des méthodes en histoire naturelle le placèrent, du premier
coup, au rang des savants les plus autorisés.

Fontenelle a dit que c'était un bonheur pour les hommes de science, que leur réputation devait appeler à la capitale, d'avoir eu le loisir de se faire un bon fonds dans le repos d'une province. Le fonds de Cuvier était si bon que, quelques mois après son arrivée à Paris, sa réputation égalait celle des plus célèbres naturalistes.

Ce fut surtout à cette époque que se développa sa vive amitié avec Geoffroy Saint-Hilaire. Ces deux jeunes gens se comprenaient admirablement et rivalisaient de zèle pour les progrès de la science, mettant en commun leur existence, leurs travaux, leurs espérances, leur mutuelle émulation, leurs féconds efforts d'investigations, à ce point qu'on en était venu à dire d'eux que « jamais ils « ne déjeunaient sans avoir fait une nouvelle décou- « verte. »

Cuvier était déjà suppléant de Mertrud, médecin de grand talent, que son âge avancé éloignait de l'enseignement. Presque aussitôt après, en octobre 1795, l'Institut national ayant été créé, il fut nommé pour être adjoint à Daubenton et à Lacépède, qui formaient le noyau de la section de zoologie.

En 1796, nommé membre de la Société des Arts, puis professeur à l'Ecole centrale du Panthéon, il commença ses cours devenus si rapidement célèbres. C'est pour l'Ecole du Panthéon qu'il composa le *Tableau élémentaire de l'histoire naturelle des animaux*, qui fut le premier travail établissant sa nouvelle classification.

Dès son installation au Jardin des Plantes il commença cette belle collection d'anatomie comparée, qui fait l'admiration des étrangers.

Qu'il nous soit permis de déplorer, après bien d'autres, que cette immense collection ne puisse être ni appréciée ni utilisée pour les études autant qu'elle le mérite. Au lieu d'être entassée dans des greniers aussi misérables que ceux qui l'abritent, parfois sans jour et sans air, où tout examen sérieux est presque impossible, il faudrait enfin écouter les réclamations du monde savant, des connaisseurs, des étudiants, et se décider à donner aux collections d'anatomie comparée un logement plus digne de leur fondateur, plus en rapport avec leur importance, plus convenable pour notre amour-propre national.

Il faut croire que de tout temps un certain mépris s'attachait à « ces vieux squelettes, » car Cuvier raconte, dans ses souvenirs, toutes les peines qu'il eut à surmonter pour briser des habitudes enracinées d'abandon.

Il alla chercher dans les combles du « Cabinet » quelques vieux squelettes réunis jadis par Daubenton mais que Buffon, jaloux de l'importance de son collaborateur, par lequel il craignait de se voir éclipser, avait fait entasser comme des fagots.

Poursuivant cette entreprise, tantôt secondé par quelques professeurs, tantôt entravé par d'autres, il parvint à donner à cette collection assez d'importance pour que personne n'osât plus s'opposer à son agrandissement.

En 1799, la mort de Daubenton lui laissa une chaire beaucoup plus importante que celle de l'Ecole du Panthéon; il fut chargé du cours d'histoire naturelle au Collége de France et, jusqu'à sa mort, il occupa cette chaire.

Peu après, en 1802, Mertrud, qu'il suppléait, étant venu
à mourir, Cuvier devint professeur titulaire au Jardin
des Plantes.

Une fois au centre de ce vaste établissement et dispo-
sant des animaux d'une grande ménagerie, son génie
prit un essor proportionné à ses moyens d'investigations.
Il produisit une sensation nouvelle dans le monde savant par le charme, par l'élévation et l'élégance de son
enseignement. Chacune de ses leçons était comme une
fête pour le public éclairé de Paris ; une foule compacte
envahissait l'immense amphithéâtre du Jardin des Plantes, chaque fois qu'il devait prendre la parole. Son cours
d'anatomie comparée, qui semblait devoir être peu
attrayant, était pour Cuvier l'occasion de montrer des
qualités hors ligne d'orateur et de dessinateur. Il avait le
don de tenir son auditoire sous le charme de sa parole
toujours chaude, claire, élégante et forte. Bien qu'il im
provisât presque ses leçons, et qu'il se contentât de réfléchir seulement quelques minutes avant sur le cadre
de son discours, jamais il n'eut une seconde d'hésitation dans le choix de ses termes ; c'était toujours l'expression la plus appropriée au sujet, la plus explicite et
la plus juste à la fois qui venait sur ses lèvres. Il ajoutait,
d'ailleurs, un attrait considérable à l'entraînement de sa
parole, par l'adresse et la rapidité avec lesquelles il faisait passer sous les yeux de son auditoire les pièces
anatomiques propres à éclairer son enseignement; il
les démontait, les exposait et en expliquait les fonctions
avec une telle aisance que le sujet, loin de sembler aride

prenait, traité par lui, les allures d'une conversation pleine d'agrément.

Non content d'affirmer par les pièces elles-mêmes l'exactitude de ses démonstrations, il complétait sur le tableau noir, par des croquis d'une exécution merveilleusement rapide et exacte, les points ou les détails qu'il voulait approfondir davantage.

Comme on lui exprimait quelquefois l'étonnement qu'occasionnait à son auditoire une si grande facilité de dessin, il rappelait qu'il devait cette précieuse ressource au soin et à la persévérance qu'il avait mis, pendant son enfance et durant ses études, à l'illustration de son Buffon, et aussi à la privation cruelle qu'il avait éprouvée de n'avoir pas de livres suffisamment pourvus d'estampes.

Le débit de Cuvier était en général grave, et même un peu lent, surtout vers le début de ses leçons; mais bientôt ce débit s'animait par le mouvement des pensées ; et alors ce mouvement, qui se communiquait des pensées aux expressions, sa voix pénétrante, l'inspiration de son génie peinte dans ses yeux et sur son visage, tout cet ensemble opérait sur son auditoire un effet irrésistible et lui communiquait l'impression la plus vive et la plus profonde. Chacun se sentait élevé, moins encore par ces idées grandes, inattendues, qui brillaient partout, que par une force indéniable de concevoir et de penser, que la puissante parole du grand homme semblait tour à tour éveiller ou faire pénétrer dans les esprits.

En 1800, MM. Duméril et Duvernoy, qui devaient à leur tour briller d'un vif éclat parmi les membres des corps savants, commencèrent la publication des *Cours d'anatomie de Cuvier*. Cet ouvrage, qui fait époque dans l'histoire de la science, se distingue par une prodigieuse quantité de faits et par une admirable méthode.

Personne, avant Cuvier, n'avait embrassé dans son ensemble l'organisation animale. Comme l'a si bien fait remarquer M. Flourens, en prononçant son éloge devant l'Institut, ce fut grâce à lui que l'Anatomie comparée, après avoir été pendant si longtemps la plus négligée des branches de l'histoire naturelle, les a tout à coup dépassées et dominées toutes.

Son prédécesseur, Vicq d'Azir, avait porté dans cette science le coup-d'œil du physiologiste, Cuvier y porta plus particulièrement celui du zoologiste; elle n'était encore qu'un recueil de faits particuliers touchant la structure des animaux, Cuvier en a fait la science des lois générales de l'organisation animale.

De même qu'il avait transformé la méthode zoologique, de simple nomenclature, en un instrument de généralisation, de même cet incomparable savant a su disposer les faits en anatomie comparée dans un ordre tel que, de leur simple rapprochement, sont sorties toutes ces lois admirables et de plus en plus élevées; que chaque espèce d'organe a ses modifications fixes et déterminées; qu'un rapport constant lie entre elles toutes les modifications de l'organisme; que certains organes ont, sur l'ensemble de l'économie, une influence plus

marquée et plus décisive, d'où la loi de leur subordination ; que certains traits d'organisation s'appellent nécessairement les uns les autres et qu'il en est, au contraire, d'autres incompatibles et qui s'excluent, d'où la
loi de leur corrélation ou co-existence ; et tant d'autres
lois, tant d'autres rapports généraux, qui ont enfin créé
et développé la partie philosophique de cette science.

Depuis que les hommes observent avec précision et
font des expériences suivies, c'est-à-dire depuis à peu
près deux siècles, ils devraient avoir renoncé, ce semble,
à la manie de chercher à *deviner* au lieu *d'observer*. D'a-
bord, on devrait se lasser, à la longue, de deviner toujours maladroitement ; ensuite, on devrait avoir fini par
reconnaître que ce qu'on *imagine* est toujours bien au-
dessous de ce qui *existe*. En un mot, et à ne considérer
même que le côté brillant de nos théories, le merveilleux de l'imagination est toujours bien loin d'approcher
du merveilleux de la nature.

Cette conclusion, qui ressort si exactement des faits
de la nature, nous est encore imposée dans les mani-
festations de l'esprit : les dramaturges, les romanciers
se torturent l'esprit, ils surmènent leur cerveau pour
inventer et décrire aux lecteurs avides des situations
émouvantes ou neuves ; et chaque jour, presque à chaque
heure, la vie réelle nous offre des drames mille fois plus
poignants, des situations infiniment plus imprévues que
tout ce que peut produire l'imagination la plus féconde
ou la plus dévoyée.

C'est ainsi que Cuvier semble avoir été destiné à porter dans l'enseignement de l'histoire naturelle ces vues philosophiques et générales qui, jusque là, n'y avaient point pénétré.

Dans ses éloquentes leçons, il se plaisait (pour employer une de ses expressions les plus heureuses) à mettre l'esprit humain en expérience : démontrant, par le témoignage de l'histoire entière des sciences, que les hypothèses les plus ingénieuses, que les systèmes les plus brillants ne font que passer et disparaître, et que les faits seuls restent ; opposant partout, aux méthodes de spéculation, privées de tout résultat durable, les méthodes d'observation et d'expérience, auxquelles les hommes doivent tout ce qu'ils possèdent aujourd'hui de découvertes et de connaissances.

Mais, l'application la plus neuve et la plus brillante que Cuvier ait faite de l'anatomie comparée, est celle qui se rapporte aux ossements fossiles.

Tout le monde sait que notre globe présente, presque partout, des traces irrécusables des plus grandes révolutions.

Les grands ossements découverts à diverses reprises dans les entrailles de la terre, dans les cavernes des montagnes, ont fait naître ces traditions populaires, si répandues et si anciennes, de géants qui auraient peuplé le monde dans ses premiers âges.

Les traces des révolutions de notre globe ont donc de tout temps frappé l'esprit des hommes, mais longtemps en vain et d'un étonnement stérile. Les savants eux-mêmes avaient fini par ne voir dans les empreintes et les coquillages trouvés dans la terre que des jeux de la nature.

A part Bernard Palissy qui, au xvi⁰ siècle, à une époque où sa voix ne pouvait être entendue, émit le premier une opinion contraire, il fallut attendre la fin du xvii⁰ siècle pour voir la science s'occuper du passé de notre planète.

A ce moment, et dans la première moitié du xviii⁰ siècle, parurent successivement divers systèmes prématurés ou erronés, qui eurent du moins l'avantage d'accoutumer l'esprit humain à se mesurer avec les problèmes cachés de la nature. Mais bientôt, Pallas, Deluc, de Saussure, Blumenbach et Camper, jetèrent les premiers fondements du monument que Cuvier devait si glorieusement élever.

Ce sont, en effet, les restes des corps organisés, témoins subsistants de tant de bouleversements terrestres, qui ont fait naître les premières hypothèses de la géologie fantastique ; ce sont encore ces restes qui ont fini par donner, entre les mains de Cuvier, les résultats les plus évidents, les lois les plus assurées de la géologie positive.

Ses recherches ont eu principalement pour objet les *ossements fossiles des quadrupèdes*, partie du règne animal peu étudiée jusqu'alors sous ce point de vue, et dont l'étude devait, néanmoins, conduire à des conséquences bien plus précises et décisives que celle de toute autre classe.

Daubenton détruisit le premier ces idées ridicules

de géants qui s'attachaient à chaque découverte de
grands ossements et appliqua l'anatomie comparée à
la détermination de ces os. Mais, ainsi qu'il l'avoue lui-
même, dans un Mémoire qu'il publia en 1762, il ne faisait qu'apprendre à bégayer une langue nouvelle.

En 1769, Pallas bouleversa toutes les idées admises
alors, en osant affirmer que les grands pachydermes vivant actuellement dans la zode torride avaient autrefois
habité les contrées les plus septentrionales de notre
globe ; mais le monde savant fut bien plus étonné encore
quand il annonça la découverte d'animaux antédiluviens
conservés intacts dans les glaces de la Sibérie.

Cette découverte suggéra à Buffon son fameux système du refroidissement graduel des régions polaires et
de l'émigration successive des animaux du Nord vers le
Midi. Malheureusement, cette théorie très brillamment
exposée, très ingénieusement conçue, mais reconnue
depuis comme inacceptable, recevait, à sa naissance
même, les démentis les plus affirmatifs par la mise au
jour, dans tous les pays de l'Ancien comme du Nouveau-Monde, d'ossements semblables à ceux que Pallas
avait rencontrés en si grande abondance dans les pays
du Nord.

D'abord partisan de l'hypothèse émise par Buffon,
Pallas y substitua bientôt celle d'une irruption des eaux
venues du Sud-Est.

Les deux hypothèses étaient également fausses, puisque les animaux fossiles sont très différents de ceux de
l'Inde et même de tous les animaux aujourd'hui vivants.

C'est ce fait plus extraordinaire encore que les précédents, d'une création ancienne d'animaux, entièrement distincte de la création actuelle, qu'il était donné à Cuvier de mettre en lumière, et d'établir comme le fondement sur lequel reposent les preuves les plus évidentes des révolutions du globe.

Il avait, il est vrai, été précédé dans cette voie par Buffon lui-même qui, tout en attribuant les ossements antédiluviens à des sujets des espèces actuelles, conjecture par moments que des espèces ont pu disparaître et laisser leurs débris dans le sol. Mais Buffon en était aux débuts de cette grande science de l'anatomie comparée qui devait, après lui, faire de si rapides progrès. Camper, plus autorisé par les découvertes multiples de son temps, put, dès 1787, présenter des Mémoires appuyés sur des faits nombreux et indiscutables, établissant que certaines espèces ont été détruites par les bouleversements du globe.

La question était donc en pleine maturation lorsque Cuvier eut l'honneur et, l'on peut ajouter, la bonne fortune de présenter la solution du problème et de fixer, grâce à l'anatomie comparée, ces lois admirables dont nous avons parlé, aussi vraies pour les espèces éteintes que pour les espèces vivant sous nos yeux.

Bien qu'il eut déjà songé, depuis longtemps, à résumer l'ensemble des découvertes d'animaux fossiles faites jusqu'à ce moment et à en faire connaître tous les éléments d'appréciation, ce fut seulement le 1er pluviôse an IV, à la première séance publique tenue par l'Institut

National, que Cuvier lut devant cette assemblée son Mémoire sur les espèces d'éléphants fossiles, comparées aux espèces vivantes.

C'est dans ce Mémoire qu'il annonce, pour la première fois, ses vues sur les animaux perdus, marquant ainsi par une coïncidence remarquable l'ouverture des séances publiques de notre grand corps savant et de la carrière dans laquelle notre siècle allait faire les plus grandes découvertes en histoire naturelle.

Dans ce Mémoire, où il expose ses vues sur l'éléphant fossile, il annonce qu'il établira bientôt les mêmes conclusions non moins précises, non moins formelles, pour le rhinocéros, pour l'ours, pour le cerf fossiles, toutes espèces également distinctes des espèces vivantes et également perdues.

En un mot, l'idée d'une création entière d'animaux, antérieure à la création actuelle, puis détruite et perdue, était conçue dans son ensemble et, pour la première fois, le monde savant venait d'en être saisi !

Pour appuyer de résultats précis une déclaration aussi hardie, il fallait aborder sous un nouvel aspect l'étude des ossements fossiles, les revoir, les coordonner, les assembler en les complétant mutuellement; il fallait créer une méthode de comparaison et de reconstruction qui permit d'opérer sans erreur parmi tout cet amas d'os informes, brisés, réduits en fragments.

Ce fut grâce à son admirable méthode d'anatomie comparée, en se basant sur les lois de la subordination des espèces et de la corrélation des formes bien expo-

.sées dans l'œuvre que nous présentons au public, que le génie de Cuvier triompha de ce problème, en apparence insoluble. Et l'on voyait alors sous sa main habile, chaque os, chaque fragment d'os reprendre sa place, se réunir à l'os ou à la portion d'os à laquelle elle avait dû tenir; de cet amas sans nom sortait véritablement un animal complet dont on devinait, dont on précisait les organes détruits; c'était une véritable et magnifique résurrection qui s'opérait à la voix de la science.

Des deux lois précitées, il résulte que toutes les parties, tous les organes d'un être créé se déduisent les uns des autres. Et, telle est la rigueur, telle est l'infaillibilité de cette déduction qu'on a vu souvent Cuvier reconnaître un animal par un os, par un simple fragment d'os; qu'on l'a vu, présidant à des fouilles, des siner par avance, sur le seul examen de quelques os, des espèces inconnues dont il devinait à coup sûr le sujet encore enfoui dans le sol.

Cette méthode précise, rigoureuse, une fois conçue, ce ne fut plus seulement par individus isolés, ce fut par espèces, par groupes, par masses que reparurent toutes ces populations éteintes, monuments antiques de nos révolutions géologiques.

On put se rendre compte de leurs formes extraordinaires et aussi de leur nombre, qu'on évalue aujourd'hui à plus de 24,000 espèces dans les classes de la zoologie seule.

Puis l'on fut obligé de reconnaître que ces animaux ne vivaient pas à la même époque; ce qui conduisait à admettre plusieurs créations successives. Cuvier en comptait jusqu'à trois nettement marquées. Enfin, l'on put également constater qu'en descendant au fond des couches dont se compose l'écorce terrestre on descendait aussi l'échelle des êtres créés : qu'à la surface les débris appartenaient à des animaux d'ordres supérieurs à ceux des couches profondes, et qu'en continuant au delà des êtres rudimentaires auxquels on était successivement parvenu, l'on se retrouvait en face d'une époque où nulle trace de vie ne se manifestait sur notre globe.

Ce monde inconnu, qu'il a ouvert aux naturalistes, sera, sans contredit, la plus belle de toutes les découvertes de Cuvier.

Il est aussi à remarquer que, faute d'avoir compris les récits de la Genèse, les prédécesseurs de Cuvier les avaient attaqués : au contraire, ce grand génie peut compter comme l'un de ses meilleurs titres de gloire l'éclatant hommage qu'il a rendu à la Bible, en joignant le témoignage de la science à la sainte autorité des Écritures, pour convaincre les esprits incrédules de la réalité d'un déluge universel qui a couvert autrefois les plus hautes montagnes.

Ces magnifiques *Recherches sur les ossements fossiles*, résultat merveilleux de la merveilleuse science de l'anatomie comparée, sont loin d'être les seules œuvres de Cuvier. Mais nous nous y sommes un peu étendu parce que le *Discours sur les révolutions du globe*, que nous donnons, est l'introduction à ce grand ouvrage, le plus beau fruit de son génie fécond.

Il est une quatrième œuvre capitale, à laquelle Cuvier s'était donné avec toute l'ardeur et la puissance de sa science profonde : l'histoire naturelle des poissons.

Il venait à peine de terminer son *règne animal* et d'établir, après plus d'un siècle de discussion entre les savants, que les animaux ne sont pas organisés sur le même plan. De recherches en observations, de déductions en preuves, il avait constaté que le règne animal comporte quatre plans, quatre types, quatre *embranchements*, comme il les nomme, et qu'il existait quatre formes générales du système nerveux dans les animaux : une pour les *vertébrés*, une pour les *mollusques*, une pour les *articulés*, une pour les *zoophytes*.

Cet ouvrage, tout vaste qu'il était, ne suffisait pas aux exigences de Cuvier ; malgré son étendue, ce n'était qu'un système abrégé où, bien que toutes les espèces fussent revues, la plupart n'étaient pourtant qu'indiquées. Il était constamment occupé de l'idée d'un système complet où chaque espèce fût non-seulement indiquée, mais classée, décrite et représentée dans toute sa structure.

Il avait voulu, dans un premier ouvrage, opérer la réforme complète du système des animaux ; il voulait, par le second, étudier d'une façon approfondie et détaillée toutes les espèces connues de chaque classe.

Dans ce but, et pour montrer la voie à suivre, il avait choisi la classe des *poissons* comme étant, parmi toutes celles des vertébrés, la plus nombreuse, la moins connue, la plus enrichie par les découvertes récentes des voyageurs.

En effet, Bloch et Lacépède, les principaux des derniers ichthyologues, n'avaient guère connu que quatorze cents espèces de poissons ; Cuvier se proposait la description de plus de cinq mille espèces et pensait faire tenir son œuvre nouvelle en vingt volumes. Malheureusement, la mort est venue interrompre cette vaste entreprise ; mais la rapidité avec laquelle avaient paru les neuf premiers volumes montre que son auteur avait pris ses mesures pour en assurer l'exécution.

Tels sont les quatre principaux monuments scientifiques dus à Cuvier, et dont un seul suffirait à la gloire d'un homme.

A côté de ces œuvres immortelles il conviendrait de citer de nombreux ouvrages sur toutes les branches de la science. En le lisant on tombe dans une stupéfaction profonde, tant on s'aperçoit vite de l'immense érudition qu'il déployait dans la question la plus secondaire en apparence, ce qui faisait dire que sa vaste intelligence, comme celle de Leibnitz, embrassait toutes les sciences.

On conçoit sans peine qu'un génie si extraordinaire, qu'un talent si élevé, aient attiré sur Cuvier les honneurs et les dignités, les distinctions et les charges les plus honorables, surtout à cette époque où la France, depuis trop longtemps désorganisée par les agitations révolutionnaires, cherchait à reprendre possession d'elle-même et à retrouver le calme nécessaire à son repos et à sa prospérité.

Dès l'âge de 26 ans, appelé à faire partie de l'Institut, il fut élu secrétaire à la classe des sciences physiques et mathématiques, en même temps que Bonaparte, nommé premier consul, en fut fait le président.

Les fonctions de secrétaire, qui étaient d'abord temporaires, devinrent perpétuelles en 1803, lors de la nouvelle organisation de l'Institut. A la presque unanimité des voix, Cuvier fut élu secrétaire perpétuel pour les sciences physiques ou naturelles.

Ce fut en cette qualité qu'il composa son mémorable *Rapport sur le progrès des sciences naturelles depuis 1789.*

De son côté, Delambre avait été chargé du Rapport sur les sciences mathématiques, pendant que chaque classe de l'Institut devait en présenter un sur les sciences ou sur les arts dont elle s'occupait.

L'Empereur, qui avait toujours eu pour ce corps savant une prédilection marquée, voulut donner une solennité exceptionnelle à la réception de ces rapports, et il éprouva une satisfaction toute particulière de celui que lui présenta Cuvier. Il avait su flatter d'une manière digne ce souverain ambitieux de tous les genres de gloire que peut rechercher le fondateur d'un empire. Il lui avait montré le chemin que les sciences avaient encore à parcourir et l'invitait à imiter Alexandre en faisant, comme lui, tourner sa puissance aux progrès de l'histoire naturelle.

Lorsque Napoléon voulut réorganiser l'enseignement public, Cuvier fut nommé inspecteur génér   reçut

mission de présider à l'établissement des lycées de
Marseille, de Nice et de Bordeaux.

D'ailleurs, l'Empereur faisait le plus grand cas de cet
homme illustre. Dès 1800, il avait appris à le connaître
et à juger la valeur de son esprit, alors qu'il siégeait à
ses côtés, aux séances de l'Institut. Il l'appréciait si haut
qu'il l'avait chargé de lui dresser le catalogue des ouvrages devant composer la bibliothèque du roi de Rome ;
il projetait même de lui confier l'éducation de son fils,
lorsque les événements de 1814 vinrent mettre à néant
tous les plans formés à ce sujet.

En récompense des grands services rendus par lui à
la cause de l'enseignement en France, l'Empereur lui
avait conféré, en 1813, la dignité de maître des requêtes
au conseil d'État. Il avait en lui une telle confiance
qu'il le chargea même d'une mission bien singulière
pour un homme de science : il le délégua à Mayence
pour préparer les moyens de défense de cette place
forte. Mais les armées étrangères faisaient de rapides
progrès, Cuvier ne put dépasser Metz et revint à Paris
sans avoir pu remplir l'objet de son mandat.

En 1818, ayant été appelé dans le conseil de l'Université, il fut chargé de rallier les établissements d'instruction publique au delà des Alpes et au delà du Rhin.
A cet effet, il parcourut l'Italie, la Basse-Allemagne, la
Hollande. Il apporta de son voyage et exposa au conseil
de l'Université les vues les plus saines sur les améliorations dont était susceptible l'enseignement du peuple.

Quand vint la Restauration, non seulement la haute

personnalité de Cuvier le mit à l'abri de toute tracasserie, mais l'importance de son concours lui fit déférer la présidence de la commission de l'Instruction publique, qu'il occupa pendant plusieurs années. Au mois de septembre 1814, Louis XVIII le créa conseiller d'État. Et lorsque M ʳ Frayssinous fut nommé grand-maître de l'Université, la place de chancelier de l'Instruction publique, la seconde de la hiérarchie universitaire, lui fut octroyée avec la direction de toutes les Facultés du royaume. En même temps il était chargé de la direction des cultes dissidents.

Louis XVIII ajouta le titre de baron, et la dignité de grand-officier de la Légion d'honneur, aux distinctions qu'il lui avait précédemment accordées.

En 1819, il fut placé à la tête du comité de l'Intérieur et, malgré toutes les vicissitudes politiques, chaque ministère nouveau tint à honneur de lui conserver ces fonctions, qu'il remplit jusqu'à sa mort.

Dans cette nouvelle carrière il déploya une rare activité, une sagacité profonde, des connaissances administratives qu'on trouve rarement chez les hommes voués aux sciences. Chargé, à diverses reprises, sous la Restauration, de défendre devant la Chambre des députés divers projets de lois, notamment les projets sur les élections de 1816 et de 1820, il s'acquitta de sa mission politique avec une mesure et une convenance qui lui valurent les témoignages d'estime les plus flatteurs de la part de ses adversaires eux-mêmes.

Il devait la saine appréciation des hommes et des

choses à l'étendue de son esprit, qui embrassait tous les ordres d'idées d'une façon supérieure. Du point de vue élevé où il se plaçait, les passions des hommes se rapetissaient tellement, qu'il lui répugnait de s'y associer. Embrassant d'un vaste regard l'ensemble de la vie sociale, et le réduisant ses opinions à un amour général de l'ordre et de la justice, l'indifférence avec laquelle il accueillit les changements de la politique ressembla trop peut-être à un défaut de principes. On fut, du moins, fondé à l'en accuser lorsqu'on le vit, après avoir servi successivement l'Empire et la Restauration, accepter du gouvernement de Juillet la pairie du royaume.

Il était, comme l'on pense bien, de toutes les Académies savantes du monde. Quel corps savant eut put omettre d'inscrire un pareil nom sur sa liste ? Mais, ce qui est un honneur dont il y a peu d'exemples avant lui, il appartenait à trois Académies de l'Institut, l'Académie Française, celle des Sciences et celle des Inscriptions et Belles-Lettres.

Les nombreux éloges historiques, qu'il fit avec un talent égal à celui de Fontenelle et une élégance rappelant celle de Buffon, lui ouvrirent les portes de l'Académie Française ; celle des Inscriptions et Belles-Lettres l'avait demandé pour honorer les recherches sans nombre qu'il fit dans toutes les branches de la science.

Sa grande renommée lui amenait, de toutes parts, tout ce qui se faisait d'observations et de découvertes. Son esprit, ses leçons, ses ouvrages animaient tous les obser-

vateurs et en suscitaient partout; jamais on n'a pu dire
d'aucun homme, avec plus de vérité, que la nature
s'entendait partout interroger en son nom.

Aussi rien n'est-il comparable à la richesse des collections créées par lui au Muséum, et qui toutes ont été
mises en ordre par lui. Et quand on songe à cette étude
directe des objets, qui fut l'origine de sa science, la
cause de ses débuts, l'occupation de toute sa vie, de
laquelle il a fait sortir tant de résultats, depuis 1788
jusqu'à sa mort, on n'est point étonné de ce mot qu'il
répétait souvent: « Qu'il ne croyait pas avoir rendu
« moins de services à la science par ses collections
« seules que par tous ses autres ouvrages. »

Doué d'un génie profond et patient comme Newton,
universel comme Aristote, Cuvier mérite qu'on lui
applique cette parole de Fontenelle faisant l'éloge de
Leibnitz :

« J'ai dû partager et décomposer en quelque sorte ce
« grand homme. Au contraire de l'antiquité, qui de
« plusieurs Hercules n'en avait fait qu'un, j'ai fait du
« seul Leibnitz plusieurs savants. »

Telle était la vaste capacité de son esprit, qu'il remplissait avec une égale supériorité toutes les fonctions
dont il était chargé, et, si toutes les places qu'il occupait
avaient été mises au concours, toutes lui auraient été
rendues par acclamation. Quand on songe à tous ses
travaux, à tous les ouvrages sortis de sa plume et dont
la longue énumération serait déplacée ici, à leur importance et à leur étendue, on est étonné qu'un seul

homme ait pu y suffire. Outre tant de facultés supérieures, il avait une curiosité passionnée qui le portait, qui le poussait à tout ; une mémoire dont l'étendue tenait du prodige ; une facilité, plus prodigieuse encore, de passer d'un travail à un autre, immédiatement, sans efforts, avec la perfection et la lucidité d'esprit la plus incompréhensible ; faculté singulière qui a peut-être plus contribué que toute autre à multiplier son temps et ses forces.

Contrairement à la majeure partie des travailleurs, il ne faisait jamais d'extrait des ouvrages qu'il consultait. Il lui suffisait de lire un livre pour qu'il fut à tout jamais gravé dans sa mémoire et pour retrouver, au moment où il en avait besoin, les passages qu'il avait notés pour ses travaux en cours.

Chose à peine croyable, cet illustre savant, qui a tant produit, écrivait tout de sa main. Quand il avait arrêté le plan d'une œuvre, il lui suffisait de quelques instants de recueillement et il se mettait à rédiger avec la même rapidité que s'il écrivait sous la dictée, sans hésitation, presque sans retouches. Jamais ses manuscrits n'étaient recopiés et, quand il en revoyait les épreuves, il corrigeait peu, mais il faisait de fréquentes additions au travail primitif.

Aucun homme ne s'était jamais fait une étude aussi suivie et aussi méthodique de l'art de ne perdre aucun moment.

Chaque heure avait son emploi assigné. Levé chaque jour entre huit et neuf heures, il travaillait aussitôt pendant une demi-heure ou une heure ; il parcourait ensuite quelques journaux et recevait les diverses personnes qui avaient affaire à lui. Mais ces audiences ne l'empêchaient point de prendre part aux conversations qui se tenaient autour de lui, tout en satisfaisant aux demandes de ses interlocuteurs. A onze heures, il se rendait, soit au conseil d'État, soit à l'Université, et consacrait, suivant les jours, le reste de son après-midi, à ses multiples fonctions de président de l'Intérieur, de conseiller d'État, de président du conseil de l'Instruction, de professeur au Collége de France et au Jardin des Plantes, fonctions qu'il remplissait toutes avec une ponctualité sévère. Il ne rentrait chez lui que pour dîner ; mais s'il avait seulement un quart d'heure disponible, il reprenait immédiatement un travail interrompu de recherches, de rédaction.

Après son dîner, qui avait lieu de six à sept heures, il sortait quelquefois ; s'il restait chez lui, il se renfermait aussitôt dans son cabinet et travaillait jusqu'à onze heures du soir. C'était le moment marqué par lui où un secrétaire venait lui faire jusqu'à minuit la lecture de divers ouvrages historiques ou littéraires.

Le dimanche était le seul jour qui lui appartînt tout entier. Il était fort jaloux d'en disposer à son gré, mais c'était toujours au profit de ses études. Ce jour était spécialement consacré par lui aux œuvres qui nécessitaient un travail lent et prolongé. On se fait peu l'idée de la somme énorme d'œuvres produites par Cuvier pendant cette journée, généralement consacrée au repos.

De même que chaque moment avait ses occupations marquées, chaque travail avait un cabinet qui lui était destiné et dans lequel se trouvait tout ce qui se rapportait à ce travail, livres, dessins, objets. Tout était préparé, prévu, pour qu'aucune cause extérieure ne vînt arrêter, retarder l'esprit dans le cours de ses méditations et dans l'essor de sa production.

Ce serait être incomplet que de passer sous silence le caractère de cette haute personnalité.

Cuvier avait une politesse grave qui ne se répandait point en paroles, mais il rachetait sa froideur apparente par une bonté intérieure et une bienveillance qui allaient droit aux actes.

Sa haute situation ne lui avait inspiré que la volonté réfléchie de ne point se placer au-dessus des autres hommes. Il mettait un soin particulier à traiter tous les savants comme ses égaux et il entendait être traité par eux de la même manière

Un trait pris au hasard peindra bien ce côté de son caractère.

Il discutait, un jour, avec un jeune naturaliste, un point d'anatomie et soutenait son avis sans prétention, mais avec cette autorité de doctrine et de méthode qui l'a placé si haut. Son interlocuteur, au contraire, s'animait et à chaque phrase répétait : Monsieur le baron ! monsieur le baron !

— Il n'y a pas de baron ici, lui dit doucement Cuvier; il n'y a que deux savants cherchant la vérité et s'inclinant devant elle.

Ses sentiments de haute dignité étaient encore relevés par une affection profonde pour ceux qui le tou-
chaient de près et pour ses collaborateurs. Cette affection
se manifestait surtout lorsque, malgré son empire sur
lui-même, il avait laissé son tempérament nerveux
exprimer, plus vivement qu'il ne lui convenait, une opinion peu favorable pour les hommes ou pour leurs œuvres.

D'une grande réserve avec les personnes du dehors, il
était fort gai dans son intérieur et savait donner aux
conversations de famille un tour enjoué et agréable.

Il était généreux sans prodigalité et cherchait toujours
à rendre ses libéralités utiles. C'est ainsi qu'une partie
notable de ses nombreux traitements était employée à
acheter des livres rares et des objets d'histoire naturelle
qu'il déposait au Muséum.

En même temps, son désintéressement se manifestait
en refusant les offres avantageuses que les gouvernements étrangers, et principalement la Prusse, lui faisaient pour l'attirer hors de France.

Une vie si remplie que celle de Cuvier n'a pu s'écouler
sans être marquée par des événements ou par des
incidents douloureux et pénibles. Sa vieille amitié avec
Geoffroy Saint-Hilaire devait lui devenir une cause de
chagrin. Doués tous deux d'un tempérament ardent aux
recherches, mais ayant chacun leurs tendances person-
nelles dans le choix des méthodes, nos deux savants se
trouvèrent un beau jour, après vingt ans de bonne et
fidèle intimité, tout surpris eux-mêmes d'avoir à consta-

ter leur désaccord. Poussés chacun dans une voie propre qui leur permettait de poursuivre une carrière parallèle, de maladroits amis, ou plutôt des jaloux, leur persuadèrent mutuellement qu'ils se nuisaient réciproquement et que la réputation de l'un effaçait tout le mérite de l'autre. L'on vit alors ces deux illustres hommes devenir rivaux et, vers 1820, vider publiquement leurs querelles scientifiques dans une série d'articles de journaux et de brochures.

Le champ de la lutte s'élargit et les deux champions se placèrent à la tête de deux écoles qui fournirent les plus brillantes passes d'armes scientifiques.

Cuvier soutenait que, dans la Création, l'harmonie des organes et des membres se renfermait dans l'être. Geoffroy Saint-Hilaire proclamait hautement qu'il existait une unité de composition s'étendant à tous les animaux, même d'embranchements différents.

Ce fut une lutte retentissante qui se soutint pendant dix ans sous les yeux mêmes de l'Institut, et qui n'était en réalité qu'une reprise de la lutte antique entre les disciples de Platon et ceux d'Aristote.

Le temps, loin d'avoir calmé l'ardeur des deux adversaires, semblait l'aiguillonner davantage, car une nouvelle bataille publique se préparait entre les deux combattants sur la variabilité des espèces, lorsque la mort de Cuvier vint brusquement l'empêcher.

Le 8 mai 1832, cet homme illustre reprenait ses cours du Collége de France, suspendus pendant la période la plus active du choléra.

Cette leçon, la dernière qu'il devait donner, avait quelque chose de solennel et de mélancolique, qui semblait annoncer que l'esprit du maître se révélait pour la dernière fois à ses disciples. C'était un résumé du cours de l'année, une analyse des doctrines émises par quelques naturalistes. Dans toute la leçon dominait la pensée qu'une intelligence supérieure a présidé à l'organisation de l'univers. On y touchait au monde invisible par l'examen du monde visible, et partout l'étude de la créature attestait la présence du créateur.

Le grand professeur avait été moins fatigué que de coutume ; quand il se retira, rien ne faisait prévoir une catastrophe. Mais le lendemain, en s'éveillant, il sentit de l'engourdissement au bras droit ; c'était la paralysie qui se déclarait. Bientôt le mal s'aggrava et gagna les autres membres, malgré les soins dévoués qui entourèrent le malade.

Le dimanche 13 mai, Cuvier rendit sans effort le dernier soupir, après avoir conservé jusqu'au moment suprême toutes ses facultés. Il avait vu s'approcher l'heure fatale avec une entière résignation aux décrets de la Providence dont il avait, pendant sa vie, adoré la sagesse dans les œuvres de la Création.

Sa mort fut un deuil public, tant sa réputation s'était étendue dans toutes les sphères de la nation.

Tous les savants de la capitale assistèrent à son convoi et les jeunes gens qui suivaient ses cours se disputèrent l'honneur de porter eux-mêmes son cercueil.

De nombreux discours furent prononcés sur sa

tombe, au nom de toutes les académies et de tous les corps savants, par Arago, de Jouy, Walkenaër, Parisot, Villemain. Son rival lui-même, le grand Geoffroy St-Hilaire, en présence du cadavre de son ami, sentit revivre la vieille affection de leur jeunesse et lui adressa un touchant et solennel adieu, comme à son premier collaborateur.

Cuvier, nous l'avons dit, présentait des caractères tout particuliers d'intelligence élevée qui, de son vivant, avaient fixé l'attention des physiologistes. L'Académie de médecine fut autorisée à faire l'autopsie de son cadavre et signala particulièrement ses observations sur l'encéphale du grand naturaliste. Son cerveau fut mesuré et son poids comparé à celui des autres hommes. Il présentait un volume peu différent de celui de la généralité, mais il était infiniment plus lourd, car il représentait une densité de 3 à 2, par rapport aux poids ordinairement observés. C'est par cette pesanteur considérable que les physiologistes entendent expliquer les merveilleuses facultés dont il était doué.

Ce grand homme est mort sans laisser de postérité. Étant âgé de 34 ans, il avait épousé Mme du Vaucel, veuve d'un fermier général guillotiné en même temps que Lavoisier. De cette union, où il avait trouvé le dévouement le plus tendre et le plus intelligent, il lui était né quatre enfants. Les deux premiers étaient morts de très bonne heure ; le troisième, un fils, lui fut enlevé à l'âge de sept ans. Sous chacun de ces coups Cuvier se redressait avec vigueur et demandait à un surcroît de travail l'oubli et la consolation.

Il lui restait une fille qui était sa joie, son espoir le plus justifié, dont les grâces, l'esprit distingué, les talents et les qualités faisaient une femme accomplie. Il allait même bientôt éprouver la jouissance de voir une nouvelle famille s'élever sous ses yeux lorsqu'une maladie cruelle vint lui enlever sa fille à l'âge de 22 ans, presque le jour même fixé pour son mariage.

Cette perte cruelle le frappa profondément. Se raidissant sous la douleur, Cuvier eut assez d'énergie pour reprendre ses occupations habituelles ; mais le choc avait été trop rude, les ressorts de la vie avaient été brisés.

La ville de Montbéliard, où il avait reçu le jour, a tenu à l'honneur de perpétuer sa mémoire. Une souscription publique, ouverte en 1835, couvrit les frais d'une statue en bronze confiée au talent de David d'Angers, et qui s'élève aujourd'hui devant la maison où il est né.

Il est représenté debout, vêtu d'une grande redingote au collet garni de fourrure. Ses deux mains sont placées devant la poitrine : de la droite il tient un crayon ; dans la gauche est un papier sur lequel s'aperçoit l'esquisse du mastodonte. La tête est légèrement relevée, ses yeux regardent dans l'espace et semblent chercher encore à surprendre quelque secret de la nature.

Le Muséum, qui lui doit tant, possède aussi sa statue, depuis 1838. Elle est également l'œuvre de David d'Angers, qui l'a exécutée en marbre. C'est le professeur que l'artiste a voulu représenter. Il est en robe, la main droite fait un geste oratoire, tandis que la gauche repose sur un globe terrestre placé à côté de lui.

Dans cette galerie paléontologique, qui fut son œuvre, il semble vivre et redire ses admirables leçons. A défaut de sa voix qui s'est éteinte, il nous a laissé du moins sa méthode, son enseignement, sa grande gloire, son incomparable génie, dont profitent tous ceux qui ont le culte et l'amour de la science.

DISCOURS

SUR

LES RÉVOLUTIONS

DE

LA SURFACE DU GLOBE

ET SUR LES CHANGEMENTS QU'ELLES ONT PRODUITS DANS LE RÈGNE ANIMAL

Dans mon ouvrage sur les *Ossements fossiles* je me suis proposé de reconnaître à quels animaux appartiennent les débris osseux dont les couches superficielles du globe sont remplies. C'était chercher à parcourir une route où l'on n'avait encore hasardé que quelques pas. Antiquaire d'une espèce nouvelle, il me fallut apprendre à la fois à restaurer ces monuments des révolutions passées et à en déchiffrer le sens ; j'eus à recueillir et à rapprocher dans leur ordre primitif les fragments dont ils se composent, à reconstruire les êtres antiques auxquels ces fragments appartenaient, à les reproduire avec leurs proportions et leurs caractères ; à les comparer enfin à ceux qui vivent aujourd'hui à la surface du globe ; art presque inconnu, et qui supposait une science à peine effleurée auparavant, celle des lois qui président aux co-existences des formes des diverses parties dans les êtres organisés. Je dus donc me préparer à ces recherches par des recherches bien plus longues sur les animaux existants ; une revue presque générale de la création actuelle pouvait seule donner un caractère de démonstration à mes résultats sur cette création ancienne ; mais elle devait en même temps me donner un grand ensemble de règles et de rapports non moins démontrés, et le règne entier des animaux ne pouvait manquer de se trouver en quelque sorte soumis à des lois nouvelles, à l'occasion de cet essai sur une petite partie de la théorie de la terre.

Ainsi, j'étais soutenu dans ce double travail par l'intérêt égal qu'il promettait d'avoir, et pour la science générale de l'anatomie, base essentielle de toutes celles qui traitent des corps organisés, et pour l'histoire physique du globe, ce fondement de la minéralogie, de la géographie, et même, on peut le dire, de l'histoire des hommes, et de tout ce qu'il leur importe le plus de savoir relativement à eux-mêmes.

Si l'on met de l'intérêt à suivre dans l'enfance de notre espèce les traces presque effacées de tant de nations éteintes, comment n'en mettrait-on pas aussi à rechercher dans les ténèbres de l'enfance de la terre les traces de révolutions antérieures à l'existence de toutes les nations ? Nous admirons la force par laquelle l'esprit humain a mesuré les mouvements de globes que la nature semblait avoir soustraits pour jamais à notre vue ; le génie et la science ont franchi les limites de l'espace ; quelques observations développées par le raisonnement ont dévoilé le mécanisme du monde : n'y aurait-il pas aussi quelque gloire pour l'homme à savoir franchir les limites du temps, et à retrouver, au moyen de quelques observations, l'histoire de ce monde et une succession d'événements qui ont précédé la naissance du genre humain ? Sans doute, les astronomes ont marché plus vite que les naturalistes, et l'époque où se trouve aujourd'hui la théorie de la terre ressemble un peu à celle où quelques philosophes croyaient le ciel de pierres de taille et la lune grande comme le Péloponèse ; mais après les Anaxagoras il est venu des Copernic et des Képler, qui ont frayé la route à Newton : et pourquoi l'histoire naturelle n'aurait-elle pas aussi un jour son Newton ?

Exposition.

C'est le plan et le résultat de mes travaux sur les os fossiles que je me propose surtout de présenter dans ce discours. J'essayerai aussi d'y tracer un tableau rapide des efforts tentés jusqu'à ce jour pour retrouver l'histoire des révolutions du globe. Les faits qu'il m'a été donné de découvrir ne forment sans doute qu'une bien petite partie de ceux dont cette antique histoire devra se composer ; mais plusieurs d'entre eux conduisent à des conséquences décisives, et la manière rigoureuse dont j'ai procédé à leur détermination me donne lieu de croire qu'on les regardera comme des points définitivement fixés, et qui constitueront une époque dans la science. J'espère enfin que leur nouveauté m'excusera si je réclame pour eux l'attention principale de mes lecteurs.

Mon objet sera d'abord de montrer par quels rapports l'histoire des os fossiles d'animaux terrestres se lie à la théorie de la terre, et quels motifs lui donnent à cet

égard une importance particulière. Je développerai ensuite les principes sur lesquels repose l'art de déterminer ces os, ou, en d'autres termes, de reconnaître un
genre, et de distinguer une espèce par un seul fragment
d'os, art de la certitude duquel dépend celle de tout
mon travail. Je donnerai une indication rapide des
espèces nouvelles, des genres auparavant inconnus que
l'application de ces principes m'a fait découvrir, ainsi que
des diverses sortes de terrains qui les recèlent ; et comme
la différence entre ces espèces et celles d'aujourd'hui
ne va pas au delà de certaines limites, je montre-
rai que ces limites dépassent de beaucoup celles qui distinguent aujourd'hui les variétés d'une même espèce :
je ferai donc connaître jusqu'où ces variétés peuvent
aller, soit par l'influence du temps, soit par celle
du climat, soit enfin par celle de la domesticité. Je
me mettrai par là en état de conclure, et d'engager
mes lecteurs à conclure avec moi, qu'il a fallu de
grands événements pour amener les différences bien
plus considérables que j'ai reconnues : je développerai
donc les modifications particulières que mes recherches
doivent introduire dans les opinions reçues jusqu'à ce
jour sur les révolutions du globe ; enfin j'examinerai
jusqu'à quel point l'histoire civile et religieuse des peuples s'accorde avec les résultats de l'observation sur
l'histoire physique de la terre, et avec les probabilités
que ces observations donnent touchant l'époque où les
sociétés humaines ont pu trouver des demeures fixes et
des champs susceptibles de culture, et où par conséquent elles ont pu prendre une forme durable.

Première apparence de la terre.

Lorsque le voyageur parcourt ces plaines fécondes où des eaux tranquilles entretiennent par leur cours régulier une végétation abondante, et dont le sol, foulé par un peuple nombreux, orné de villages florissants, de riches cités, de monuments superbes, n'est jamais troublé que par les ravages de la guerre ou par l'oppression des hommes au pouvoir, il n'est pas tenté de croire que la nature ait eu aussi ses guerres intestines, et que la surface du globe ait été bouleversée par des révolutions et des catastrophes ; mais ces idées changent dès qu'il cherche à creuser ce sol aujourd'hui si paisible, ou qu'il s'élève aux collines qui bordent la plaine ; elles se développent pour ainsi dire avec sa vue, elles commencent à embrasser l'étendue et la grandeur de ces événements antiques dès qu'il gravit les chaînes plus élevées dont ces collines couvrent le pied, ou qu'en suivant les lits des torrents qui descendent de ces chaînes il pénètre dans leur intérieur.

Premières preuves de révolutions.

Les terrains les plus bas, les plus unis, ne nous montrent même, lorsque nous y creusons à de très grandes profondeurs, que des couches horizontales de matières plus ou moins variées, qui enveloppent presque toutes d'innombrables produits de la mer. Des couches pareilles, des produits semblables, composent les collines jusqu'à d'assez grandes hauteurs. Quelquefois les coquilles sont si nombreuses qu'elles forment à elles seules toute la masse du sol : elles s'élèvent à des hauteurs supérieures au niveau de toutes les mers, et où nulle mer ne pourrait être portée aujourd'hui par des causes existantes : elles ne sont pas seulement enveloppées dans des sables mobiles, mais les pierres les plus dures les incrustent souvent, et en sont pénétrées de toutes parts. Toutes les parties du monde, tous les hémisphères, tous les continents, toutes les îles un peu considérables présentent le même phénomène. Le temps n'est plus où l'ignorance pouvait soutenir que ces restes de corps organisés étaient de simples jeux de la nature, des produits conçus dans le sein de la terre par ses forces créatrices ; et les efforts que renouvellent quelques métaphysiciens ne suffiront probablement pas pour rendre de la faveur à ces vieilles opinions. Une comparaison scrupuleuse des formes de ces dépouilles, de leur tissu, souvent même de leur composition chimique, ne montre pas la moindre différence entre les coquilles fossiles et celles que la mer nourrit ; leur conservation n'est pas moins parfaite ; l'on n'y observe le plus souvent ni détrition ni ruptures, rien qui annonce un transport violent ; les plus petites d'entre elles gardent leurs parties les plus délicates, leurs crêtes les plus subtiles, leurs pointes les plus déliées : ainsi non seulement elles ont vécu dans la mer, elle ont été déposées par la mer, c'est la mer qui les a laissées dans les lieux où on les trouve ; mais cette mer a séjourné dans ces lieux, elle y a séjourné assez longtemps et assez paisiblement pour y former les dépôts si réguliers, si épais, si vastes, et en partie si solides que remplissent ces dépouilles d'animaux aquatiques (1). Le bassin des mers a donc éprouvé au moins un changement, soit en étendue, soit en situation. Voilà ce qui résulte déjà des premières fouilles et de l'observation la plus superficielle.

Les traces de révolutions deviennent plus imposantes quand on s'élève un peu plus haut, quand on se rapproche davantage du pied des grandes chaînes.

Il y a bien encore des bancs coquilliers ; on en aperçoit même de plus épais, de plus solides ; les coquilles y sont tout aussi nombreuses, tout aussi bien conservées : mais ce ne sont plus les mêmes espèces ; les couches qui les contiennent ne sont plus aussi généralement horizontales ; elles se redressent obliquement, quelquefois presque verticalement. Au lieu que dans les plaines et les collines plates il fallait creuser profondément pour connaître la succession des bancs, on les voit ici par leur flanc, en suivant les vallées produites par leurs déchirements : d'immenses amas de leurs débris forment au pied de leurs escarpements des buttes arrondies, dont chaque dégel et chaque orage augmentent la hauteur.

Et ces bancs redressés qui forment les crêtes des montagnes secondaires ne sont pas posés sur les bancs horizontaux des collines qui leur servent de premiers échelons ; ils s'enfoncent au contraire sous eux. Ces collines sont appuyées sur leurs pentes. Quand on perce les couches horizontales dans le voisinage des montagnes à couches obliques, on retrouve ces couches obliques dans la profondeur ; quelquefois même, quand les couches obliques ne sont pas trop élevées, leur sommet est cou-

(1) Bernard Palissy, au seizième siècle, avait déjà affirmé cette vérité qui ne fut reprise que cent ans plus tard.

ronné par des couches horizontales. Les couches obliques sont donc plus anciennes que les couches horizontales ; et comme il est impossible, du moins pour le
plus grand nombre, qu'elles n'aient pas été formées ho-
rizontalement, il est évident qu'elles ont été relevées,
qu'elles l'ont été avant que les autres s'appuyassent sur
elles.

Un ingénieux géologiste vient même de prouver qu'il
n'est pas impossible de fixer les époques relatives de
chacun de ces relèvements des couches obliques d'après
la nature et l'ancienneté des couches horizontales qui
s'appuient sur elles (1).

Ainsi la mer, avant de former les couches horizontales,
en avait formé d'autres, que des causes quelconques
avaient brisées, redressées, bouleversées de mille manières ; et comme plusieurs de ces bancs obliques qu'elle
avait formés plus anciennement s'élèvent plus haut que
ces couches horizontales qui leur ont succédé et qui
les entourent, les causes qui ont donné à ces bancs leur
obliquité les avaient aussi fait saillir au-dessus du niveau
de la mer, et en avaient fait des îles, ou au moins des
écueils et des inégalités, soit qu'ils eussent été relevés
par une extrémité, ou que l'affaissement de l'extrémité
opposée eût fait baisser les eaux ; second résultat non
moins clair, non moins démontré que le premier, pour
quiconque se donnera la peine d'étudier les monuments
qui l'appuient.

(1) Il s'agit de la théorie du soulèvement parallèle des chaînes de
montagnes que M. Elie de Beaumont, le célèbre géologue, venait
de lancer dans le monde savant.

Preuves que ces révolutions ont été nombreuses.

Mais ce n'est point à ce bouleversement des couches anciennes, à ce retrait de la mer après la formation des couches nouvelles, que se bornent les révolutions et les changements auxquels est dû l'état actuel de la terre.

Quand on compare entre elles, avec plus de détail, les diverses couches et les produits de la vie qu'elles recèlent, on reconnaît bientôt que cette ancienne mer n'a pas déposé constamment des pierres semblables entre elles, ni des restes d'animaux de mêmes espèces, et que chacun de ces dépôts ne s'est pas étendu sur toute la surface qu'elle recouvrait. Il s'y est établi des variations successives, dont les premières seules ont été à peu près générales, et dont les autres paraissent l'avoir été beaucoup moins. Plus les couches sont anciennes, plus chacune d'elles est uniforme dans une grande étendue; plus elles sont nouvelles, plus elles sont limitées, plus elles sont sujettes à varier à de petites distances. Ainsi les déplacements des couches étaient accompagnés et suivis de changements dans la nature du liquide et des matières qu'il tenait en dissolution ; et lorsque certaines couches, en se montrant au-dessus des eaux, eurent divisé la surface des mers par des îles, par des chaînes saillantes, il put y avoir des changements différents dans plusieurs des bassins particuliers.

On comprend qu'au milieu de telles variations dans la nature du liquide les animaux qu'il nourrissait ne pouvaient demeurer les mêmes. Leurs espèces, leurs genres même, changeaient avec les couches ; et quoiqu'il y ait

quelques retours d'espèces à de petites distances, il est
vrai de dire, en général, que les coquilles des couches
anciennes ont des formes qui leur sont propres ; qu'elles
disparaissent graduellement pour ne plus se montrer
dans les couches récentes, encore moins dans les mers
actuelles, où l'on ne découvre jamais leurs analogues
d'espèces, où plusieurs de leurs genres eux-mêmes ne
se retrouvent pas ; que les coquilles des couches récentes,
au contraire, ressemblent pour le genre à celles qui vivent dans nos mers, et que dans les dernières et les
plus meubles de ces couches, et dans certains dépôts récents et limités, il y a quelques espèces que l'œil le
plus exercé ne pourrait distinguer de celles que nour-
rissent les côtes voisines.

Il y a donc eu dans la nature animale une succession
de variations qui ont été occasionnées par celles du liquide dans lequel les animaux vivaient ou qui du moins
leur ont correspondu ; et ces variations ont conduit par
degrés les classes des animaux aquatiques à leur état
actuel ; enfin, lorsque la mer a quitté nos continents
pour la dernière fois, ses habitants ne différaient pas
beaucoup de ceux qu'elle alimente encore aujourd'hui.

Nous disons *pour la dernière fois* parce que si l'on examine avec encore plus de soin ces débris des êtres organiques, on parvient à découvrir au milieu des couches
marines, même les plus anciennes, des couches remplies
de productions animales ou végétales de la terre et de
l'eau douce ; et parmi les couches les plus récentes,
c'est-à-dire les plus superficielles, il en est où des animaux terrestres sont ensevelis sous des amas de productions de la mer. Ainsi les diverses catastrophes qui ont
remué les couches n'ont pas seulement fait sortir par

degrés du sein de l'onde les diverses parties de nos continents et diminué le bassin des mers ; mais ce bassin
s'est déplacé en plusieurs sens. Il est arrivé plusieurs
fois que des terrains mis à sec ont été recouverts par
les eaux, soit qu'ils aient été abîmés ou que les eaux
aient été seulement portées au-dessus d'eux ; et pour ce
qui regarde particulièrement le sol que la mer a laissé
libre dans sa dernière retraite, celui que l'homme et les
animaux terrestres habitent maintenant, il avait déjà
été desséché au moins une fois, peut-être plusieurs, et
avait nourri alors des quadrupèdes, des oiseaux, des
plantes et des productions terrestres de tous les genres ;
la mer qui l'a quitté l'avait donc auparavant envahi.
Les changements dans la hauteur des eaux n'ont donc
pas consisté seulement dans une retraite plus ou moins
graduelle, plus ou moins générale ; il s'est fait diverses
irruptions et retraites successives, dont le résultat défi-
nitif a été cependant une diminution universelle de niveau.

Preuves que ces révolutions ont été subites.

Mais, ce qu'il est aussi bien important de remarquer,
ces irruptions, ces retraites répétées n'ont point toutes
été lentes, ne se sont point toutes faites par degrés ; au
contraire, la plupart des catastrophes qui les ont ame-
nées ont été subites ; et cela est surtout facile à prouver
pour la dernière de ces catastrophes, pour celle qui par
un double mouvement a inondé et ensuite remis à sec
nos continents actuels, ou du moins une grande partie
du sol qui les forme aujourd'hui. Elle a laissé encore

dans les pays du Nord des cadavres de grands quadrupèdes que la glace a saisis, et qui se sont conservés jusqu'à nos jours avec leur peau, leur poil et leur chair (1).
S'ils n'eussent été gelés aussitôt que tués, la putréfac-
tion les aurait décomposés. Et d'un autre côté, cette
gelée éternelle n'occupait pas auparavant les lieux où ils
ont été saisis ; car ils n'auraient pas pu vivre sous une
pareille température. C'est donc le même instant qui a
fait périr les animaux et qui a rendu glacial le pays
qu'ils habitaient. Cet événement a été subit, instantané,
sans aucune gradation, et ce qui est si clairement démontré pour cette dernière catastrophe ne l'est guère
moins pour celles qui l'ont précédée. Les déchirements,
les redressements, les renversements des couches plus
anciennes ne laissent pas douter que des causes subites
et violentes ne les aient mises en l'état où nous les
voyons ; et même la force des mouvements qu'éprouva
la masse des eaux est encore attestée par les amas de débris et de cailloux roulés qui s'interposent en beaucoup
d'endroits entre les couches solides. La vie a donc souvent été troublée sur cette terre par des événements
effroyables. Des êtres vivants sans nombre ont été victimes de ces catastrophes : les uns, habitants de la terre
sèche, se sont vus engloutis par des déluges ; les autres,
qui peuplaient le sein des eaux, ont été mis à sec avec
le fond des mers subitement relevé ; leurs races mêmes
ont fini pour jamais, et ne laissent dans le monde que

(1) Le naturaliste Pallas cite le premier fait de ce genre : ce fut
la découverte, en 1771, d'un cadavre de Rhinocéros antédiluvien,
enfoui dans les sables glacés sur les bords du Viloni, rivière qui
se jette dans la Léna, en Sibérie. Depuis cette époque, des découvertes analogues dans les régions de l'extrême Nord ont mis à
jour des fragments et même des corps entiers de mammouths.

quelques débris à peine reconnaissables pour le naturaliste.

Telles sont les conséquences où conduisent nécessairement les objets que nous rencontrons à chaque pas, que nous pouvons vérifier à chaque instant, presque dans tous les pays. Ces grands et terribles événements sont clairement empreints partout pour l'œil qui sait en lire l'histoire dans leurs monuments.

Mais ce qui étonne davantage encore, et ce qui n'est pas moins certain, c'est que la vie n'a pas toujours existé sur le globe, et qu'il est facile à l'observateur de reconnaître le point où elle a commencé à déposer ses produits.

Preuves qu'il y a eu des révolutions antérieures à l'existence des êtres vivants.

Élevons-nous encore; avançons vers les grandes crêtes, vers les sommets escarpés des grandes chaînes : bientôt ces débris d'animaux marins, ces innombrables coquilles deviendront plus rares, et disparaîtront tout à fait ; nous arriverons à des couches d'une autre nature, qui ne contiendront point de vestiges d'êtres vivants. Cependant elles montreront par leur cristallisation et par leur stratification même, qu'elles étaient aussi dans un état liquide quand elles se sont formées ; par leur situation oblique, par leurs escarpements, qu'elles ont aussi été bouleversées ; par la manière dont elles s'enfoncent obliquement sous les couches coquillières, qu'elles ont été formées avant elles ; enfin, par la hauteur dont leurs pics hérissés et nus s'élèvent au-dessus

de toutes ces couches coquillières, que ces sommets
étaient déjà sortis des eaux quand les couches coquillières se sont formées.

Telles sont ces fameuses montagnes primitives ou pri-
mordiales qui traversent nos continents en différentes
directions, s'élèvent au-dessus des nuages, séparent les
bassins des fleuves, tiennent dans leurs neiges perpétuelles les réservoirs qui en alimentent les sources, et forment en quelque sorte le squelette et comme la grosse
charpente de la terre.

D'une grande distance l'œil aperçoit dans les dentelu-
res dont leur crête est déchirée, dans les pics aigus qui
la hérissent, des signes de la manière violente dont elles
ont été élevées : bien différentes de ces montagnes arrondies, de ces collines à longues surfaces plates dont la
masse récente est toujours demeurée dans la situation
où elle avait été tranquillement déposée par les dernières mers.

Ces signes deviennent plus manifestes à mesure que
l'on approche.

Les vallées n'ont plus ces flancs en pente douce, ces
angles saillants et rentrants vis-à-vis l'un de l'autre, qui
semblent indiquer les lits de quelques anciens courants :
elles s'élargissent et se rétrécissent sans aucune règle;
leurs eaux tantôt s'étendent en lacs, tantôt se précipitent
en torrents; quelquefois leurs rochers, se rapprochant
subitement, forment des digues transversales, d'où ces
mêmes eaux tombent en cataractes. Les couches déchi-
rées, en montrant d'un côté leur tranchant à pic, présentent de l'autre obliquement de grandes portions de
leur surface; elles ne correspondent point pour leur
hauteur; mais celles qui, d'un côté, forment le sommet

de l'escarpement s'enfoncent de l'autre, et ne reparaissent plus.

Cependant, au milieu de tout ce désordre, de grands naturalistes sont parvenus à démontrer qu'il règne encore un certain ordre, et que ces bancs immenses, tout brisés et renversés qu'ils sont, observent entre eux une succession qui est à peu près la même dans toutes les grandes chaînes. Le granit, disent-ils, dont les crêtes centrales de la plupart de ces chaînes sont composées, le granit, qui dépasse tout, est aussi la pierre qui s'enfonce sous toutes les autres, c'est la plus ancienne de celles qu'il nous ait été donné de voir dans la place que lui assigna la nature, soit qu'elle doive son origine à un liquide général, qui auparavant aurait tout tenu en dissolution, soit qu'elle ait été la première fixée par le refroidissement d'une grande masse en fusion ou même en évaporation. Des roches feuilletées s'appuient sur ses flancs, et forment les crêtes latérales de ces grandes chaînes ; des schistes, des porphyres, des grès, des roches talqueuses se mêlent à leurs couches ; enfin des marbres à grains salins, et d'autres calcaires sans coquilles, s'appuyant sur les schistes, forment les crêtes extérieures, les échelons inférieurs, les contre-forts de ces chaînes, et sont le dernier ouvrage par lequel ce liquide inconnu, cette mer sans habitants, semblaient préparer des matériaux aux mollusques et aux zoophytes, qui bientôt devaient déposer sur ce fond d'immenses amas de leurs coquilles ou de leurs coraux. On voit même les premiers produits de ces mollusques, de ces zoophytes, se montrant en petit nombre et de distance en distance, parmi les dernières couches de ces terrains primitifs ou dans cette portion de l'écorce du globe que les zoologistes ont nommée les terrains de transition. On y rencontre par-ci par-là des couches coquillières interposées entre quelques granits plus récents que les autres, parmi divers schistes, et entre quelques derniers lits de marbres salins ; la vie, qui voulait s'emparer de ce globe, semble dans ces premiers temps avoir lutté avec la nature inerte qui dominait auparavant ; ce n'est qu'après un temps assez long qu'elle a pris entièrement le dessus, qu'à elle seule a appartenu le droit de continuer et d'élever l'enveloppe solide de la terre.

Ainsi, on ne peut le nier : les masses qui forment aujourd'hui nos plus hautes montagnes ont été primitivement dans un état liquide ; longtemps après leur consolidation elles ont été recouvertes par des eaux qui n'alimentaient point de corps vivants ; ce n'est pas seulement après l'apparition de la vie qu'il s'est fait des changements dans la nature des matières qui se déposaient : les masses formées auparavant ont varié, aussi bien que celles qui se sont formées depuis ; elles ont éprouvé de même des changements violents dans leur position, et une partie de ces changements avait eu lieu dès le temps où ces masses existaient seules, et n'étaient point recouvertes par les masses coquillières : on en a la preuve par les renversements, par les déchirements, par les fissures qui s'observent dans leurs couches, aussi bien que dans celles des terrains postérieurs, qui même y sont en plus grand nombre et plus marqués.

Mais ces masses primitives ont encore éprouvé d'autres révolutions depuis la formation des terrains secondaires (1), et ont peut-être occasionné ou du moins partagé

(1) Terrains qui ont succédé aux terrains de transition.

quelques-unes de celles que ces terrains eux-mêmes ont éprouvées. Il y a en effet des portions considérables de terrains primitifs à nu, quoique dans une situation plus basse que beaucoup de terrains secondaires ; comment ceux-ci ne les auraient-ils pas recouvertes, si elles ne se fussent montrées depuis qu'ils se sont formés? On trouve des blocs nombreux et volumineux de substances primitives répandus en certains pays à la surface de terrains secondaires, séparés par des vallées profondes, ou même par des bras de mer, des pics ou des crêtes d'où ces blocs peuvent être venus : il faut ou que des éruptions les y aient lancés, ou que les profondeurs qui eussent arrêté leur cours n'existassent pas à l'époque de leur transport, ou bien enfin que les mouvements des eaux qui les ont transportés passassent en violence tout ce que nous pouvons imaginer aujourd'hui (1).

(1) De Saussure et Deluc présentent une foule de ces sortes de faits; MM. de Buch et Escher en présentent surtout l'ensemble d'une manière remarquable, dont voici à-peu près le résumé : Ceux de ces blocs qui sont épars dans les parties basses de la Suisse ou de la Lombardie viennent des Alpes, et sont descendus le long de leurs vallées. Il y en a partout, et de toute grandeur, jusqu'à celle de cinquante mille pieds cubes, dans la grande étendue qui sépare les Alpes du Jura, et il s'en élève sur les pentes du Jura qui regardent les Alpes jusqu'à des hauteurs de quatre mille pieds au-dessus du niveau de la mer; ils sont à la surface ou dans les couches superficielles de débris, mais non dans celle des grès, de mollasses ou de poudingues qui remplissent presque partout l'intervalle en question : on les trouve tantôt isolés, tantôt en amas ; la hauteur de leur situation est indépendante de leur grosseur; les petits seulement paraissent quelquefois un peu usés, les grands ne le sont point du tout. Ceux qui appartiennent au bassin de chaque rivière se sont trouvés, à l'examen, de même nature que les montagnes des sommets ou des flancs des hautes vallées d'où naissent les affluents de cette rivière : on en voit déjà dans ces vallées, et ils y sont surtout accumulés aux endroits qui précèdent quelques rétrécissements. Il en a passé par-dessus les cols lorsqu'ils n'avaient pas plus de quatre mille pieds; et alors on en voit sur les revers des crêtes dans les cantons d'entre les Alpes et le Jura, et sur le Jura

Voilà donc un ensemble de faits, une suite d'époques antérieures au temps présent, dont la succession peut se vérifier sans incertitude, quoique la durée de leurs intervalles ne puisse se définir avec précision ; ce sont autant de points qui servent de règle et de direction à cette antique chronologie.

Examen des causes qui agissent encore aujourd'hui à la surface du globe.

Examinons maintenant ce qui se passe aujourd'hui sur le globe ; analysons les causes qui agissent encore à sa surface, et déterminons l'étendue possible de leurs effets. C'est une partie de l'histoire de la terre d'autant plus importante, que l'on a cru longtemps pouvoir expliquer par ces causes actuelles les révolutions antérieures, comme on explique aisément dans l'histoire politique les événements passés quand on connaît bien les passions et les intrigues de nos jours. Mais nous allons voir que malheureusement il n'en est pas ainsi dans l'histoire physique : le fil des opérations est rompu ; la marche de la nature est changée ; et aucun des agents qu'elle emploie aujourd'hui ne lui aurait suffi pour produire ses anciens ouvrages.

Il existe maintenant quatre causes actives qui contribuent à altérer la surface de nos continents : les pluies et les dégels, qui dégradent les montagnes escarpées, et

même. C'est vis-à-vis des débouchés des vallées des Alpes que l'on en voit le plus et de plus élevés ; ceux des intervalles se sont portés moins haut : dans les chaînes du Jura, plus éloignées des Alpes, il ne s'en trouve qu'aux endroits placés vis-à-vis des ouvertures des chaînes plus rapprochées. (*Cuvier.*)

en jettent les débris à leur pied ; les eaux courantes, qui entraînent ces débris, et vont les déposer dans les lieux où leur cours se ralentit ; la mer, qui sape le pied des côtes élevées, pour y former des falaises, et qui rejette sur les côtes basses des monticules de sables ; enfin les volcans, qui percent les couches solides, et élèvent ou répandent à la surface les amas de leurs déjections.

Éboulements.

Partout où les couches brisées offrent leurs tranchants sur des faces abruptes, il tombe à leur pied, à chaque printemps, et même à chaque orage, des fragments de leurs matériaux, qui s'arrondissent en roulant les uns sur les autres, et dont l'amas prend une inclinaison déterminée par les lois de la cohésion, pour former ainsi au pied de l'escarpement une croupe plus ou moins élevée, selon que les chutes de débris sont plus ou moins abondantes. Ces croupes forment les flancs des vallées dans toutes les hautes montagnes, et se couvrent d'une riche végétation quand les éboulements supérieurs commencent à devenir moins fréquents ; mais leur défaut de solidité les rend sujettes à s'ébouler elles-mêmes quand elles sont minées par les ruisseaux ; et c'est alors que des villes, que des cantons riches et peuplés se trouvent ensevelis sous la chute d'une montagne, que le cours des rivières est intercepté, qu'il se forme des lacs dans des lieux auparavant fertiles et riants.Mais ces grandes chutes heureusement sont rares, et la principale influence de ces collines de débris, c'est de fournir des matériaux pour les ravages des torrents.

Alluvions.

Les eaux qui tombent sur les crêtes et les sommets des montagnes, ou les vapeurs qui s'y condensent, ou les neiges qui s'y liquéfient, descendent par une infinité de filets le long de leurs pentes ; elles en enlèvent quelques parcelles, et y tracent par leur passage des sillons légers. Bientôt ces filets se réunissent dans les creux plus marqués dont la surface des montagnes est labourée ; ils s'écoulent par les vallées profondes qui en entament le pied, et vont former ainsi les rivières et les fleuves, qui reportent à la mer les eaux que la mer avait données à l'atmosphère. A la fonte des neiges, ou lorsqu'il survient un orage, le volume de ces eaux des montagnes, subitement augmenté, se précipite avec une vitesse proportionnée aux pentes ; elles vont heurter avec violence le pied de ces croupes de débris qui couvrent les flancs de toutes les hautes vallées ; elles entraînent avec elles les fragments déjà arrondis qui les composent ; elles les émoussent, les polissent encore par le frottement ; mais à mesure qu'elles arrivent à des vallées plus unies, où leur chute diminue, ou dans des bassins plus larges, où il leur est permis de s'épandre, elles jettent sur la plage les plus grosses de ces pierres qu'elles roulaient, les débris plus petits sont déposés plus bas, et il n'arrive guère au grand canal de la rivière que les parcelles les plus menues ou le limon le plus imperceptible. Souvent même le cours de ces eaux, avant de former le grand fleuve inférieur, est obligé de traverser un lac vaste et profond, où leur limon se dépose, et d'où elles ressortent limpides. Mais les fleuves inférieurs, et tous les ruisseaux qui naissent des montagnes plus basses, où des collines, produisent aussi dans les terrains qu'ils parcourent des effets plus ou moins analogues à ceux des torrents des hautes montagnes. Lorsqu'ils sont gonflés par de grandes pluies, ils attaquent le pied des collines terreuses ou sableuses qu'ils rencontrent dans leur cours, et en portent les débris sur les terrains bas, qu'ils inondent, et que chaque inondation élève d'une quantité quelconque. Enfin, lorsque les fleuves arrivent aux grands lacs ou à la mer, et que cette rapidité qui entraînait les parcelles de limon vient à cesser tout à fait, ces parcelles se déposent aux côtés de l'embouchure ; elles finissent par y former des terrains qui prolongent la côte ; et si cette côte est telle que la mer y jette de son côté du sable, et contribue à cet accroissement, il se crée ainsi des provinces, des royaumes entiers, ordinairement les plus fertiles, et bientôt les plus riches du monde, si les gouvernements laissent l'industrie s'y exercer en paix.

Dunes.

Les effets que la mer produit sans le concours des fleuves sont beaucoup moins heureux. Lorsque la côte est basse et le fond sablonneux, les vagues poussent ce sable vers le bord ; à chaque reflux il s'en dessèche un peu, et le vent, qui souffle presque toujours de la mer, en jette sur la plage. Ainsi se forment les dunes, ces monticules sablonneux qui, si l'industrie de l'homme ne parvient à les fixer par des végétaux convenables,

marchent lentement, mais invariablement, vers l'intérieur des terres, et y couvrent les champs et les habitations, parce que le même vent qui élève le sable du
rivage sur la dune jette celui du sommet de la dune à
son revers opposé à la mer; que si la nature du sable
et celle de l'eau qui s'élève avec lui sont telles qu'il
puisse s'en former un ciment durable, les coquilles,
les os jetés sur le rivage en seront incrustés ; les bois,
les troncs d'arbre, les plantes qui croissent près de la
mer seront saisis dans ces agrégats, et ainsi naîtront ce
que l'on pourra appeler des dunes durcies, comme on
en voit sur les côtes de la Nouvelle-Hollande (1). On peut
en prendre une idée nette dans la description qu'en a
laissée feu Péron.

Falaises.

Quand, au contraire, la côte est élevée, la mer, qui
n'y peut rien rejeter, y exerce une action destructive :
ses vagues en rongent le pied et en escarpent toute la
hauteur en falaise, parce que les parties plus hautes se
trouvant sans appui tombent sans cesse dans l'eau ;
elles y sont agitées dans les flots jusqu'à ce que les parcelles les plus molles et les plus déliées disparaissent.
Les portions plus dures, à force d'être roulées en sens
contraires par les vagues, forment ces galets arrondis ou
cette grève, qui finit par s'accumuler assez pour servir
de rempart au pied de la falaise.

Telle est l'action des eaux sur la terre ferme ; et l'on

(1) Depuis Cuvier le nom d'Australie a prévalu pour désigner le
continent océanien.

voit qu'elle ne consiste presque qu'en nivellements, et en nivellements qui ne sont pas indéfinis. Les débris des grandes crêtes charriés dans les vallons ; leurs particules, celles des collines et des plaines, portées jusqu'à la mer ; des alluvions étendant les côtes aux dépens des hauteurs, sont des effets bornés, auxquels la végétation met en général un terme, qui supposent d'ailleurs la préexistence des montagnes, celle des vallées, celle des plaines, en un mot toutes les inégalités du globe, et qui ne peuvent, par conséquent, avoir donné naissance à ces inégalités. Les dunes sont un phénomène plus limité encore, et pour la hauteur et pour l'étendue horizontale ; elles n'ont point de rapport avec ces énormes masses dont la géologie cherche l'origine.

Quant à l'action que les eaux exercent dans leur propre sein, quoiqu'on ne puisse la connaître aussi bien, il est possible cependant d'en déterminer jusqu'à un certain point les limites.

Dépôts sous les eaux.

Les lacs, les étangs, les marais, les ports de mer où il tombe des ruisseaux, surtout quand ceux-ci descendent des coteaux voisins et escarpés, déposent sur leur fond des amas de limon qui finiraient par les combler si l'on ne prenait le soin de les nettoyer. La mer jette également dans les ports, dans les anses, dans tous les lieux où ses eaux sont plus tranquilles, des vases et des sédiments. Les courants amassent entre eux ou jettent sur leurs côtés le sable qu'ils arrachent au fond de la mer, et en composent des bancs et des bas-fonds.

Stalactites.

Certaines eaux, après avoir dissous des substances calcaires au moyen de l'acide carbonique surabondant dont elles sont imprégnées, les laissent cristalliser quand cet acide peut s'évaporer, et en forment des stalactites et d'autres concrétions. Il existe des couches cristallisées confusément dans l'eau douce, assez étendues pour être comparables à quelques-unes de celles qu'a laissées l'ancienne mer. Tout le monde connaît les fameuses carrières de travertin (1) des environs de Rome, et les roches de cette pierre que la rivière de Teverone (2) accroît et fait sans cesse varier en figure. Ces deux sortes d'actions peuvent se combiner ; les dépôts accumulés par la mer peuvent être solidifiés par la stalactite : lorsque, par hasard, des sources abondantes en matière calcaire, ou contenant quelque autre substance en dissolution, viennent à tomber dans les lieux où ces amas se sont formés, il se montre alors des agrégats où les produits de la mer et ceux de l'eau douce peuvent être réunis. Tels sont les bancs de la Guadeloupe, qui offrent à la fois des coquilles de mer et de terre et des squelettes humains. Telle est encore cette carrière près de Messine, décrite par de Saussure, et où le grès se reforme par les sables que la mer y jette, et qui s'y consolident.

(1) Tuf calcaire des environs de Tivoli avec lequel sont construits la plupart des édifices de Rome.
(2) Rivière d'Italie qui forme les célèbres cascades de Tivoli et se jette dans le Tibre un peu au-dessus de Rome.

Lithophytes.

Dans la zone torride, où les lithophytes (1) sont nombreux en espèces et se propagent avec une grande force, leurs troncs pierreux s'entrelacent en rochers, en récifs, et, s'élevant jusqu'à fleur d'eau, ferment l'entrée des ports, tendent des pièges terribles aux navigateurs. La mer, jetant des sables et du limon sur le haut de ces écueils, en élève quelquefois la surface au-dessus de son propre niveau, et en forme des îles plates, qu'une riche végétation vient bientôt vivifier (2).

Incrustation.

Il est possible aussi que dans quelques endroits les animaux à coquillages laissent en mourant leurs dépouilles pierreuses, et que, liées par des vases plus ou moins concrètes, ou par d'autres ciments, elles forment des

(1) Vient du grec et signifie *Pierre-plante*, terme général par lequel on désigne toutes les espèces de polypiers parce qu'ils participent à la fois des minéraux et des végétaux.

(2) Lorsque, par leurs efforts incessants et accumulés, les coraux sont arrivés jusqu'à la hauteur à laquelle se retirent les plus basses marées, ils arrêtent leurs travaux. Là existent désormais un récif qui s'élève de plus en plus par les débris que les coups de mer y apportent; avec le temps il se forme un rempart circulaire au centre duquel on remarque toujours un petit lac d'eau tranquille, à l'abri des agitations de la haute mer. En cet état, ces îlots sont appelés attolls. L'action combinée des eaux et de l'air désagrège toutes les parties solides de ce sol factice et les nombreux coquillages qui y sont échoués. Bientôt les graines apportées par le vent y développent leurs vertus germinatives. Dès que la verdure apparaît l'existence de l'île est assurée, son accroissement rapide et sa fertilité définitive; elle est dorénavant propre au séjour de l'homme.

dépôts étendus ou des espèces de bancs coquilliers; mais nous n'avons aucune preuve que la mer puisse aujourd'hui incruster ces coquilles d'une pâte aussi compacte que les marbres, que les grès, ni même que le calcaire grossier dont nous voyons enveloppées les coquilles de nos couches. Encore moins trouvons-nous qu'elle précipite nulle part de ces couches plus solides, plus siliceuses qui ont précédé la formation des bancs coquilliers.

Enfin toutes ces causes réunies ne changeraient pas d'une quantité appréciable le niveau de la mer, ne releveraient pas une seule couche au-dessus de ce niveau, et surtout ne produiraient pas le moindre monticule à la surface de la terre.

On a bien soutenu que la mer éprouve une diminution générale, et que l'on en a fait l'observation dans quelques lieux des bords de la Baltique (1). En d'autres endroits, comme l'Écosse et divers points de la Méditerranée, on croit avoir aperçu, au contraire, que la mer s'élève, et qu'elle y couvre aujourd'hui des plages autrefois supérieures à son niveau (2). Mais quelles que soient

---

(1) C'est une opinion commune en Suède, que la mer s'abaisse et qu'on passe à gué ou à pied sec dans beaucoup d'endroits où cela n'était pas possible autrefois. Des hommes très-savants ont partagé cette opinion du peuple; et M. de Buch l'adopte tellement, qu'il va jusqu'à supposer que le sol de toute la Suède s'élève peu à peu. Mais il est singulier que l'on n'ait pas fait ou du moins publié des observations suivies et précises propres à constater un fait mis en avant depuis si longtemps, et qui ne laisserait lieu à aucun doute si, comme le dit Linné, cette différence de niveau allait à quatre et cinq pieds par an. (Cuvier.)

(2) M. Robert Stevenson, dans ses Observations sur le lit de la mer du Nord et de la Manche, soutient que le niveau de ces mers s'est élevé continuellement et très sensiblement depuis trois siècles. Fortis dit la même chose de quelques lieux de la mer Adriatique; mais l'exemple du temple de Sérapis, près de Pouzzoles, prouve que les bords de cette mer sont en plusieurs endroits de nature à pou-

les causes de ces apparences, il est certain qu'elles n'ont rien de général ; que dans le plus grand nombre des ports, où l'on a tant d'intérêt à observer la hauteur de la mer, et où des ouvrages fixes et anciens donnent tant de moyens d'en mesurer les variations, son niveau moyen est constant ; il n'y a point d'abaissement universel, il n'y a point d'empiétement général.

Volcans.

L'action des volcans est plus bornée, plus locale encore que toutes celles dont nous venons de parler. Quoique nous n'ayons aucune idée nette des moyens par lesquels la nature entretient à de si grandes profondeurs ces violents foyers, nous jugeons clairement par leurs effets des changements qu'ils peuvent avoir produits à la surface du globe. Lorsqu'un volcan se déclare, après quelques secousses, quelques tremblements de terre, il se fait une ouverture. Des pierres, des cendres sont lancées au loin, des laves sont vomies : leur partie la plus fluide s'écoule en longues traînées ; celle qui l'est moins s'arrête aux bords de l'ouverture, en élève le contour, y forme un cône terminé par un cratère. Ainsi les volcans accumulent sur la surface, après les avoir modifiées, des matières auparavant ensevelies dans la profondeur ; ils forment des montagnes ; ils en ont couvert autrefois quelques parties de nos continents ; ils ont fait naître

voir s'élever et s'abaisser localement. On a en revanche des milliers de quais, de chemins, et d'autres constructions faites sur les bords de la mer par les Romains, depuis Alexandrie jusqu'en Belgique, et dont le niveau relatif n'a pas varié. (*Cuvier.*)

subitement des îles au milieu des mers; mais c'était toujours de laves que ces montagnes, ces îles, étaient composées; tous leurs matériaux avaient subi l'action du feu : ils sont disposés comme doivent l'être des matières qui ont coulé d'un point élevé. Les volcans n'élèvent donc ni ne culbutent les couches que traverse leur soupirail ; et si quelques causes agissant de ces profondeurs ont contribué dans certains cas à soulever de grandes montagnes, ce ne sont pas des agents volcaniques tels qu'il en existe de nos jours.

Ainsi, nous le répétons, c'est en vain que l'on cherche dans les forces qui agissent maintenant à la surface de la terre des causes suffisantes pour produire les révolutions et les catastrophes dont son enveloppe nous montre les traces ; et si l'on veut recourir aux forces extérieures constantes connues jusqu'à présent, l'on n'y trouve pas plus de ressources.

Causes astronomiques constantes.

Le pôle de la terre se meut dans un cercle autour du pôle de l'écliptique (1); son axe s'incline plus ou moins sur le plan de cette même écliptique ; mais ces deux mouvements, dont les causes sont aujourd'hui appréciées, s'exécutent dans des directions et des limites connues, et qui n'ont nulle proportion avec des effets tels que ceux dont nous venons de constater la grandeur. Dans tous les cas, leur lenteur excessive empêcherait

(1) Point central du cercle où nous voyons le soleil pendant son cours apparent de toute l'année.

qu'ils pussent expliquer des catastrophes que nous venons de prouver avoir été subites.

Ce dernier raisonnement s'applique à toutes les actions lentes que l'on a imaginées, sans doute dans l'espoir qu'on ne pourrait en nier l'existence, parce qu'il serait toujours facile de soutenir que leur lenteur même les rend imperceptibles. Vraies ou non, peu importe ; elles n'expliquent rien, puisque aucune cause lente ne peut avoir produit des effets subits. Y eût-il donc une diminution graduelle des eaux, la mer transportât-elle dans tous les sens des matières solides, la température du globe diminuât ou augmentât·elle, ce n'est rien de tout cela qui a renversé nos couches, qui a revêtu de glace de grands quadrupèdes avec leur chair et leur peau, qui a mis à sec des coquillages aujourd'hui encore aussi bien conservés que si on les eût pêchés vivants, qui a détruit enfin des espèces et des genres entiers.

Ces arguments ont frappé le plus grand nombre des naturalistes, et, parmi ceux qui ont cherché à expliquer l'état actuel du globe, il n'en est presque aucun qui l'ait attribué en entier à des causes lentes, encore moins à des causes agissant sous nos yeux. Cette nécessité où ils se sont vus de chercher des causes différentes de celles que nous voyons agir aujourd'hui est même ce qui leur a fait imaginer tant de suppositions extraordinaires, et les a fait errer et se perdre en tant de sens contraires, que le nom même de leur science, ainsi que je l'ai dit ailleurs, a été longtemps un sujet de moquerie (1) pour

(1) Lorsque j'ai dit cela, j'ai énoncé un fait dont on est chaque jour témoin ; mais je n'ai pas prétendu exprimer ma propre opinion, comme des géologistes estimables ont paru le croire. Si quelque équivoque dans ma phrase a été la cause de mon erreur, je leur en fais ici mes excuses. (*Cuvier.*)

quelques personnes prévenues, qui ne voyaient que les systèmes qu'elle a fait éclore, et qui oubliaient la longue et importante série des faits certains qu'elle a fait connaître.

Anciens systèmes des géologistes.

Pendant longtemps on n'admit que deux événements, que deux époques de mutations sur le globe : la création et le déluge ; et tous les efforts des géologistes tendirent à expliquer l'état actuel en imaginant un certain état primitif, modifié ensuite par le déluge, dont chacun imaginait aussi à sa manière les causes, l'action et les effets.

Ainsi, selon l'un (1), la terre avait reçu d'abord une croûte égale et légère qui recouvrait l'abîme des mers, et qui se creva pour produire le déluge : ses débris formèrent les montagnes. Selon l'autre (2), le déluge fut occasionné par une suspension momentanée de la cohésion dans les minéraux : toute la masse du globe fut dissoute, et la pâte en fut pénétrée par les coquilles. Selon un troisième (3), Dieu souleva les montagnes pour faire écouler les eaux qui avaient produit le déluge, et les prit dans les endroits où il y avait le plus de pierres, parce qu'autrement elles n'auraient pu se soutenir. Un quatrième (4) créa la terre avec l'atmosphère d'une comète et la fit inonder par la queue d'une autre : la chaleur

(1) Burnet.
(2) Woodward.
(3) Schenchzer.
(4) Whiston.

qui lui restait de sa première origine fut ce qui excita tous les êtres vivants au péché ; aussi furent-ils tous noyés, excepté les poissons, qui avaient apparemment leurs passions moins vives.

On voit que, tout en se retranchant dans les limites fixées par la Genèse, les naturalistes se donnaient encore une carrière assez vaste : ils se trouvèrent bientôt à l'étroit ; et quand ils eurent réussi à faire envisager les six jours de la création comme autant de périodes indéfinies, les siècles ne leur coûtant plus rien, leurs systèmes prirent un essor proportionné aux espaces dont ils purent disposer.

Le grand Leibnitz lui-même s'amusa à faire, comme Descartes, de la terre un soleil éteint, un globe vitrifié, sur lequel les vapeurs, étant retombées lors de son refroidissement, formèrent des mers, qui déposèrent ensuite les terrains calcaires.

Demaillet couvrit le globe entier d'eau pendant des milliers d'années ; il fit retirer les eaux graduellement ; tous les animaux terrestres avaient d'abord été marins ; l'homme lui-même avait commencé par être poisson ; et l'auteur assure qu'il n'est pas rare de rencontrer dans l'Océan des poissons qui ne sont encore devenus hommes qu'à moitié, mais dont la race le deviendra tout à fait quelque jour (1).

Le système de Buffon n'est guère qu'un développement de celui de Leibnitz, avec l'addition seulement d'une comète qui a fait sortir du soleil, par un choc violent, la masse liquéfiée de la terre, en même temps que celle de toutes les planètes ; d'où il résulte des

_____

(1) C'était préluder aux théories bizarres de Darwin.

dates positives : car par la température actuelle de la terre on peut savoir depuis combien de temps elle se refroidit ; et puisque les autres planètes sont sorties du soleil en même temps qu'elle, on peut calculer combien les grandes ont encore de siècles à refroidir, et jusqu'à quel point les petites sont déjà glacées (1).

Systèmes plus nouveaux.

De nos jours, des esprits plus libres que jamais ont aussi voulu s'exercer sur ce grand sujet. Quelques écrivains ont reproduit et prodigieusement étendu les idées de Demaillet : ils disent que tout fut liquide dans l'origine ; que le liquide engendra des animaux d'abord très-simples, tels que des monades ou autres espèces infusoires et microscopiques ; que, par suite des temps, et en prenant des habitudes diverses, les races animales se compliquèrent et se diversifièrent au point où nous les voyons aujourd'hui. Ce sont toutes ces races d'animaux qui ont converti par degrés l'eau de la mer en terre calcaire ; les végétaux, sur l'origine et les métamorphoses desquels on ne nous dit rien, ont converti de leur côté cette eau en argile ; mais ces deux terres, à force d'être dépouillées des caractères que la vie leur avait imprimés, se résolvent, en dernière analyse, en silice ; et voilà pourquoi les plus anciennes montagnes sont plus siliceuses que les autres. Toutes les parties solides de la

---

(1) *Théorie de la terre*, 1740 et *Epoques de la nature*, 1778.
Les faits et les théories les plus fondées démontrent que la température de notre planète ne s'est pas abaissée de plus d'un trois centième de degré depuis sa dernière transformation.

terre doivent donc leur naissance à la vie, et sans la vie
le globe serait entièrement liquide (1).

D'autres écrivains ont donné la préférence aux idées
de Képler : comme ce grand astronome, ils accordent
au globe lui-même les facultés vitales ; un fluide, selon
eux, y circule ; une assimilation s'y fait aussi bien que
dans les corps animés ; chacune de ses parties est vivante ; il n'est pas jusqu'aux molécules les plus élémentaires qui n'aient un instinct, une volonté, qui ne s'at-
tirent et ne se repoussent d'après des antipathies et des
sympathies : chaque sorte de minéral peut convertir
des masses immenses en sa propre nature, comme nous
convertissons nos aliments en chair et en sang ; les montagnes sont les organes de la respiration du globe, et les
schistes ses organes sécrétoires ; c'est par ceux-ci qu'il
décompose l'eau de la mer pour engendrer les déjections
volcaniques ; les filons enfin sont des caries, des abcès
du règne minéral, et les métaux un produit de pourri-
ture et de maladie : voilà pourquoi ils sentent presque
tous mauvais (2).

Plus nouvellement encore, une philosophie qui sub-
stitue des métaphores aux raisonnements, partant du
système de l'identité absolue ou du panthéisme, fait
naître tous les phéno mènes ou, ce qui est à ses yeux la
même chose, tous les êtres, par polarisation, comme les
deux électricités ; et, appelant polarisation, toute opposition, toute différence, soit qu'on la prenne de la situa-

(1) M. de Lamarck est celui qui a développé ce système en France avec le plus de suite dans son *Hydrogéologie* et dans sa *Philosophie zoologique*. (*Cuvier*).
(2) Feu M. Patrin a mis beaucoup d'esprit à soutenir ces idées
fantastiques, dans plusieurs articles du *Nouveau Dictionnaire d'Histoire Naturelle* (*Cuvier*).

tion, de la nature, ou des fonctions, elle voit successivement s'opposer Dieu et le monde, dans le monde le soleil et les planètes, dans chaque planète le solide et le liquide ; et, poursuivant cette marche, changeant au besoin ses figures et ses allégories, elle arrive jusqu'aux derniers détails des espèces organisées (1).

Il faut convenir cependant que nous avons choisi là des exemples extrêmes, et que tous les géologistes n'ont pas porté la hardiesse des conceptions aussi loin que ceux que nous venons de citer : mais parmi ceux qui ont procédé avec plus de réserve, et qui n'ont point cherché leurs moyens hors de la physique ou de la chimie ordinaires, combien ne règne-t-il pas encore de diversité et de contradiction !

Divergences de tous les systèmes.

Chez l'un tout s'est précipité successivement par cristallisation, tout s'est déposé à peu près comme il l'est encore ; mais la mer, qui couvrait tout, s'est retirée par degrés.

Chez l'autre les matériaux des montagnes sont sans cesse dégradés et entraînés par les rivières, pour aller au fond des mers se faire échauffer sous une énorme pression, et former des couches que la chaleur qui les durcit relèvera un jour avec violence (2).

Un troisième suppose le liquide divisé en une multitude de lacs placés en amphithéâtre les uns au-dessus des

(1) C'est surtout dans les ouvrages de M. Steffens et de M. Oken qu'il faut voir cette application du panthéisme à la géologie.
(2) Hutton et Playfair.

autres, qui, après avoir déposé nos couches coquillières, ont rompu successivement leurs digues pour aller remplir le bassin de l'Océan (1).

Chez un quatrième, des marées de sept à huit cents toises ont, aux contraire, emporté de temps en temps le fond des mers, et l'ont jeté en montagnes et en collines dans les vallées, ou sur les plaines primitives du continent (2).

Un cinquième fait tomber successivement du ciel, comme les pierres météoriques, les divers fragments dont la terre se compose, et qui portent dans les êtres inconnus dont ils recèlent les dépouilles l'empreinte de leur origine étrangère (3).

Un sixième fait le globe creux, et y place un noyau d'aimant qui se transporte, au gré des comètes, d'un pôle à l'autre, entraînant avec lui le centre de gravité et la masse des mers, et noyant ainsi alternativement les deux hémisphères (4).

Nous pourrions citer encore vingt autres systèmes, tout aussi divergents que ceux-là : et, que l'on ne s'y trompe pas, notre intention n'est pas d'en critiquer les auteurs : au contraire, nous reconnaissons que ces idées ont généralement été conçues par des hommes d'esprit et de savoir, qui n'ignoraient point les faits, dont plusieurs même avaient voyagé longtemps dans l'intention de les examiner, et qui en ont procuré de nombreux et d'importants à la science.

(1) Lemanon, d'après Michaëlis et plusieurs autres.
(2) Dolomieu.
(3) MM. de Marschall.
(4) M. Bertrand.

Causes de ces divergences.

D'où peut donc venir une pareille opposition dans les solutions d'hommes qui partent des mêmes principes pour résoudre le même problème ?

Ne serait-ce point que les conditions du problème n'ont jamais été toutes prises en considération ; ce qui l'a fait rester jusqu'à ce jour indéterminé et susceptible de plusieurs solutions, toutes également bonnes quand on fait abstraction de telle ou telle condition, toutes également mauvaises, quand une nouvelle condition vient à se faire connaître, ou que l'attention se reporte vers quelque condition connue, mais négligée ?

Nature et conditions du problème.

Pour quitter ce langage mathématique, nous dirons que presque tous les auteurs de ces systèmes, n'ayant eu égard qu'à certaines difficultés qui les frappaient plus que d'autres, se sont attachés à résoudre celles-là d'une manière plus ou moins plausible, et en ont laissé de côté d'aussi nombreuses, d'aussi importantes. Tel n'a vu, par exemple, que la difficulté de faire changer le niveau des mers ; tel autre, que celle de faire dissoudre toutes les substances terrestres dans un seul et même liquide ; tel autre enfin, que celle de faire vivre sous la zone glaciale des animaux qu'il croyait de la zone torride. Épuisant sur ces questions les forces de leur esprit, ils croyaient avoir tout fait en imaginant un moyen quelconque d'y répondre : il y a plus, en négligeant

ainsi tous les autres phénomènes, ils ne songeaient pas
même toujours à déterminer avec précision la mesure
et les limites de ceux qu'ils cherchaient à expliquer.

Cela est vrai surtout pour les terrains secondaires, qui
forment cependant la partie la plus importante et la plus
difficile du problème. Pendant longtemps on ne s'est
occupé que bien faiblement de fixer les superpositions
de leurs couches, et les rapports de ces couches avec les
espèces d'animaux et de plantes dont elles renferment
les restes.

Y a-t-il des animaux, des plantes propres à certaines
couches, et qui ne se trouvent pas dans les autres ? Quelles sont les espèces qui paraissent les premières, ou celles
qui viennent après ? Ces deux sortes d'espèces s'accom-
pagnent-elles quelquefois ? Y a-t-il des alternatives dans
leur retour ? en d'autres termes, les premières revien-
nent-elles une seconde fois, et alors les secondes dispa-
raissent-elles ? Ces animaux, ces plantes, ont-ils tous
vécu dans les lieux où l'on trouve leurs dépouilles ? ou
bien y en a-t-il qui y aient été transportés d'ailleurs ?
Vivent-ils encore tous aujourd'hui quelque part ? ou
bien ont-ils été détruits en tout ou en partie ? Y a-t-il un
rapport constant entre l'ancienneté des couches et la
ressemblance ou la non-ressemblance des fossiles avec
les êtres vivants ? Y en a-t-il un de climat entre les fossiles et ceux des êtres vivants qui leur ressemblent le
plus ? Peut-on en conclure que les transports de ces
êtres, s'il y en a eu, se soient faits du Nord au Sud, ou
de l'Est à l'Ouest, ou par irradiation et mélange ? et
peut-on distinguer les époques de ces transports par
les couches qui en portent les empreintes ?

Que dire sur les causes de l'état actuel du globe, si

l'on ne peut répondre à ces questions, si l'on n'a pas encore de motifs suffisants pour choisir entre l'affirmative ou la négative ? Or, il n'est que trop vrai que pendant longtemps aucun de ces points n'a été mis absolument hors de doute, qu'à peine même semblait-on avoir songé qu'il fût bon de les éclaircir avant de faire un système.

Raison pour laquelle les conditions ont été négligées.

On trouvera la raison de cette singularité, si l'on réfléchit que les géologistes ont tous été, ou des naturalistes de cabinet, qui avaient peu examiné par eux-mêmes la structure des montagnes, ou des minéralogistes, qui n'avaient pas étudié avec assez de détail les innombrables variétés des animaux, et la complication infinie de leurs diverses parties. Les premiers n'ont fait que des systèmes ; les derniers ont donné d'excellentes observations : ils ont véritablement posé les bases de la science, mais ils n'ont pu en achever l'édifice.

Progrès de la géologie minérale.

En effet, la partie purement minérale du grand problème de la théorie de la terre a été étudiée avec un soin admirable par de Saussure, et portée depuis à un développement étonnant par Werner et par les nombreux et savants élèves qu'il a formés.

Le premier de ces hommes célèbres, parcourant péniblement pendant vingt années les cantons les plus inaccessibles, attaquant en quelque sorte les Alpes par toutes leurs faces, par tous leurs défilés, nous a dévoilé tout le désordre des terrains primitifs et a tracé plus nettement la limite qui les distingue des terrains secondaires. Le second, profitant des nombreuses excavations faites dans le pays qui possède les plus anciennes mines, a fixé les lois de la succession des couches ; il a montré leur ancienneté respective, et poursuivi chacune d'elles dans toutes ses métamorphoses. C'est de lui, et de lui seulement, que datera la géologie positive, en ce qui concerne la nature minérale des couches ; mais ni Werner ni de Saussure n'ont donné à la détermination des espèces organisées fossiles, dans chaque genre de couche, la rigueur devenue nécessaire depuis que les animaux connus s'élèvent à un nombre si prodigieux (1).

D'autres savants étudiaient, à la vérité, les débris fossiles des corps organisés ; ils en recueillaient et en faisaient représenter par milliers ; leurs ouvrages seront des collections précieuses de matériaux ; mais, plus occupés des animaux ou des plantes, considérés comme tels, que de la théorie de la terre, ou regardant ces pétrifications comme des curiosités plutôt que comme des documents historiques, ou bien enfin se contentant d'explications partielles sur le gisement de chaque morceau, ils ont presque toujours négligé de rechercher les lois générales de position ou de rapport des fossiles avec les couches.

---

(1) Depuis Cuvier et en y comprenant ses découvertes, on a jusqu'ici constaté l'existence de plus de 24000 espèces d'animaux de tous genres appartenant aux âges passés.

Importance des fossiles en géologie.

Cependant l'idée de cette recherche était bien naturelle. Comment ne voyait-on pas que c'est aux fossiles seuls qu'est due la naissance de la théorie de la terre ; que sans eux l'on n'aurait peut-être jamais songé qu'il y ait eu dans la formation du globe des époques successives et une série d'opérations différentes ? Eux seuls, en effet, donnent la certitude que le globe n'a pas toujours eu la même enveloppe, par la certitude où l'on est qu'ils ont dû vivre à la surface avant d'être ainsi ensevelis dans la profondeur. Ce n'est que par analogie que l'on a étendu aux terrains primitifs la conclusion que les fossiles fournissent directement pour les terrains secondaires ; et s'il n'y avait que des terrains sans fossiles, personne ne pourrait soutenir que ces terrains n'ont pas été formés tous ensemble.

C'est encore par les fossiles, toute légère qu'est restée leur connaissance, que nous avons reconnu le peu que nous savons sur la nature des révolutions du globe. Il nous ont appris que les couches qui les recèlent ont été déposées paisiblement dans un liquide ; que leurs variations ont correspondu à celles du liquide ; que leur mise à nu a été occasionnée par le transport de ce liquide ; que cette mise à nu a eu lieu plus d'une fois : rien de tout cela ne serait certain sans les fossiles.

L'étude de la partie minérale de la géologie, qui n'est pas moins nécessaire, qui même est pour les arts pratiques d'une utilité beaucoup plus grande, est cependant beaucoup moins instructive par rapport à l'objet dont il s'agit.

Nous sommes dans l'ignorance la plus absolue sur les causes qui ont pu faire varier les substances dont les couches se composent ; nous ne connaissons pas même les agents qui ont pu tenir certaines d'entre elles en dissolution ; et l'on dispute encore sur plusieurs si elles doivent leur origine à l'eau ou au feu. Au fond l'on a pu voir ci-devant que l'on n'est d'accord que sur un seul point, savoir, que la mer a changé de place. Et comment le sait-on, si ce n'est par les fossiles ?

Les fossiles, qui ont donné naissance à la théorie de la terre, lui ont donc fourni en même temps ses principales lumières, les seules qui jusque ici aient été généralement reconnues.

Cette idée est ce qui nous a encouragé à nous en occuper ; mais ce champ est immense : un seul homme pourrait à peine en effleurer une faible partie. Il fallait donc faire un choix, et nous le fîmes bientôt. La classe de fossiles qui fait l'objet de cet ouvrage nous attacha dès le premier abord, parce que nous vîmes qu'elle est à la fois plus féconde en conséquences précises, et cependant moins connue, et plus riche en nouveaux sujets de recherches (1).

(1) Mon ouvrage a prouvé en effet à quel point cette matière était encore neuve lorsque je l'ai commencé, malgré les excellents travaux des Camper, des Pallas, des Blumenbach, des Merk, des Sœmmerring, des Rosenmüler, des Fischer, des Faujas, des Home, et des autres savants dont j'ai eu le plus grand soin de citer les ouvrages dans ceux de mes chapitres auxquels ils se rapportent. Mais, depuis quelques années, les naturalistes ont cultivé ce nouveau champ avec une ardeur qui a été couronnée des plus grands succès. MM. Brocchi, Brongniart, Bukland, Conybeare, Deshayes, Ferussac, de Fischer, Godfuss, Jœger, Marcel de Serres, Mantell, et bien d'autres savants naturalistes, ont montré de plus en plus, par leurs découvertes, l'importance des fossiles en géologie. (Cuvier.)

Importance spéciale des os fossiles de quadrupèdes.

Il est sensible en effet que les ossements de quadrupèdes peuvent conduire, par plusieurs raisons, à des
résultats plus rigoureux qu'aucune autre dépouille de
corps organisés.

Premièrement, ils caractérisent d'une manière plus
nette les révolutions qui les ont affectés. Des coquilles
annoncent bien que la mer existait où elles se sont formées ; mais leurs changements d'espèces pourraient à
la rigueur provenir de changements légers dans la nature du liquide ou seulement dans sa température. Ils
pourraient avoir tenu à des causes encore plus acciden-
telles. Rien ne nous assure que dans le fond de la mer
certaines espèces, certains genres même, après avoir
occupé plus ou moins longtemps des espaces déterminés,
n'aient pu être chassés par d'autres. Ici, au contraire,
tout est précis ; l'apparition des os de quadrupèdes,
surtout celle de leurs cadavres entiers dans les couches,
annonce, ou que la couche même qui les porte était
autrefois à sec, ou qu'il s'était au moins formé une
terre sèche dans le voisinage. Leur disparition rend
certain que cette couche avait été inondée, ou que cette
terre sèche avait cessé d'exister. C'est donc par eux que
nous apprenons d'une manière assurée le fait important des irruptions répétées de la mer, dont les coquilles et les autres produits marins, à eux seuls, ne nous
auraient pas instruits ; et c'est par leur étude approfondie que nous pouvons espérer de reconnaître le nombre et les époques de ces irruptions.

Secondement, la nature des révolutions qui ont altéré la surface du globe a dû exercer sur les quadrupèdes terrestres une action plus complète que sur les animaux marins. Comme ces révolutions ont en grande partie consisté en déplacements du lit de la mer, et que les eaux devaient détruire tous les quadrupèdes qu'elles atteignaient, si leur irruption a été générale, elle a pu faire périr la classe entière, ou si elle n'a porté à la fois que sur certains continents, elle a pu anéantir au moins les espèces propres à ces continents, sans avoir la même influence sur les animaux marins. Au contraire, des millions d'individus aquatiques ont pu être laissés à sec ou ensevelis sous des couches nouvelles, ou jetés avec violence à la côte, et leur race être cependant conservée dans quelques lieux plus paisibles, d'où elle se sera de nouveau propagée après que l'agitation des mers aura cessé.

Troisièmement, cette action plus complète est aussi plus facile à saisir ; il est plus aisé d'en démontrer les effets, parce que le nombre des quadrupèdes étant borné, la plupart de leurs espèces, au moins les grandes, étant connues, on a plus de moyens de s'assurer si des os fossiles appartiennent à l'une d'elles, ou s'ils viennent d'une espèce perdue. Comme nous sommes, au contraire, fort loin de connaître tous les coquillages et tous les poissons de la mer ; comme nous ignorons probablement encore la plus grande partie de ceux qui vivent dans la profondeur, il est impossible de savoir avec certitude si une espèce que l'on trouve fossile n'existe pas quelque part vivante. Aussi voyons-nous des savants s'opiniâtrer à donner le nom de coquilles pélagiennes, c'est-à-dire de coquilles de la haute mer, aux bélemnites, aux cornes d'ammon et aux autres dépouilles testacées qui n'ont encore été vues que dans des couches anciennes, voulant dire par là que si on ne les a point encore découvertes dans l'état de vie, c'est qu'elles habitent à des profondeurs inaccessibles pour nos filets (1).

Sans doute les naturalistes n'ont pas encore traversé tous les continents et ne connaissent pas même tous les quadrupèdes qui habitent les pays qu'ils ont traversés. On découvre de temps en temps des espèces nouvelles de cette classe, et ceux qui n'ont pas examiné avec attention toutes les circonstances de ces découvertes pourraient croire aussi que les quadrupèdes inconnus, dont on trouve les os dans nos couches, sont restés jusqu'à présent cachés dans quelques îles qui n'ont pas été rencontrées par des navigateurs, ou dans quelques-uns des vastes déserts qui occupent le milieu de l'Asie, de l'Afrique, des deux Amériques et de la Nouvelle-Hollande (2).

Il y a peu d'espérance de découvrir de nouvelles espèces de grands quadrupèdes.

Cependant, que l'on examine bien quelles sortes de quadrupèdes l'on a découvertes récemment et dans quelles circonstances on les a découvertes, et l'on verra qu'il reste peu d'espoir de trouver un jour celles que nous n'avons encore vues que fossiles.

Les îles d'étendue médiocre, et placées loin des gran-

(1) Depuis Cuvier la science des investigations dans les grandes profondeurs de la mer a fait des progrès immenses.
(2) Il faut se reporter à l'époque à laquelle Cuvier écrivait pour admettre les renseignements géographiques qu'il invoque dans son ouvrage.

des terres, ont très peu de quadrupèdes, la plupart fort petits ; quand elles en possèdent de grands, c'est qu'ils y ont été apportés d'ailleurs. Bougainville et Cook n'ont trouvé que des cochons et des chiens dans les îles de la mer du Sud. Les plus grands quadrupèdes des Antilles étaient les agoutis.

A la vérité les grandes terres, comme l'Asie, l'Afrique, les deux Amériques et la Nouvelle-Hollande, ont de grands quadrupèdes, et généralement des espèces propres à chacune d'elles ; en sorte que toutes les fois que l'on a découvert de ces terres que leur situation avait tenues isolées du reste du monde, on y a trouvé la classe des quadrupèdes entièrement différente de ce qui existait ailleurs. Ainsi, quand les Espagnols parcoururent pour la première fois l'Amérique méridionale, ils n'y trouvèrent pas un seul des quadrupèdes de l'Europe, de l'Asie, ni de l'Afrique. Le puma, le jaguar, le tapir, le cabiai, le lama, la vigogne, les paresseux, les tatous, les sarigues, tous les sapajous furent pour eux des êtres entièrement nouveaux et dont ils n'avaient nulle idée. Le même phénomène s'est renouvelé de nos jours quand on a commencé à examiner les côtes de la Nouvelle-Hollande et les îles adjacentes. Les divers kangourous, les phascolomes, les dasyures, les péramèles, les phalangers volants, les ornithorhynques, les échidnés sont venus étonner les naturalistes par des conformations étranges, qui rompaient toutes les règles et échappaient à tous les systèmes.

Si donc il restait quelque grand continent à découvrir, on pourrait encore espérer de connaître de nouvelles espèces, parmi lesquelles il pourrait s'en trouver de plus ou moins semblables à celles dont les entrailles de

la terre nous ont montré les dépouilles ; mais il suffit
de jeter un coup d'œil sur la mappemonde, de voir les
innombrables directions selon lesquelles les navigateurs
ont sillonné l'Océan, pour juger qu'il ne doit plus y
avoir de grande terre, à moins qu'elle ne soit vers le
pôle austral, où les glaces n'y laisseraient subsister
aucun reste de vie.

Ainsi ce n'est que de l'intérieur des grandes parties
du monde que l'on peut encore attendre des quadrupèdes inconnus.

Or, avec un peu de réflexion, on verra bientôt que
l'attente n'est guère plus fondée de ce côté que de celui
des îles.

Sans doute le voyageur européen ne parcourt pas
aisément de vastes étendues de pays, désertes ou nourrissant seulement des peuplades féroces ; et cela est
surtout vrai à l'égard de l'Afrique : mais rien n'empêche les animaux de parcourir ces contrées en tous sens,
et de se rendre vers les côtes. Quand il y aurait entre
les côtes et les déserts de l'intérieur de grandes chaînes
de montagnes, elles seraient toujours interrompues à
quelques endroits pour laisser passer les fleuves ; et
dans ces déserts brûlants les quadrupèdes suivent de
préférence les bords des rivières. Les peuplades des côtes
remontent aussi ces rivières, et prennent promptement connaissance, soit par elles-mêmes, soit par le
commerce et la tradition des peuplades supérieures, de
toutes les espèces remarquables qui vivent jusque vers
les sources.

Il n'a donc fallu à aucune époque un temps bien long
pour que les nations civilisées qui ont fréquenté les
côtes d'un grand pays en connussent assez bien les ani-

maux considérables ou frappants par leur configuration.

Les faits connus répondent à ce raisonnement. Quoique les anciens n'aient point passé l'Imaüs (1) et le Gange (2), en Asie, et qu'ils n'aient pas été fort loin en Afrique, au midi de l'Atlas (3), ils ont réellement connu tous les grands animaux de ces deux parties du monde ; et s'ils n'en ont pas distingué toutes les espèces, ce n'est point parce qu'ils n'avaient pu les voir ou en entendre parler, mais parce que la ressemblance de ces espèces n'avait pas permis d'en reconnaître les caractères. La seule grande exception que l'on puisse m'opposer est le tapir de Malacca, récemment envoyé des Indes par deux jeunes naturalistes de mes élèves, MM. Duvaucel et Diard, et qui forme en effet l'une des plus belles découvertes dont l'histoire naturelle se soit enrichie dans ces derniers temps.

Les anciens connaissaient très bien l'éléphant, et l'histoire de ce quadrupède est plus exacte dans Aristote que dans Buffon.

Ils n'ignoraient même pas une partie des différences qui distinguent les éléphants d'Afrique de ceux d'Asie.

Ils connaissaient les rhinocéros à deux cornes, que l'Europe moderne n'a point vus vivants. Domitien en montra à Rome, et en fit graver sur des médailles. Pausanias les décrit fort bien.

Le rhinocéros unicorne, tout éloignée qu'est sa pa-

(1) Partie Est de la chaîne du Taurus.
(2) Le plus grand fleuve de l'Inde.
(3) On peut assurer, malgré l'allégation de Cuvier, que les anciens avaient une connaissance vague du grand lac Tchad à l'ouest de l'Afrique, du cours du grand fleuve Niger, et même quelques notions relatives aux grands lacs de l'est.

trie, leur était également connu. Pompée en fit voir un
à Rome. Strabon en décrivit exactement un autre à
Alexandrie.

Le rhinocéros de Sumatra décrit par M. Bell et celui
de Java, découvert et envoyé par MM. Duvaucel et Diard,
ne paraissent point habiter le continent. Ainsi il n'est
point étonnant que les anciens les ignorassent : d'ailleurs ils ne les auraient peut-être pas distingués, à cause
de leur trop grande ressemblance avec les autres espèces.

L'hippopotame n'a pas été si bien décrit que les espèces précédentes; mais on en trouve des figures très
exactes sur les monuments laissés par les Romains et
représentant des choses relatives à l'Égypte, telles que
la statue du Nil, la mosaïque de Palestrine, et un
grand nombre de médailles. En effet, les Romains en
ont vu plusieurs fois; Scaurus, Auguste, Antonin, Commode, Héliogabale, Philippe et Carin leur en montrèrent.

Les deux espèces de chameaux, celle de Bactriane et
celle d'Arabie, sont déjà fort bien décrites et caractéri-
sées par Aristote.

Les anciens ont connu la girafe, ou chameau-léopard;
on en a même vu une vivante à Rome, dans le cirque,
sous la dictature de Jules César, l'an de Rome 708; il y
en avait eu dix de rassemblées par Gordien III, qui
furent tuées aux jeux séculaires de Philippe, ce qui doit
étonner nos modernes, qui n'en ont vu qu'une dans le
treizième et une dans le quinzième siècle (1), et qui ont

(1) Celle que posséda l'empereur Frédéric II et celle que le
soudan d'Égypte envoya à Laurent de Médicis et qui est peinte
dans les fresques de Poggio-Cajano. (*Cuvier*).

si fort admiré celle que la France a reçue du pacha d'É-
gypte, et qui vit aujourd'hui au Jardin du Roi (1).

Si on lit avec attention les descriptions de l'hippopotame données par Hérodote et par Aristote, et que l'on
croit empruntées d'Hécatée de Milet, on trouvera
qu'elles doivent avoir été composées avec celles de
deux animaux différents, dont l'un était peut-être le
véritable hippopotame, et dont l'autre était certainement
le gnou (*antilope gnu*, Gmel.), ce quadrupède dont nos
naturalistes n'ont entendu parler qu'à la fin du dix-huitième siècle. C'était le même animal dont on avait des relations fabuleuses sous le nom de *catoblepas* ou *catablepon*.

Le sanglier d'Éthiopie d'Agatharchide, qui avait des
cornes, était bien notre sanglier d'Éthiopie d'aujour-
d'hui, dont les énormes défenses méritent presque autant le nom de cornes que les défenses de l'éléphant.

Le bubale, le nagor sont décrits par Pline ; la gazelle,
par Élien ; l'oryx, par Oppien ; l'axis l'était dès le temps
de Ctésias ; l'algazel et la corine sont parfaitement représentés sur les monuments égyptiens.

Élien décrit bien le yak, ou *bos grunniens*, sous le nom
de bœuf dont la queue sert à faire des chasse-mouches.

Le buffle n'a pas été domestique chez les anciens ;
mais le bœuf des Indes, dont parle Élien, et qui avait
des cornes assez grandes pour tenir trois amphores,
était bien la variété du buffle appelée *arni*.

Et même ce bœuf sauvage, à cornes déprimées, qu'A-
ristote place dans l'Arachosie, ne peut être que le buffle
ordinaire.

Les anciens ont connu les bœufs sans cornes ; les

(1) Les envois de ce genre se sont beaucoup multipliés.

bœufs d'Afrique, dont les cornes attachées seulement à
la peau se remuaient avec elle ; les bœufs des Indes,
aussi rapides à la course que des chevaux ; ceux qui ne
surpassent pas un bouc en grandeur ; les moutons à
large queue ; ceux des Indes, grands comme des ânes.

Toutes mêlées de fables que sont les indications données par les anciens sur l'aurochs, sur le renne et sur
l'élan, elles prouvent toujours qu'ils en avaient quelque
connaissance, mais que cette connaissance, fondée sur
le rapport de peuples grossiers, n'avait point été soumise à une critique judicieuse.

Ces animaux habitent toujours les pays que les anciens leur assignent, et n'ont disparu que dans les contrées trop cultivées pour leurs habitudes ; l'aurochs,
l'élan, vivent encore dans les forêts de la Lithuanie, qui
se continuaient autrefois avec la forêt Hercynienne. Il
y a des aurochs au nord de la Grèce comme du temps
de Pausanias (1). Le renne vit dans le Nord, dans les pays
glacés où il a toujours vécu ; il y change de couleur,
non pas à volonté, comme le croyaient les Grecs, mais
suivant les saisons. C'est par suite de méprises à peine
excusables qu'on a supposé qu'il s'en trouvait au quatorzième siècle dans les Pyrénées (2).

L'ours blanc a été vu même en Egypte sous les Pto-
lémées.

(1) Il est aujourd'hui confiné sur quelques points rares de la
Lithuanie.

(2) Buffon, ayant lu dans *Du Fouilloux* un passage tronqué de
Gaston-Phébus, comte de Foix, où ce prince décrit la chasse du
renne, avait imaginé qu'au temps de Gaston cet animal vivait dans
les Pyrénées ; et les éditions imprimées de Gaston étaient si fautives, qu'il était difficile de savoir au juste ce que cet auteur avait
voulu dire; mais ayant recouru à son manuscrit original, j'ai constaté que c'était en *Xueden* et en *Nourvègue* (en Suède et en Norvè-
ge) qu'il disait avoir vu et chassé des rennes. (*Cuvier*).

Les lions, les panthères, étaient communs à Rome dans les jeux : on les voyait par centaines ; on y a vu même quelques tigres ; l'hyène rayée, le crocodile du Nil, y ont paru. Il y a, dans les mosaïques antiques conservées à Rome, d'excellents portraits des plus rares de ces espèces ; on voit entre autres l'hyène rayée, parfaitement représentée dans un morceau conservé au Muséum du Vatican ; et pendant que j'étais à Rome (en 1809) on découvrit, dans un jardin du côté de l'arc de Galien, un pavé en mosaïque de pierres naturelles assorties à la manière de Florence, représentant quatre tigres de Bengale supérieurement rendus. Il a été depuis divisé et placé dans les salons de l'hôtel de M. Torlonia, duc de Bracciano.

Le Muséum du Vatican possède un crocodile en basalte, d'une exactitude presque parfaite (1). On ne peut guère douter que l'*hippotigre* ne fût le zèbre, qui ne vient cependant que des parties méridionales de l'Afrique (2).

Il serait facile de montrer que presque toutes les espèces un peu remarquables de singes ont été assez distinctement indiquées par les anciens sous les noms de pithèques, de sphinx, de satyres, de cébus, de cynocéphales, de cercopithèques.

Ils ont connu et décrit jusqu'à d'assez petites espèces de rongeurs, quand elles avaient quelque conformation ou quelque propriété notable (3). Mais les petites es-

---

(1) Il n'y a d'erreur qu'un ongle de trop au pied de derrière. Auguste en avait montré trente-six. (*Cuvier*).

(2) Caracalla en tua un dans le cirque.

(3) La gerboise est gravée sur les médailles de Cyrène et indiquée par Aristote sous le nom de *rat à deux pieds*. (*Cuvier*).

pèces ne nous importent point relativement à notre objet, et il nous suffit d'avoir montré que toutes les grandes espèces remarquables par quelque caractère frappant, que nous connaissons en Europe, en Asie et en
Afrique, étaient déjà connues des anciens ; d'où nous
pouvons aisément conclure que s'ils ne font pas mention des petites, ou s'ils ne distinguent point celles qui
se ressemblent trop, comme les diverses gazelles et
autres, ils en ont été empêchés par le défaut d'attention
et de méthode, plutôt que par les obstacles du climat.
Nous conclurons également que si dix-huit ou vingt
siècles et la circumnavigation de l'Afrique et des Indes
ont si peu ajouté en ce genre à ce que les anciens nous
ont appris, il n'y a pas d'apparence que les siècles qui
suivront apprennent beaucoup à nos neveux.

Mais peut-être quelqu'un fera-t-il un argument inverse, et dira que non seulement les anciens, comme
nous venons de le prouver, ont connu autant de grands
animaux que nous, mais qu'ils en ont décrit plusieurs
que nous n'avons pas ; que nous nous hâtons de regarder ces animaux comme fabuleux ; que nous devons les
chercher encore avant de croire avoir épuisé l'histoire
de la création existante ; enfin que parmi ces animaux
prétendus fabuleux se trouveront peut-être, lorsqu'on
les connaîtra mieux, les originaux de nos ossements
d'espèces inconnues. Quelques-uns penseront même que
ces monstres divers, ornements essentiels de l'histoire
héroïque de presque tous les peuples, sont précisément
ces espèces qu'il a fallu détruire pour permettre à la
civilisation de s'établir. Ainsi les Thésée et les Belléro-
phon auraient été plus heureux que tous nos peuples
d'aujourd'hui, qui ont bien repoussé les animaux nui-

sibles, mais qui ne sont encore parvenus à en extermi-
ner aucun.

Il est facile de répondre à cette objection en examinant les descriptions de ces êtres inconnus et en remontant à leur origine.

Les plus nombreux ont une source purement mythologique, et leurs descriptions en portent l'empreinte
irrécusable ; car on ne voit dans presque toutes que
des parties d'animaux connus réunies par une imagination sans frein, et contre toutes les lois de la nature.

Ceux qu'ont inventés ou arrangés les Grecs ont au
moins de la grâce dans leur composition : semblables à
ces arabesques qui décorent quelques restes d'édifices
antiques, et qu'a multipliées le pinceau fécond de Ra-
phaël, les formes qui s'y marient, tout en répugnant à
la raison, offrent à l'œil des contours agréables ; ce
sont des produits légers d'heureux songes ; peut-être des
emblèmes dans le goût oriental, où l'on prétendait
voiler sous des images mystiques quelques propositions
de métaphysique ou de morale. Pardonnons à ceux qui
emploient leur temps à découvrir la sagesse cachée dans
le sphinx de Thèbes, ou dans le pégase de Thessalie, ou
dans le minotaure de Crète, ou dans la chimère de
l'Épire ; mais espérons que personne ne les cherchera sérieusement dans la nature : autant vaudrait y chercher
les animaux de Daniel ou la bête de l'Apocalypse.

N'y cherchons pas davantage les animaux mythologiques des Perses, enfants d'une imagination encore
plus exaltée ; cette *martichore*, ou *destructeur d'hommes*,
qui porte une tête humaine sur un corps de lion terminé par une queue de scorpion ; ce *griffon*, ou *gardeur
de trésors*, à moitié aigle, à moitié lion ; ce *cartazonon*, ou

âne sauvage, dont le front est armé d'une longue corne.

Ctésias, qui a donné ces animaux pour existants, a passé chez beaucoup d'auteurs pour un inventeur de fables, tandis qu'il n'avait fait qu'attribuer de la réalité à des figures emblématiques. On a retrouvé ces compositions fantastiques sculptées dans les ruines de Persépolis (1); que signifiaient-elles ? Nous ne le saurons probablement jamais ; mais à coup sûr elles ne représentent pas des êtres réels.

Agatharchide, cet autre fabricateur d'animaux, avait probablement puisé à une source analogue : les monuments de l'Égypte nous montrent encore des combinaisons nombreuses de parties d'espèces diverses ; les dieux y sont souvent représentés avec un corps humain et une tête d'animal ; on y voit des animaux avec des têtes d'hommes, qui ont produit les cynocéphales, les sphinx et les satyres des anciens naturalistes. L'habitude d'y représenter dans un même tableau des hommes de tailles très différentes, le roi ou le vainqueur gigantesque, les vaincus ou les sujets trois. ou quatre fois plus petits, aura donné naissance à la fable des Pygmées. C'est dans quelque recoin d'un de ces monuments qu'Agatharchide aura vu son taureau carnivore, dont la gueule, fendue jusqu'aux oreilles, n'épargnait aucun autre animal, mais qu'assurément les naturalistes n'avoueront pas ; car la nature ne combine ni des pieds fourchus, ni des cornes, avec des dents tranchantes.

Il y aura peut-être eu bien d'autres figures tout aussi étranges, ou dans ceux de ces monuments qui n'ont pu résister au temps, ou dans les temples de l'Éthiopie

(1) Ainsi que dans les fouilles faites postérieurement dans la vallée du Tigre.

et de l'Arabie, que les mahométans et les Abyssins ont détruits par zèle religieux. Ceux de l'Inde en fourmillent ; mais les combinaisons en sont trop extravagantes pour avoir trompé quelqu'un : des monstres à cent bras, à vingt têtes, toutes différentes, sont aussi par trop monstrueux.

Il n'est pas jusqu'aux Japonais et aux Chinois qui n'aient des animaux imaginaires, qu'ils donnent comme réels, qu'ils représentent même dans leurs livres de religion. Les Mexicains en avaient. C'est l'habitude de tous les peuples, soit aux époques où leur idolâtrie n'est point encore raffinée, soit lorsque le sens de ces combinaisons emblématiques a été perdu. Mais qui oserait prétendre trouver dans la nature ces enfants de l'ignorance ou de la superstition ?

Il sera arrivé cependant que des voyageurs, pour se faire valoir, auront dit avoir observé ces êtres fantastiques, ou que, faute d'attention et trompés par une ressemblance légère, ils auront pris pour eux des êtres réels. Les grands singes auront paru de vrais cynocéphales, de vrais sphinx, de vrais hommes à queue (1) ; c'est ainsi que saint Augustin aura cru avoir vu un satyre.

Quelques animaux véritables, mal observés et mal décrits, auront aussi donné naissance à des idées monstrueuses, bien que fondées sur quelque réalité ; ainsi l'on ne peut douter de l'existence de l'hyène, quoique cet animal n'ait pas le cou soutenu par un seul

(1) Le Dr Schweinfurth, dans ses voyages à l'intérieur de l'Afrique, en 1872, a rencontré la peuplade des Nyams-Nyams qui, par la bizarrerie d'une partie de leur costume, avait donné naissance à cette fable des hommes à queue. Le célèbre voyageur français Guillaume Lejean avait, dès 1860, rapporté un curieux spécimen du soi-disant appendice caudal.

os (1), et qu'il ne change pas chaque année de sexe, comme le dit Pline ; ainsi le taureau carnivore n'est peut-être qu'un rhinocéros à deux cornes dénaturé. M. de Weltheim prétend bien que les fourmis aurifères d'Hérodote sont des *corsacs*.

L'un des plus fameux, parmi ces animaux des anciens, c'est la *licorne*. On s'est obstiné jusqu'à nos jours à la chercher, ou du moins à chercher des arguments pour en soutenir l'existence. Trois animaux sont fréquemment mentionnés chez les anciens comme n'ayant qu'une corne au milieu du front. L'*oryx d'Afrique,* qui a en même temps le pied fourchu, le poil à contre-sens, une grande taille, comparable à celle du bœuf ou même du rhinocéros, et que l'on s'accorde à rapprocher des cerfs et des chèvres pour la forme ; l'*âne des Indes,* qui est solipède, et le *monoceros* proprement dit, dont les pieds sont tantôt comparés à ceux du lion, tantôt à ceux de l'éléphant, qui est par conséquent censé fissipède. Le cheval et le bœuf unicorne se rapportent l'un et l'autre, sans doute, à l'âne des Indes ; car le bœuf même est donné par Pline comme solipède. Je le demande, si ces animaux existaient comme espèces distinctes, n'en aurions-nous pas au moins les cornes dans nos cabinets ? Et quelles cornes impaires y possédons-nous, si ce n'est celles du rhinocéros et du narval ?

(1) J'ai même vu, dans le cabinet de feu M. Adrien Camper, un squelette d'hyène où plusieurs des vertèbres étaient soudées ensemble. Il est probable que c'est quelque individu semblable qui aura fait attribuer en général ce caractère à toutes les hyènes. Cet animal doit être plus sujet que d'autres à cet accident, à cause de la force prodigieuse des muscles de son cou et de l'usage fréquent qu'il en fait. Quand l'hyène a saisi quelque chose, il est plus aisé de l'attirer tout entière que de lui arracher ce qu'elle tient; et c'est ce qui en a fait pour les Arabes l'emblème de l'opiniâtreté invincible. (*Cuvier*).

Comment, après cela, s'en rapporter à des figures grossières tracées par des sauvages sur des rochers ? Ne sachant pas la perspective, et voulant représenter une antilope à cornes droites de profil, ils n'auront pu lui donner qu'une corne, et voilà sur-le-champ un oryx. Les oryx des monuments égyptiens ne sont probablement aussi que des produits du style roide imposé aux artistes de ce pays par la religion de cette époque. Beaucoup de leurs profils de quadrupèdes n'offrent qu'une jambe devant et une derrière ; pourquoi auraient-ils montré deux cornes ? Peut-être est-il arrivé de prendre à la chasse des individus qu'un accident avait privés d'une corne, comme il arrive assez souvent aux chamois et aux saïgas ; et cela aura suffi pour confirmer l'erreur produite par ces images. C'est probablement ainsi que l'on a trouvé depuis la licorne dans les montagnes du Thibet.

Tous les anciens, au reste, n'ont pas non plus réduit l'oryx à une seule corne : Oppien lui en donne expressément plusieurs, et Élien cite des oryx qui en avaient quatre ; enfin si cet animal était ruminant et à pied fourchu, il avait à coup sûr l'os du front divisé en deux, et n'aurait pu, suivant la remarque très juste de Camper, porter une corne sur la suture (1).

(1) Mon oncle a depuis rectifié ce que cette idée de Camper a d'inexact, lorsqu'il eut reçu plusieurs têtes osseuses de girafe. J'extrais le passage suivant de son *Compte rendu des travaux de l'Académie des sciences*, pendant l'année 1827. « Deux faits curieux et nouveaux pour l'anatomie comparée résultent de l'examen de ces têtes. Le premier, c'est que les cornes de la girafe ne sont pas simplement, comme les noyaux des cornes des bœufs et des moutons, des productions des os frontaux, mais qu'elle constituent des os particuliers, séparés d'abord par des sutures et attachés à la fois sur l'os frontal et sur le pariétal ; le second, plus important peut-être encore, c'est que la troisième petite corne, ou le tubercule qui est placé entre les yeux en avant des cornes, est elle-même.

6

Mais, dira-t-on, quel animal à deux cornes a pu donner l'idée de l'oryx et présenter les traits que l'on rapporte de sa conformation, même en faisant abstraction de l'unité de corne ? Je réponds, avec Pallas, que c'est l'antilope à cornes droites, mal à propos nommée *pasan* par Buffon (*antilope oryx*, Gmel.). Elle habite les déserts de l'Afrique, et doit venir jusqu'aux confins de l'Égypte ; c'est celle que les hiéroglyphes paraissent représenter ; sa forme est assez celle du cerf ; sa taille égale celle du bœuf ; son poil du dos est dirigé vers la tête ; ses cornes forment des armes terribles, aiguës comme des dards, dures comme du fer ; son poil est blanchâtre ; sa face porte des traits et des bandes noires : voilà tout ce qu'en ont dit les naturalistes ; et pour les fables des prêtres d'Égypte qui ont motivé l'adoption de son image parmi les signes hiéroglyphiques, il n'est pas nécessaire qu'elles soient fondées en nature. Qu'on ait donc vu un oryx privé d'une corne ; qu'on l'ait pris pour un être régulier, type de toute l'espèce ; que cette erreur, adoptée par Aristote, ait été copiée par ses successeurs, tout cela est possible, naturel même, et ne prouvera cependant rien pour l'existence d'une espèce uniforme (1).

---

un os particulier, séparé aussi par une suture, et attaché sur la suture longitudinale qui sépare les deux os du front. Cette circonstance affaiblit les objections que plusieurs auteurs, et surtout Camper, avaient faites contre l'existence de la licorne, objections fondées sur ce qu'une corne impaire aurait dû être attachée sur une suture, ce qui leur paraissait impossible. Toutefois il ne résulte pas de là que la licorne existe ; en effet, bien que partout la croyance populaire admette la réalité de cet animal, bien que partout on trouve des hommes qui prétendent l'avoir vu, tous les efforts des voyageurs européens pour le retrouver ont jusqu'à présent été inutiles. »   Fréd. Cuvier.

(1) M. Lichtenstein, considérant que l'antilope oryx de Pallas n'habite que le midi de l'Afrique, pense que l'oryx des anciens est plutôt l'*antilope gazella*, (Linn.), qui diffère de l'autre espèce par

Quant à l'âne des Indes, qu'on lise les propriétés anti-vénéneuses attribuées à sa corne par les anciens, et l'on verra qu'elles sont absolument les mêmes que les Orientaux attribuent aujourd'hui à la corne du rhinocéros. Dans les premiers temps où cette corne aura été apportée chez les Grecs, ils n'auront pas encore connu l'animal qui la portait. En effet, Aristote ne fait point mention du rhinocéros, et Agatharchide est le premier qui l'ait décrit. C'est ainsi que les anciens ont eu de l'ivoire longtemps avant de connaître l'éléphant. Peut-être même quelques-uns de leurs voyageurs auront-ils nommé le rhinocéros *âne des Indes* avec autant de justesse que les Romains avaient nommé l'éléphant *bœuf de Lucanie.* Tout ce qu'on dit de la force, de la grandeur et de la férocité de cet âne sauvage convient d'ailleurs très bien au rhinocéros. Par la suite, ceux qu connaissaient mieux le rhinocéros, trouvant dans des auteurs antérieurs cette dénomination d'*âne des Indes,* l'auront prise, faute de critique, pour celle d'un animal particulier; enfin de ce nom l'on aura conclu que l'animal devait être solipède. Il y a bien une descrip. tion plus détaillée de l'âne des Indes par Ctésias ; mais nous avons vu plus haut qu'elle a été faite d'après les bas-reliefs de Persépolis : elle ne doit donc entrer pour rien dans l'histoire positive de l'animal.

Quand enfin il sera venu des descriptions un peu plus exactes qui parlaient d'un animal à une seule corne, mais à plusieurs doigts, l'on en aura fait encore une troisième espèce, sous le nom de *monocéros.* Ces sortes

des cornes arquées. Il paraît en effet que c'est elle qui est représentée le plus souvent sur les monuments égyptiens. (Cuvier.)

de doubles emplois sont d'autant plus fréquents dans
les naturalistes anciens, que presque tous ceux dont les
ouvrages nous restent étaient de simples compilateurs ;
qu'Aristote lui-même a fréquemment mêlé des faits
empruntés ailleurs avec ceux qu'il a observés lui-même ;
qu'enfin l'art de la critique était aussi peu connu alors
des naturalistes que des historiens, ce qui est beaucoup
dire.

De tous ces raisonnements, de toutes ces digressions,
il résulte que les grands animaux que nous connaissons
dans l'ancien continent étaient connus des anciens, et
que les animaux décrits par les anciens et inconnus de
nos jours étaient fabuleux ; il en résulte donc aussi qu'il
n'a pas fallu beaucoup de temps pour que les grands
animaux des trois premières parties du monde fussent
connus des peuples qui en fréquentaient les côtes.

On peut en conclure que nous n'avons de même
aucune grande espèce à découvrir en Amérique. S'il y
en existait, il n'y aurait aucune raison pour que nous ne
les connussions pas ; et, en effet, depuis cent cinquante
ans on n'y en a découvert aucune. Le tapir, le jaguar,
le puma, le cabiai, le lama, la vigogne, le loup rouge,
le buffalo ou bison d'Amérique, les fourmiliers, les paresseux, les tatous, sont déjà dans Margrave et dans
Hernandès comme dans Buffon ; on peut même dire
qu'ils y sont mieux, car Buffon a embrouillé l'histoire
des fourmiliers, méconnu le jaguar et le loup rouge, et
confondu le bison d'Amérique avec l'aurochs de Pologne.
A la vérité, Pennant est le premier naturaliste qui ait
bien distingué le petit bœuf musqué ; mais il était depuis
longtemps indiqué par des voyageurs. Le cheval à pieds
fourchus de Molina n'est point décrit par les premiers

voyageurs espagnols; mais il est plus que douteux qu'il existe, et l'autorité de Molina est trop suspecte pour le faire adopter. Il serait possible de mieux caractériser qu'ils ne le sont les cerfs de l'Amérique et des Indes; mais il en est à leur égard comme chez les anciens à l'égard des diverses antilopes; c'est faute d'une bonne méthode pour les distinguer, et non pas d'occasions pour les voir, qu'on ne les a pas mieux fait connaître. Nous pouvons donc dire que le moufflon des Montagnes Bleues est jusqu'à présent le seul quadrupède d'Amérique un peu considérable dont la découverte soit tout à fait moderne; et peut-être n'est-ce qu'un argali venu de la Sibérie sur la glace.

Comment croire après cela que les immenses mastodontes, les gigantesques mégathériums, dont on a trouvé les os sous la terre, dans les deux Amériques, vivent encore sur ce continent? Comment auraient-ils échappé à ces peuplades errantes qui parcourent sans cesse le pays dans tous les sens, et qui reconnaissent elles-mêmes qu'ils n'y existent plus, puisqu'elles ont imaginé une fable sur leur destruction, disant qu'ils furent tués par le Grand Esprit, pour les empêcher d'anéantir la race humaine? Mais on voit que cette fable a été occasionnée par la découverte des os, comme celle des habitants de la Sibérie sur le mammouth, qu'ils prétendent vivre sous terre à la manière des taupes, et comme toutes celles des anciens sur les tombeaux de géants, qu'ils plaçaient partout où l'on trouvait des os d'éléphant.

Ainsi l'on peut bien croire que si, comme nous le dirons tout à l'heure, aucune des grandes espèces de quadrupèdes aujourd'hui enfouies dans des couches pierreuses régulières ne s'est trouvée semblable aux espèces vivantes que l'on connaît, ce n'est pas l'effet d'un simple hasard, ni parce que précisément ces espèces, dont on n'a que les os fossiles, sont cachées dans les déserts et ont échappé jusqu'ici à tous les voyageurs : l'on doit, au contraire, regarder ce phénomène comme tenant à des causes générales, et son étude comme l'une des plus propres à nous faire remonter à la nature de ces causes.

Les os fossiles des quadrupèdes sont difficiles à déterminer.

Mais si cette étude est plus satisfaisante par ses résultats que celle des autres restes d'animaux fossiles, elle est aussi hérissée de difficultés beaucoup plus nombreuses. Les coquilles fossiles se présentent pour l'ordinaire dans leur entier et avec tous les caractères qui peuvent les faire rapprocher de leurs analogues dans les collections ou dans les ouvrages des naturalistes; les poissons même offrent leur squelette plus ou moins entier : on y distingue presque toujours la forme générale de leur corps, et le plus souvent leurs caractères génériques et spécifiques, qui se tirent de leurs parties solides. Dans les quadrupèdes, au contraire, quand on rencontrerait le squelette entier, on aurait de la peine à y appliquer des caractères tirés pour la plupart des poils, des couleurs et d'autres marques qui s'évanouissent avec l'incrustation; et même il est infiniment rare de trouver un squelette fossile un peu complet; des os isolés, et jetés pêle-mêle, presque toujours brisés et réduits à des fragments, voilà tout ce que nos couches nous fournissent dans cette classe, et la seule ressource du naturaliste. Aussi peut-on dire que la plupart des observateurs, effrayés de ces difficultés, ont passé légèrement sur les os fossiles de quadrupèdes, les ont classés d'une manière vague, d'après les ressemblances superficielles, ou n'ont pas même hasardé de leur donner un nom ; en sorte que cette partie de l'histoire des fossiles, la plus importante et la plus instructive de toutes, est aussi de toutes la moins cultivée (1).

Principe de cette détermination.

Heureusement l'anatomie comparée possédait un principe qui, bien développé, était capable de faire évanouir tous les embarras : c'était celui de la corrélation des formes dans les êtres organisés, au moyen duquel chaque sorte d'être pourrait, à la rigueur, être reconnue par chaque fragment de chacune de ses parties.

Tout être organisé forme un ensemble, un système unique et clos, dont les parties se correspondent mutuellement et concourent à la même action définitive par une réaction réciproque. Aucune de ces parties ne peut changer sans que les autres ne changent ; aussi par conséquent, chacune d'elle prise séparément indique et donne toutes les autres.

Ainsi, comme je l'ai dit ailleurs, si les intestins d'un

---

(1) Je ne prétends point par cette remarque, ainsi que je l'ai déjà dit plus haut, diminuer le mérite des observations de MM. Camper Pallas, Blumenbach, Sœmmering, Merk, Faujas, Rosenmüller, Home, etc ; mais leurs travaux estimables, qui m'ont été fort utiles, et que je cite partout, ne sont que partiels et plusieurs de ces travaux n'ont été publiés que depuis les premières éditions de ce discours. (*Cuvier.*)

animal sont organisés de manière à ne digérer que de
la chair et de la chair récente, il faut aussi que ses mâchoires soient construites pour dévorer une proie ; ses
griffes pour la saisir et la déchirer ; ses dents pour la
couper et la diviser ; le système entier de ses organes du
mouvement pour la poursuivre et pour l'atteindre ; ses
organes des sens pour l'apercevoir de loin ; il faut même
que la nature ait placé dans son *cerveau* l'instinct nécessaire pour savoir se cacher et tendre des pièges à ses victimes. Telles seront les conditions générales du régime
carnivore ; tout animal destiné pour ce régime les réu-
nira infailliblement, car sa race n'aurait pu subsister
sans elles ; mais sous ces conditions générales il en
existe de particulières, relatives à la grandeur, à l'espèce,
au séjour de la proie pour laquelle l'animal est disposé ;
et de chacune de ces conditions particulières résultent
des modifications de détail dans les formes, qui déri-
vent des conditions générales : ainsi , nonseulement
la classe mais l'ordre, mais le genre, et jusqu'à l'espèce, se trouvent exprimés dans la forme de chaque
partie.

En effet, pour que la mâchoire puisse saisir il lui faut
une certaine forme de condyle (1), un certain rapport
entre la position et la résistance et celle de la puissance
avec le point d'appui, un certain volume dans le muscle
crotaphite (2) qui exige une certaine étendue dans la
fosse qui le reçoit, et une certaine convexité de l'arcade
zygomatique (3) sous laquelle il passe ; cette arcade zygo-

---

(1) Eminence plate et arrondie placée à l'endroit où l'os s'articule.
(2) Celui qui sert à relever la mâchoire inférieure.
(3) C'est l'arcade osseuse placée au bas de la tempe.

matique doit aussi avoir une certaine force pour donner appui au muscle masseter (1).

Pour que l'animal puisse emporter sa proie il lui faut une certaine vigueur dans les muscles qui soulèvent sa tête, d'où résulte une forme déterminée dans les vertèbres où ces muscles ont leurs attaches, et dans l'occiput, où ils s'insèrent.

Pour que les dents puissent couper la chair il faut qu'elles soient tranchantes, et qu'elles le soient plus ou moins selon qu'elles auront plus ou moins exclusivement de la chair à couper. Leur base devra être d'autant plus solide qu'elles auront plus d'os et de plus gros os à briser. Toutes ces circonstances influeront aussi sur le développement de toutes les parties qui servent à mouvoir la mâchoire.

Pour que les griffes puissent saisir cette proie, il faudra une certaine mobilité dans les doigts, une certaine force dans les ongles, d'où résulteront des formes déterminées dans toutes les phalanges et des distributions nécessaires de muscles et de tendons ; il faudra que l'avant-bras ait une certaine facilité à se tourner, d'où résulteront encore des formes déterminées dans les os qui le composent. Mais les os de l'avant-bras, s'articulant sur l'humérus (2), ne peuvent changer de formes sans entraîner des changements dans celui-ci : les os de l'épaule devront avoir un certain degré de fermeté dans les animaux qui emploient leurs bras pour saisir ; et il en résultera encore pour eux des formes particulières. Le jeu de toutes ces parties exigera dans tous

(1) Autre muscle de la mâchoire.
(2) L'os du bras depuis l'épaule jusqu'au coude.

leurs muscles de certaines proportions, et les impressions de ces muscles ainsi proportionnés détermineront encore plus particulièrement les formes des os.

Il est aisé de voir que l'on peut tirer des conclusions semblables pour les extrémités postérieures, qui contribuent à la rapidité des mouvements généraux ; pour la composition du tronc et les formes des vertèbres, qui influent sur la facilité, la flexibilité de ces mouvements ; pour les formes des os du nez, de l'orbite, de l'oreille, dont les rapports avec la perfection des sens de l'odorat, de la vue, de l'ouïe sont évidents. En un mot, la forme de la dent entraîne la forme du condyle, celle de l'omoplate (1), celle des ongles, tout comme l'équation d'une courbe entraîne toutes ses propriétés ; et de même qu'en prenant chaque propriété séparément, pour base d'une équation particulière, on retrouverait et l'équation ordinaire et toutes les autres propriétés quelconques, de même l'ongle, l'omoplate, le condyle, le fémur (2), et tous les autres os, pris chacun séparément, donnent la dent ou se donnent réciproprement ; et en commençant par chacun d'eux, celui qui posséderait rationnellement les lois de l'économie organique pourrait refaire tout l'animal.

Ce principe est assez évident en lui-même, dans cette acception générale, pour n'avoir pas besoin d'une plus ample démonstration ; mais quand il s'agit de l'appliquer il est un grand nombre de cas où notre connaissance théorique des rapports des formes ne suffirait point, si elle n'était appuyée sur l'observation.

(1) C'est, en termes familiers, le plat de l'épaule.
(2) L'os de la cuisse.

Nous voyons bien, par exemple, que les animaux à sabots doivent être herbivores, puisqu'ils n'ont aucun moyen de saisir une proie ; nous voyons bien encore que, n'ayant d'autre usage à faire de leurs pieds de devant que de soutenir leur corps, ils n'ont pas besoin d'une épaule aussi vigoureusement organisée, d'où résulte l'absence de clavicule (1) et d'acromion (2), l'étroitesse de l'omoplate ; n'ayant pas non plus besoin de tourner leur avant-bras, leur radius (3) sera soudé au cubitus, ou du moins articulé par ginglyme (4), et non par arthrodie (5) avec l'humérus ; leur régime herbivore exigera des dents à couronne plate pour broyer les semences et les herbages ; il faudra que cette couronne soit inégale, et pour cet effet que les parties d'émail y alternent avec les parties osseuses ; cette sorte de couronne nécessitant des mouvements horizontaux pour la trituration, le condyle de la mâchoire ne pourra être un gond aussi serré que dans les carnassiers ; il devra être aplati, et répondre aussi à une facette de l'os des tempes plus ou moins aplatie ; la fosse temporale, qui n'aura qu'un petit muscle à loger, sera peu large et peu profonde, etc. Toutes ces choses se déduisent l'une de l'autre, selon leur plus ou moins de généralité, et de manière que les unes sont essentielles et exclusivement propres aux animaux à sabots, et que les autres, quoique également nécessaires dans ces ani-

(1) Os servant d'arc-boutant à l'épaule.
(2) Tubérosité à laquelle s'attache l'épaule.
(3) Os qui occupe la partie externe de l'avant-bras, tandis que le cubitus en occupe la partie interne.
(4) En anatomie est synonyme de charnières.
(5) Articulation formée d'une cavité osseuse peu profonde, dans laquelle s'emboîte l'extrémité peu saillante d'un autre os; exemple: l'articulation temporo-maxillaire.

maux, ne leur seront pas exclusives, mais pourront se retrouver dans d'autres animaux, où le reste des conditions permettra encore celles-là.

Si l'on descend ensuite aux ordres ou subdivisions de la classe des animaux à sabots, et que l'on examine quelles modifications subissent les conditions générales, ou plutôt quelles conditions particulières il s'y joint, d'après le caractère propre à chacun de ces ordres, les raisons des conditions subordonnées commencent à paraître moins claires. On conçoit bien encore en gros la nécessité d'un système digestif plus compliqué dans les espèces où le système dentaire est plus imparfait ; ainsi l'on peut se dire que ceux-là devaient être plutôt des animaux ruminants où il manque tel ou tel ordre de dents ; on peut en déduire une certaine forme d'œsophage et des formes correspondantes des vertèbres du cou, etc. Mais je doute qu'on eût deviné, si l'observation ne l'avait appris, que les ruminants auraient tous le pied fourchu, et qu'ils seraient les seuls qui l'auraient; je doute qu'on eût deviné qu'il n'y aurait de cornes au front que dans cette seule classe ; que ceux d'entre eux qui auraient des canines aiguës manqueraient pour la plupart de cornes, etc.

Cependant, puisque ces rapports sont constants, il faut bien qu'ils aient une cause suffisante ; mais comme nous ne la connaissons pas, nous devons suppléer au défaut de la théorie par le moyen de l'observation ; elle nous sert à établir des lois empiriques, qui deviennent presque aussi certaines que les lois rationnelles, quand elles reposent sur des observations assez répétées : en sorte qu'aujourd'hui quelqu'un qui voit seulement la piste d'un pied fourchu peut en conclure que l'animal qui a laissé cette empreinte ruminait; et cette conclusion est tout aussi certaine qu'aucune autre en physique ou en morale. Cette seule piste donne donc à celui qui l'observe et la forme des dents, et la forme des mâchoires, et la forme des vertèbres, et la forme de tous les os des jambes, des cuisses, des épaules et du bassin de l'animal qui vient de passer. C'est une marque plus sûre que toutes celles de Zadig.

Qu'il y ait cependant des raisons secrètes de tous ces rapports, c'est ce que l'observation même fait entrevoir indépendamment de la philosophie générale.

En effet, quand on forme un tableau de ces rapports, on y remarque non seulement une constance spécifique, si l'on peut s'exprimer ainsi, entre telle forme de tel organe et telle autre forme d'un organe différent ; mais l'on aperçoit aussi une constance classique et une gradation correspondante dans le développement de ces deux organes , qui montrent , presque aussi bien qu'un raisonnement effectif , leur influence mutuelle.

Par exemple, le système dentaire des animaux à sabots non ruminants est en général plus parfait que celui des animaux à pieds fourchus ou ruminants, parce que les premiers ont des incisives ou des canines, et presque toujours des unes et des autres aux deux mâchoires ; et la structure de leur pied est en général plus compliquée, parce qu'ils ont plus de doigts, ou des ongles qui enveloppent moins les phalanges, ou plus d'os distincts au métacarpe (1) et au métatarse (2) ou

(1) Les os parallèles qui forment le milieu de la main.
(2) Partie du pied entre les orteils et le tarse.

7

des os du tarse (1) plus nombreux, ou un péroné (2) plus
distinct du tibia (3), ou bien enfin parce qu'ils réunissent
souvent toutes ces circonstances. Il est impossible de
donner des raisons de ces rapports ; mais ce qui prouve
qu'ils ne sont point l'effet du hasard, c'est que toutes
les fois qu'un animal à pied fourchu montre dans l'arrangement de ses dents quelque tendance à se rapprocher des animaux dont nous parlons, il montre aussi
une tendance semblable dans l'arrangement de ses pieds.
Ainsi les chameaux, qui ont des canines, et même deux
ou quatre incisives à la mâchoire supérieure, ont un os
de plus au tarse, parce que leur scaphoïde n'est pas
soudé au cuboïde, et des ongles très petits, avec des
phalanges onguéales correspondantes. Les chevrotains,
dont les canines sont très développées, ont un péroné
distinct tout le long de leur tibia, tandis que les autres
pieds fourchus n'ont pour tout péroné qu'un petit os
articulé au bas du tibia. Il y a donc une harmonie constante entre deux organes en apparence fort étrangers l'un
à l'autre, et les gradations de leurs formes se correspondent sans interruption, même dans les cas où nous
ne pouvons rendre raison de leurs rapports.

Or, en adoptant ainsi la méthode de l'observation
comme un moyen supplémentaire, quand la théorie nous
abandonne, on arrive à des détails faits pour étonner.
La moindre facette d'os, la moindre apophyse (4) ont un
caractère déterminé, relatif à la classe, à l'ordre, au
genre et à l'espèce auxquels elles appartiennent, au point
que toutes les fois que l'on a seulement une extrémité

(1) Partie postérieure du pied.
(2) L'os externe de la jambe.
(3) Le gros os antérieur de la jambe.
(4) La saillie d'un os.

d'os bien conservée, on peut, avec de l'application et
en s'aidant avec un peu d'adresse de l'analogie et de la
comparaison effective, déterminer toutes ces choses
aussi sûrement que si l'on possédait l'animal entier. J'ai
fait bien des fois l'expérience de cette méthode sur des
portions d'animaux connus, avant d'y mettre entièrement ma confiance pour les fossiles ; mais elle a toujours eu des succès si infaillibles, que je n'ai plus aucun
doute sur la certitude des résultats qu'elle m'a donnés (1).

Il est vrai que j'ai joui de tous les secours qui pouvaient m'être nécessaires, et que ma position heureuse
et une recherche assidue pendant près de trente ans
m'ont procuré des squelettes de tous les genres et sous-
genres de quadrupèdes, et même de beaucoup d'espèces
dans certains genres, et de plusieurs individus dans
quelques espèces. Avec de tels moyens, il m'a été aisé de
multiplier mes comparaisons et de vérifier dans tous
leurs détails les applications que je faisais de mes
lois.

Nous ne pouvons traiter plus au long de cette méthode, et nous sommes obligé de renvoyer à la grande
anatomie comparée que nous ferons bientôt paraître,
et où l'on en trouvera toutes les règles. Cependant un
lecteur intelligent pourra déjà en abstraire un grand
nombre de l'ouvrage sur les os fossiles, s'il prend la
peine de suivre toutes les applications que nous y avons

(1) Cette harmonie magnifique, si clairement déduite et dé-
montrée par Cuvier pour la structure de l'animal, se retrouve dans
toutes les conditions de son organisme. Ce qui existe pour sa charpente existe pour la respiration, pour la digestion, pour les mouvements et constitue ce qu'on a nommé les lois de corrélations
organiques qui sont les conditions mêmes de l'existence des êtres

faites. Il verra que c'est par cette méthode seule que nous nous sommes dirigé, et qu'elle nous a presque toujours suffi pour rapporter chaque os à son espèce, quand il était d'une espèce vivante; à son genre, quand il était d'une espèce inconnue; à son ordre, quand il était d'un genre nouveau ; à sa classe enfin, quand il appartenait à un ordre non encore établi ; et pour lui assigner dans ces trois derniers cas les caractères propres à le distinguer des ordres, des genres ou des espèces les plus semblables. Les naturalistes n'en faisaient pas davantage, avant nous, pour des animaux entiers. C'est ainsi que nous avons déterminé et classé les restes de plus de cent cinquante mammifères ou quadrupèdes ovipares.

Tableaux des résultats généraux de ces recherches.

Considérés par rapport aux espèces, plus de quatre-vingt-dix de ces animaux sont bien certainement inconnus jusqu'à ce jour des naturalistes ; onze ou douze ont une ressemblance si absolue avec des espèces connues, que l'on ne peut guère conserver de doute sur leur identité ; les autres présentent avec des espèces connues beaucoup de traits de ressemblance ; mais la comparaison n'a pu encore en être faite d'une manière assez scrupuleuse pour lever tous les doutes.

Considérés par rapport aux genres, sur les quatre-vingt-dix espèces inconnues, il y en a près de soixante qui appartiennent à des genres nouveaux : les autres espèces se rapportent à des genres ou sous-genres connus.

Il n'est pas inutile de considérer aussi ces animaux par rapport aux classes et aux ordres auxquels ils appartiennent.

Sur les cent cinquante espèces, un quart environ sont des quadrupèdes ovipares, et toutes les autres des mammifères. Parmi celles-ci, plus de la moitié appartiennent aux animaux à sabots non ruminants.

Toutefois, il serait encore prématuré d'établir sur ces nombres aucune conclusion relative à la théorie de la terre, parce qu'ils ne sont point en rapport nécessaire avec les nombres des genres ou des espèces qui peuvent être enfouis dans nos couches. Ainsi, l'on a beaucoup plus recueilli d'os de grandes espèces, qui frappent davantage les ouvriers, tandis que ceux des petites sont ordinairement négligés, à moins que le hasard ne les fasse tomber dans les mains d'un naturaliste, ou que quelque circonstance particulière, comme leur abondance extrême en certains lieux, n'attire l'attention du vulgaire (1).

Rapports des espèces avec les couches.

Ce qui est le plus important, ce qui fait même l'objet le plus essentiel de tout mon travail et établit sa véritable relation avec la théorie de la terre, c'est de savoir dans quelles couches on trouve chaque espèce, et s'il y a

---

(1) C'est de l'abondance des ces os en certains endroits qu'est née l'industrie toute récente des phosphates de chaux. Traités par l'acide sulfurique ces os sont devenus une des conditions indispensables de toute culture progressive et l'un des plus précieux éléments de la nature du sol.

quelques lois générales relatives soit aux subdivisions zoologiques, soit au plus ou moins de ressemblance des espèces avec celles d'aujourd'hui.

Les lois reconnues à cet égard sont très belles et très claires.

Premièrement, il est certain que les quadrupèdes ovipares paraissent beaucoup plus tôt que les vivipares, qu'ils sont même plus abondants, plus forts, plus variés dans les anciennes couches qu'à la surface actuelle du globe.

Les *ichthyosaurus* (1), les *plesiosaurus* (2), plusieurs tortues, plusieurs crocodiles sont au-dessous de la craie dans les terrains dits communément du Jura. Les monitors de Thuringe seraient plus anciens encore si, comme le pense l'école de Werner, les schistes cuivreux qui les recèlent au milieu de tant de sortes de poissons que l'on croit d'eau douce, sont au nombre des plus anciens lits du terrain secondaire. Les immenses sauriens et les grandes tortues de Maëstricht sont dans la formation crayeuse même ; mais ce sont des animaux marins.

Cette première apparition d'ossements fossiles semble donc déjà annoncer qu'il existait des terres sèches et des eaux douces avant la formation de la craie ; mais ni à cette époque, ni pendant que la craie s'est formée, ni même longtemps depuis, il ne s'est point incrusté d'ossements mammifères terrestres, ou du moins le petit nombre de ceux que l'on allègue ne forme qu'une exception presque sans conséquence.

(1) Signifie poisson-lézard.
(2) Signifie voisin du lézard.

Nous commençons à trouver des os de mammifères marins, c'est-à-dire de lamantins et de phoques, dans le calcaire coquillier grossier qui recouvre la craie dans nos environs ; mais il n'y a encore aucun os de mammifère terrestre.

Malgré les recherches les plus suivies, il m'a été impossible de découvrir aucune trace distincte de cette classe avant les terrains déposés sur le calcaire grossier : des lignites et des molasses en recèlent à la vérité ; mais je doute beaucoup que ces terrains soient tous, comme on le croit, antérieurs à ce calcaire ; les lieux où ils ont fourni des os sont trop limités, trop peu nombreux, pour que l'on ne soit pas obligé de supposer quelque irrégularité ou quelque retour dans leur formation. Au contraire, aussitôt qu'on est arrivé aux terrains qui surmontent le calcaire grossier, les os d'animaux terrestres se montrent en grand nombre.

Ainsi, comme il est raisonnable de croire que les coquilles et les poissons n'existaient pas à l'époque de la formation des terrains primordiaux, l'on doit croire aussi que les quadrupèdes ovipares ont commencé avec les poissons, et dès les premiers temps qui ont produit des terrains secondaires ; mais que les quadrupèdes terrestres ne sont venus, du moins en nombre considérable que longtemps après, et lorsque les calcaires grossiers qui contiennent déjà la plupart de nos genres de coquilles, quoique en espèces différentes des nôtres, eurent été déposés.

Il est à remarquer que ces calcaires grossiers, ceux dont on se sert à Paris pour bâtir, sont les derniers bancs qui annoncent un séjour long et tranquille de la mer sur nos continents. Après eux, l'on trouve bien encore des terrains remplis de coquilles et d'autres produits de la mer, mais ce sont des terrains meubles, des sables, des marnes, des grès, des argiles, qui indiquent plutôt des transports plus ou moins tumultueux qu'une précipitation tranquille ; et s'il y a quelques bancs pierreux et réguliers un peu considérables au-dessous ou au-dessus de ces terrains de transport, ils donnent généralement des marques d'avoir été déposés dans l'eau douce.

Presque tous les os connus de quadrupèdes vivipares sont donc, ou dans ces terrains d'eau douce, ou dans ces terrains de transport ; par conséquent, il y a tout lieu de croire que ces quadrupèdes n'ont commencé à exister, ou du moins à laisser de leurs dépouilles dans les couches que nous pouvons sonder, que depuis l'avant-dernière retraite de la mer et pendant l'état de choses qui a précédé sa dernière irruption.

Mais il y a aussi un ordre dans la disposition de ces os entre eux, et cet ordre annonce encore une succession très remarquable entre leurs espèces.

D'abord tous les genres inconnus aujourd'hui, les paléothériums, les anoplothériums, etc., sur le gisement desquels on a des notions certaines, appartiennent aux plus anciens des terrains dont il est question ici, à ceux qui reposent immédiatement sur le calcaire grossier. Ce sont eux principalement qui remplissent les bancs réguliers déposés par les eaux douce ou certains lits de transport, très anciennement formés, composés en général de sables et de cailloux roulés et qui étaient peut-être les premières alluvions de cet ancien monde. On trouve aussi avec eux quelques espèces perdues de genres connus, mais en petit nombre, et quelques quadrupèdes ovipares et poissons qui paraissent tous d'eau douce. Les lits qui les recèlent sont toujours plus ou moins recouverts par des lits de transport remplis de coquilles et d'autres produits de la mer.

Les plus célèbres des espèces inconnues qui appartiennent à des genres connus ou à des genres très voisins de ceux que l'on connaît, comme les éléphants, les rhinocéros, les hippopotames, les mastodontes fossiles, ne se trouvent point avec ces genres plus anciens. C'est dans les seuls terrains de transport qu'on les découvre, tantôt avec des coquilles de mer, tantôt avec des coquilles d'eau douce, mais jamais dans des bancs pierreux réguliers. Tout ce qui se trouve avec ces espèces est ou inconnu comme elles, ou au moins douteux.

Enfin les os d'espèces qui paraissent les mêmes que les nôtres ne se déterrent que dans les derniers dépôts d'alluvions formés sur les bords des rivières, ou sur les fonds d'anciens étangs ou marais desséchés, ou dans l'épaisseur des couches de tourbes, ou dans les fentes et cavernes de quelques rochers, ou enfin à peu de distance de la superficie, dans des endroits où ils peuvent avoir été enfouis par des éboulements ou par la main des hommes (1), et leur position superficielle fait que ces os, les plus récents de tous, sont aussi, presque toujours, les moins bien conservés.

Il ne faut pas croire cependant que cette classification des divers gisements soit aussi nette que celle des espèces, ni qu'elle porte un caractère de démonstration

_____

(1) Depuis quelques années l'ardeur des recherches paléontologiques a fait découvrir de nombreux gisements d'os où se rencontrent pêle-mêle des ossements d'hommes et d'animaux disparus.

comparable : il y a des raisons nombreuses pour qu'il n'en soit pas ainsi.

D'abord toutes mes déterminations d'espèces ont été faites sur les os eux-mêmes, ou sur de bonnes figures ; ils s'en faut, au contraire, beaucoup que j'aie observé par moi-même tous les lieux où ces os ont été découverts. Très souvent j'ai été obligé de m'en rapporter à des relations vagues, ambiguës, faites par des personnes qui ne savaient pas bien elles-mêmes ce qu'il fallait observer; plus souvent encore je n'ai point trouvé de renseignements du tout.

Secondement, il peut y avoir à cet égard infiniment plus d'équivoque qu'à l'égard des os eux-mêmes. Le même terrain peut paraître récent dans les endroits où il est superficiel, et ancien dans ceux où il est recouvert par les bancs qui lui ont succédé. Des terrains anciens peuvent avoir été transportés par des inondations partielles, et avoir couvert des os récents ; ils peuvent s'être éboulés sur eux et les avoir enveloppés et mêlés avec les productions de l'ancienne mer qu'ils recélaient auparavant ; des os anciens peuvent avoir été lavés par des eaux, et ensuite repris par des alluvions récentes ; enfin des os récents peuvent être tombés dans les fentes ou les cavernes d'anciens rochers et y avoir été enveloppés par des stalactites ou d'autres incrustations. Il faudrait, dans chaque cas, analyser et apprécier toutes ces circonstances, qui peuvent masquer aux yeux la véritable origine des fossiles ; et rarement les personnes qui ont recueilli des os se sont-elles doutées de cette nécessité, d'où il résulte que les véritables caractères de leur gisement ont presque toujours été négligés ou méconnus.

En troisième lieu, il y a quelques espèces douteuses, qui altéreront plus ou moins la certitude des résultats aussi longtemps qu'on ne sera pas arrivé à des distinctions nettes à leur égard ; ainsi les chevaux, les buffles, qu'on trouve avec les éléphants, n'ont point encore de caractères spécifiques particuliers ; et les géologistes qui ne voudront pas adopter mes différentes époques pour les os fossiles pourront en tirer encore pendant bien des années un argument d'autant plus commode que c'est dans mon livre qu'ils le prendront.

Mais, tout en convenant que ces époques sont susceptibles de quelques objections pour les personnes qui considéreront avec légèreté quelque cas particulier, je n'en suis pas moins persuadé que celles qui embrasseront l'ensemble des phénomènes ne seront point arrêtées par ces petites difficultés partielles, et reconnaîtront avec moi qu'il y a eu au moins une et très probablement deux successions dans la classe des quadrupèdes avant celle qui peuple aujourd'hui la surface de nos contrées.

Ici je m'attends encore à une autre objection, et même on me l'a déjà faite.

Les espèces perdues ne sont pas des variétés des espèces vivantes.

Pourquoi les races actuelles, me dira-t-on, ne seraient-elles pas des modifications de ces races anciennes que l'on trouve parmi les fossiles, modifications qui auraient été produites par les circonstances locales et le changement de climat, et portées à cette extrême différence par la longue succession des années ?

Cette objection doit surtout paraître forte à ceux qui croient à la possibilité indéfinie de l'altération des formes dans les corps organisés, et qui pensent qu'avec des siècles et des habitudes toutes les espèces pourraient se changer les unes dans les autres ou résulter d'une seule d'entre elles (1).

Cependant on peut leur répondre, dans leur propre système, que si les espèces ont changé par degrés, on devrait trouver des traces de ces modifications graduelles ; qu'entre le paléothérium et les espèces d'aujourd'hui l'on devrait découvrir quelques formes intermédiaires, et que jusqu'à présent cela n'est point arrivé.

Pourquoi les entrailles de la terre n'ont-elles point conservé les monuments d'une généalogie si curieuse, si ce n'est parce que les espèces d'autrefois étaient aussi constantes que les nôtres, ou du moins parce que la catastrophe qui les a détruites ne leur a pas laissé le temps de se livrer à leurs variations ?

Quand aux naturalistes qui reconnaissent que les variétés sont restreintes dans certaines limites fixées par la nature, il faut pour leur répondre examiner jusqu'où s'étendent ces limites, recherche curieuse, fort intéressante en elle-même sous une infinité de rapports et dont on s'est cependant bien peu occupé jusqu'ici.

Cette recherche suppose la définition de l'espèce qui sert de base à l'usage que l'on fait de ce mot, savoir que l'espèce comprend *les individus qui descendent les uns des*

---

(1) La haute autorité de Cuvier corroborant les faits les plus indéniables n'a cependant point découragé les faiseurs de systèmes, Darwin, Littré, Hœckel, etc., désireux avant tout et surtout de détruire la tradition biblique.

autres, ou de parents communs, et ceux qui leur ressemblent, autant qu'ils se ressemblent entre eux. Ainsi nous n'appelons variétés d'une espèce que les races plus ou moins différentes qui peuvent en être sorties par la génération. Nos observations sur les différences entre les ancêtres et les descendants sont donc pour nous la seule règle raisonnable ; car toute autre rentrerait dans des hypothèses sans preuves.

Or, en prenant ainsi la *variété*, nous observons que les différences qui la constituent dépendent de circonstances déterminées, et que leur étendue augmente avec l'intensité de ces circonstances.

Ainsi les caractères les plus superficiels sont les plus variables : la couleur tient beaucoup à la lumière, l'épaisseur du poil à la chaleur, la grandeur à l'abondance de la nourriture ; mais dans un animal sauvage ces variétés mêmes sont fort limitées par le naturel de cet animal, qui ne s'écarte pas volontiers des lieux où il trouve au degré convenable tout ce qui est nécessaire au maintien de son espèce, et qui ne s'étend au loin qu'autant qu'il y trouve aussi la réunion de ces conditions. Ainsi, quoique le loup et le renard habitent depuis la zone torride jusqu'à la zone glaciale, à peine éprouvent-ils dans cet immense intervalle d'autre variété qu'un peu plus ou un peu moins de beauté dans leur fourrure. J'ai comparé des crânes de renards du Nord et de renards d'Égypte avec ceux des renards de France, et je n'y ai trouvé que des différences individuelles.

Ceux des animaux sauvages qui sont retenus dans des espaces plus limités varient bien moins encore, surtout les carnassiers. Une crinière plus fournie fait la seule différence entre l'hyène de Perse et celle du Maroc.

Les animaux sauvages herbivores éprouvent un peu plus profondément l'influence du climat, parce qu'il s'y joint celle de la nourriture, qui vient à différer quant à l'abondance et quant à la qualité. Ainsi, les éléphants seront plus grands dans telle forêt que dans telle autre ; ils auront des défenses un peu plus longues dans les lieux où la nourriture sera plus favorable à la formation de la matière de l'ivoire ; il en sera de même des rennes, des cerfs, par rapport à leurs bois : mais que l'on prenne les deux éléphants les plus dissemblables, et que l'on voie s'il y a la moindre différence dans le nombre ou les articulations des os, dans la structure de leurs dents, etc.

D'ailleurs, les espèces herbivores à l'état sauvage paraissent plus restreintes que les carnassières dans leur dispersion, parce que le changement des espèces végétales se joint à la température pour les arrêter.

La nature a soin aussi d'empêcher l'altération des espèces, qui pourrait résulter de leur mélange, par l'aversion mutuelle qu'elle leur a donnée. Il faut toutes les ruses, toute la puissance de l'homme pour faire contracter ces unions, même à celles qui se ressemblent le plus ; et quand les produits sont féconds, ce qui est très rare, leur fécondité ne va point au delà de quelques générations, et n'aurait probablement pas lieu sans la continuation des soins qui l'ont excitée. Aussi ne voyons-nous pas dans nos bois d'individus intermédiaires entre le lièvre et le lapin, entre le cerf et le daim, entre la martre et la fouine.

Mais l'empire de l'homme altère cet ordre : il développe toutes les variations dont le type de chaque espèce est susceptible, et en tire des produits que ces espèces, livrées à elles-mêmes, n'auraient jamais donnés.

Ici le degré des variations est encore proportionné à l'intensité de leur cause, qui est l'esclavage.

Il n'est pas très élevé dans les espèces demi-domestiques, comme le chat. Des poils plus doux, des couleurs plus vives, une taille plus ou moins forte, voilà tout ce qu'il éprouve ; mais le squelette d'un chat d'Angora ne diffère en rien de constant de celui d'un chat sauvage.

Dans les herbivores domestiques, que nous transportons en toutes sortes de climats, que nous assujettissons à toutes sortes de régimes, auxquels nous mesurons diversement le travail et la nourriture, nous obtenons des variations plus grandes, mais encore toutes superficielles : plus ou moins de taille, des cornes plus ou moins longues, qui manquent quelquefois entièrement, une loupe de graisse plus ou moins forte sur les épaules, forment les différences des bœufs ; et ces différences se conservent longtemps, même dans les races transportées hors du pays où elles se sont formées, quand on a soin d'en empêcher le croisement.

De cette nature sont aussi les innombrables variétés de moutons, qui portent principalement sur la laine, parce que c'est l'objet auquel l'homme a donné le plus d'attention. Elles sont un peu moindres, quoique encore très sensibles, dans les chevaux.

En général, les formes des os varient peu ; leurs connexions, leurs articulations, la forme des grandes dents molaires, ne varient jamais.

Le peu de développement des défenses dans le cochon domestique, la soudure de ses ongles dans quelques-unes de ses races, sont l'extrême des différences que nous avons produites dans les herbivores domestiques.

Les effets les plus marqués de l'influence de l'homme

se montrent sur l'animal dont il a fait le plus complètement la conquête, sur le chien, cette espèce tellement
dévouée à la nôtre, que les individus mêmes semblent
nous avoir sacrifié leur moi, leur intérêt, leur sentiment
propre. Transportés par les hommes dans tout l'univers,
soumis à toutes les causes capables d'influer sur leur
développement, assortis dans leurs unions au gré de
leurs maîtres, les chiens varient pour la couleur, pour
l'abondance du poil, qu'ils perdent même quelquefois
entièrement, pour sa nature ; pour sa taille, qui peut différer comme un à cinq dans les dimensions linéaires, ce
qui fait plus du centuple de la masse ; pour la forme
des oreilles, du nez, de la queue ; pour la hauteur relative des jambes ; pour le développement progressif du
cerveau dans les variétés domestiques, d'où résulte la
forme même de leur tête, tantôt grêle, à museau effilé,
à front plat, tantôt à museau court, à front bombé ; au
point que les différences apparentes d'un mâtin et d'un
barbet, d'un lévrier et d'un doguin, sont plus fortes que
celles d'aucunes espèces sauvages d'un même genre
naturel ; enfin, et ceci est le maximun de variation
connu jusqu'à ce jour dans le règne animal, il y a des
races de chiens qui ont un doigt de plus au pied de dér-
rière avec les os du tarse correspondants, comme il y
a dans l'espèce humaine quelques familles sexdigitaires.

Mais dans toutes ces variations les relations des os
restent les mêmes, et jamais la forme des dents ne
change d'une manière appréciable ; tout au plus y a-
t-il quelques individus où il se développe une fausse
molaire de plus, soit d'un côté, soit de l'autre.

Il y a donc dans les animaux des caractères qui ré-
sistent à toutes les influences, soit naturelles, soit

humaines ; et rien n'annonce que le temps ait à leur égard plus d'effet que le climat et la domesticité.

Je sais que quelques naturalistes comptent beaucoup sur les milliers de siècles, qu'ils accumulent d'un trait de plume ; mais dans de semblables matières nous ne pouvons guère juger de ce qu'un long temps produirait qu'en multipliant par la pensée ce que produit un temps moindre. J'ai donc cherché à recueillir les plus anciens documents sur les formes des animaux, et il n'en existe point qui égalent pour l'antiquité et pour l'abondance ceux que nous fournit l'Égypte. Elle nous offre non seulement des images, mais le corps des animaux eux-mêmes, embaumés dans ses catacombes.

J'ai examiné avec le plus grand soin les figures d'animaux et d'oiseaux gravées sur les nombreux obélisques venus d'Égypte dans l'ancienne Rome. Toutes ces figures sont pour l'ensemble, qui seul a pu être l'objet de l'attention des artistes, d'une ressemblance parfaite avec les espèces telles que nous les voyons aujourd'hui.

Chacun peut examiner les copies qu'en donnent Kirker et Zoega : sans conserver la pureté de trait des originaux, elles offrent encore des figures très reconnaissables. On y distingue aisément l'ibis, le vautour, la chouette, le faucon, l'oie d'Égypte, le vanneau, le râle de terre, la vipère haje ou l'aspic, le céraste, le lièvre d'Égypte avec ses longues oreilles, l'hippopotame même ; et dans ces nombreux monuments gravés dans le grand ouvrage sur l'Égypte, on voit quelquefois les animaux les plus rares, l'algazel, par exemple, qui n'a été vu en Europe que depuis quelques années.

Mon savant collègue M. Geoffroy Saint-Hilaire, péné-

tré de l'importance de cette recherche, a eu soin de
recueillir dans les tombeaux et dans les temples de la
haute et basse Égypte le plus qu'il a pu de momies
d'animaux. Il a rapporté des chats, des ibis, des oiseaux
de proie, des chiens, des singes, des crocodiles, une
tête de bœuf, embaumés ; et l'on n'aperçoit certainement pas plus de différence entre ces êtres et ceux que
nous voyons qu'entre les momies humaines et les squelettes d'hommes d'aujourd'hui. On pouvait en trouver
entre les momies d'ibis et l'ibis tel que le décrivaient
jusqu'à ce jour les naturalistes ; mais j'ai levé tous les
doutes dans un mémoire sur cet oiseau, où j'ai montré qu'il est encore maintenant le même que du temps
des Pharaons. Je sais bien que je ne cite là que des individus de deux ou trois mille ans ; mais c'est toujours
remonter aussi haut que possible.

Il n'y a donc dans les faits connus rien qui puisse
appuyer le moins du monde l'opinion que les genres
nouveaux que j'ai découverts ou établis parmi les fossiles, non plus que ceux qui l'ont été par d'autres naturalistes, les *paléothériums*, les *anoplothériums*, les
mégalonyx, les *mastodontes*, les *ptérodactyles*, les *ichthyosaurus*, etc., aient pu être les souches de quelques-uns
des animaux d'aujourd'hui, lesquels n'en différeraient
que par l'influence du temps ou du climat ; et quand il
serait vrai (ce que je suis loin encore de croire) que les
éléphants, les rhinocéros, les cerfs gigantesques, les
ours fossiles ne diffèrent pas plus de ceux d'à présent que
les races des chiens ne diffèrent entre elles, on ne pourrait pas conclure de là l'identité d'espèces, parce que
les races des chiens ont été soumises à l'influence de la

domesticité, que ces autres animaux n'ont ni subie ni pu subir.

Au reste, lorsque je soutiens que les bancs pierreux contiennent les os de plusieurs genres, et les couches meubles ceux de plusieurs espèces qui n'existent plus, je ne prétends pas qu'il ait fallu une création nouvelle pour produire les espèces aujourd'hui existantes ; je dis seulement qu'elles n'existaient pas dans les lieux où on les voit à présent, qu'elles ont dû y venir d'ailleurs.

Supposons, par exemple, qu'une grande irruption de la mer couvre d'un amas de sables ou d'autres débris le continent de la Nouvelle-Hollande : elle y enfouira les cadavres des kangourous, des phascolomes, des dasyures, des péramèles, des phalangers volants, des échidnés et des ornithorhynques (1), et elle détruira entièrement les espèces de tous ces genres, puisque aucun d'eux n'existe maintenant en d'autres pays.

Que cette même révolution mette à sec les petits détroits multipliés qui séparent la Nouvelle-Hollande du continent de l'Asie, elle ouvrira un chemin aux éléphants, aux rhinocéros, aux buffles, aux chevaux, aux chameaux, aux tigres, et à tous les autres quadrupèdes asiatiques, qui viendront peupler une terre où ils auront été auparavant inconnus.

Qu'ensuite un naturaliste, après avoir bien étudié toute cette nature vivante, s'avise de fouiller le sol sur lequel il vit, il y trouvera des restes d'êtres tout différents.

Ce que la Nouvelle-Hollande serait dans la supposi-

---

(1) Tous ces animaux sont spéciaux à l'Australie et à la Nouvelle-Zélande qui fait géologiquement partie de la grande île océanienne.

tions que nous venons de faire, l'Europe, la Sibérie, une grande partie de l'Amérique, le sont effectivement ; et peut-être trouvera-t-on un jour, quand on examinera les autres contrées et la Nouvelle-Hollande elle-même, qu'elles ont toutes éprouvé des révolutions semblables, je dirais presque des échanges mutuels de productions ; car, poussons la supposition plus loin : après ce transport des animaux asiatiques dans la Nouvelle-Hollande, admettons une seconde révolution, qui détruise l'Asie, leur patrie primitive : ceux qui les observeraient dans leur seconde patrie, seraient tout aussi embarrassés de savoir d'où ils seraient venus qu'on peut l'être maintenant pour trouver l'origine des nôtres.

J'applique cette manière de voir à l'espèce humaine.

Il n'y a point d'os humains fossiles.

Il est certain qu'on n'a pas encore trouvé d'os humains parmi les fossiles ; et c'est une preuve de plus que les races fossiles n'étaient point des variétés, puisqu'elles n'avaient pu subir l'influence de l'homme.

Je dis que l'on n'a jamais trouvé d'os humains parmi les fossiles, bien entendu parmi les fossiles proprement dits, ou, en d'autres termes, dans les couches régulières de la surface du globe ; car dans les tourbières, dans les alluvions, comme dans les cimetières, on pourrait aussi bien déterrer des os humains que des os de chevaux ou d'autres espèces vulgaires ; il pourrait s'en trouver également dans des fentes de rocher, dans des grottes où la stalactite se serait amoncelée sur eux ; mais dans des lits qui recèlent les anciennes races, parmi les paléothériums, et même parmi les éléphants et les rhinocéros, on n'a jamais découvert le moindre ossement humain (1). Il n'est guère autour de Paris d'ouvriers qui ne croient que les os dont nos plâtrières fourmillent sont en grande partie des os d'hommes ; mais, comme j'ai vu plusieurs milliers de ces os, il m'est bien permis d'affirmer qu'il n'y en a jamais eu un seul de notre espèce. J'ai examiné à Pavie les groupes d'ossements rapportés par Spallanzani de l'île de Cérigo ; et malgré l'assertion de cet observateur célèbre, j'affirme également qu'il n'y en a aucun dont on puisse soutenir qu'il est humain. L'*homo diluvii testis* de Scheuchzer a été replacé, dès ma première édition, à son véritable genre, qui est celui des salamandres ; et dans un examen que j'en ai fait depuis à Harlem, par la complaisance de M. Van Marum, qui m'a permis de découvrir les parties cachées dans la pierre, j'ai obtenu la preuve complète de ce que j'avais annoncé (2). On voit parmi les os trouvés à Canstadt un fragment de mâchoire et quelques ouvrages humains ; mais on sait que le terrain fut remué sans

(1) Des découvertes postérieures à Cuvier et d'une authencité incontestable ont éclairé d'une vive lumière ce point de la science resté obscur jusqu'en 1835. L'honneur en revient à M. Boucher de Perthes qui trouva dans des terrains quaternaires, à Moulin-Quignon, près d'Abbeville, une mâchoire humaine qui fut l'objet des plus savantes et des plus concluantes discussions. Chaque jour, pour ainsi dire, vient corroborer la preuve de l'existence de l'homme à l'époque quaternaire, des faits déjà nombreux et qui prennent une consistance considérable nous le montrent même habitant de la terre à l'époque tertiaire et contemporain de fossiles auxquels Cuvier inclinait à le croire étranger.

(2) La science de Cuvier était si sûre et si profonde que, mis à même, par le propriétaire du terrain où gisait le célèbre fossile, de faire des fouilles, il dessina d'avance les os que l'on devait, selon lui, rencontrer. A la grande admiration des témoins de ces fouilles, on ramena effectivement au jour des ossements absolument conformes à ceux qu'il avait précisés.

précaution, et que l'on ne tint point note des diverses
hauteurs où chaque chose fut découverte. Partout ailleurs les morceaux donnés pour humains se sont trouvés, à l'examen, de quelque animal, soit qu'on les ait
examinés en nature ou simplement en figures. Tout
nouvellement encore on a prétendu en avoir découvert
à Marseille, dans une pierre longtemps négligée : c'é-
taient des empreintes de tuyaux marins. Les véritables
os d'hommes étaient des cadavres tombés dans des
fentes ou restés en d'anciennes galeries de mines, ou
enduits d'incrustations ; et j'étends cette assertion jusqu'aux squelettes humains découverts à la Guadeloupe
dans une roche formée de parcelles de madrépores rejetées par la mer et unies par un stuc calcaire (1). Les

(1) Ces squelettes plus ou moins mutilés se trouvent près du
port du Moule, à la côte du nord-ouest de la grande terre de la
Guadeloupe, dans une espèce de glacis appuyé contre les bords
escarpés de l'île, que l'eau recouvre en grande partie à la haute
mer, et qui n'est qu'un tuf formé et journellement accru par les
débris très-menus de coquillages et de coraux que les vagues dé-
tachent des rochers, et dont l'amas prend une grande cohésion
dans les endroits qui sont plus souvent à sec. On reconnaît à la
loupe que plusieurs de ces fragments ont la même teinte rouge
qu'une partie des coraux contenus dans les récifs de l'île. Ces
sortes de formations sont communes dans tout l'archipel des
Antilles, où les nègres les connaissent sous le nom de *maçonne-
bon-dieu*. Leur accroissement est d'autant plus rapide, que le
mouvement des eaux est plus violent. Elles ont étendu la plaine
de Cayes à Saint-Domingue, dont la situation a quelque analogie
avec la plage du Moule et l'on y trouve quelquefois des débris de
vases et d'autres ouvrages humains à vingt pieds de profondeur.
On a fait mille conjectures, et même imaginé des événements
pour expliquer ces squelettes de la Guadeloupe ; mais, d'après
toutes ces circonstances, M. Moreau de Jonnès, correspondant de
l'Académie des Sciences, qui a été sur les lieux, et à qui je dois
tout le détail ci-dessus, pense que ce sont simplement des
cadavres de personnes ayant péri dans quelque naufrage. Ils
furent découverts en 1805 par Manuel Gortès y Camponès, alors
officier d'état major, de service dans la colonie. Le général Ernouf,
gouverneur, en fit extraire un avec beaucoup de peine, auquel

os humains trouvés près de Kœstriz, et indiqués par
M. de Schlotheim, avaient été annoncés comme tirés de
bancs très anciens ; mais ce savant respectable s'est
empressé de faire connaître combien ce tte assertion est
encore sujette au doute. Il en est de même des objets
de fabrication humain e. Les morceaux de fer trouvés à
Montmartre sont des broches que les ouvriers emploient
pour mettre la poudre, et qui cas sent quelquefois dans
la pierre.

On a fait grand bruit, il y a quelques mois, de certains
fragments humains, trou vés dans des cavernes à ossements de nos provinces méridionales ; mais il suffit
qu'ils aient été trouvés da ns des cavernes pour qu'ils
rentrent dans la règle.

manquait presque toute la tête et presque toutes les extrémités
supérieures : on l'avait déposé à la Guadeloupe, et on attendait
d'en avoir un plus complet pour les envoyer ensemble à Paris,
lorsque l'île fut prise par les Anglais. L'amiral Cochrane ayant
trouvé ce squelette au quartier général l'envoya à l'amirauté
anglaise, qui l'offrit au Muséum Britannique. Il est encore dans
cette collection, où M. Kœnig, conservateur de la partie minéralogique, l'a décrit et où je l'ai vu en 1818. M. Kœnig fait observer
que la pierre où il est engagé n'a point été taillée, mais qu'elle
a été simplement insérée, comme un noyau distinct, dans la
masse environnante. La squelette y est tellement superficiel qu'on
a dû s'apercevoir de sa présence à la saillie de quelques-uns de
ses os. Ils contiennent encore des parties animales et tout leur
phosphate de chaux. La gangue, toute formée de parcelles de
coraux et de pierre calcaire compacte, se dissout promptement
dans l'acide nitrique. M. Kœnig y a reconnu des fragments de
millepora miniacea, de quelques madrépores, et de coquilles qu'il
compare à l'*helix acuta* et au *turbo pica*. Plus nouvellement le
général Douzelot a fait extraire un autre de ces squelettes, que
l'on voit au cabinet du roi. C'est un corps qui a les genoux
reployés. Il reste quelque peu de la mâchoire supérieure, la
moitié gauche de l'inférieure, presque tout un côté du tronc et
du bassin, et une grande partie de l'extrémité supérieure et de
l'extrémité inférieure gauches. La gangue est sensiblement un
travertin dans lequel sont enfouies des coquilles de la mer voisine
et des coquilles terrestres qui vivent encore aujourd'hui dans
l'île, nommément le *bulimus guadalupensis* de Férussac. (*Cuvier.*)

Cependant les os humains se conservent aussi bien que ceux des animaux, quand ils sont dans les mêmes circonstances. On ne remarque en Égypte nulle différence entre les momies humaines et celles de quadrupèdes. J'ai recueilli, dans les fouilles faites, il y a quelques années, dans l'ancienne église de Sainte-Geneviève, des os humains enterrés sous la première race, qui pouvaient même appartenir à quelques princes de la famille de Clovis, et qui ont encore très bien conservé leurs formes. On ne voit pas dans les *champs de bataille* que *les squelettes des hommes soient plus altérés que* ceux des chevaux, si l'on défalque l'influence de la grandeur ; et parmi les fossiles nous trouvons des animaux aussi petits que le rat encore parfaitement conservés.

Tout porte donc à croire que l'espèce humaine n'existait point dans les pays où se découvrent les os fossiles, à l'époque des révolutions qui ont enfoui ces os ; car il n'y aurait eu aucune raison pour qu'elle échappât tout entière à des catastrophes aussi générales, et pour que ses restes ne se trouvassent pas aujourd'hui comme ceux des autres animaux : mais je n'en veux pas conclure que l'homme n'existait point du tout avant cette époque. Il pouvait habiter quelques contrées peu étendues, d'où il a repeuplé la terre après ces événements terribles ; peut-être aussi les lieux où il se tenait ont-ils été entièrement abîmés, et ses os ensevelis au fond des mers actuelles, à l'exception du petit nombre d'individus qui ont continué son espèce. Quoi qu'il en soit, l'établissement de l'homme dans les pays où nous avons dit que se trouvent les fossiles d'animaux terrestres, c'est-à-dire dans la plus grande partie de l'Europe, de l'Asie et de l'Amérique, est nécessairement postérieure, non seulement aux révolutions qui ont enfoui ces os, mais encore à celles qui ont remis à découvert les couches qui les enveloppent, et qui sont les dernières que le globe ait subies : d'où il est clair que l'on ne peut tirer ni de ces os eux-mêmes, ni des amas plus ou moins considérables de pierres ou de terre qui les recouvrent, aucun argument en faveur de l'ancienneté de l'espèce humaine dans ces divers pays (1).

Preuves physiques de la nouveauté de l'état actuel des continents.

Au contraire, en examinant bien ce qui s'est passé à la surface du globe, depuis qu'elle a été mise à sec pour la dernière fois, et que les continents ont pris leur forme actuelle au moins dans leurs parties un peu élevées, l'on voit clairement que cette dernière révolution, et par conséquent l'établissement de nos sociétés actuelles, ne peuvent pas être très anciens. C'est un des résultats à la fois les mieux prouvés et les moins attendus de la saine géologie ; résultat d'autant plus précieux, qu'il lie d'une chaîne non interrompue l'histoire naturelle et l'histoire civile.

En mesurant les effets produits dans un temps donné par les causes aujourd'hui agissantes, et en les comparant avec ceux qu'elles ont produits depuis qu'elles ont commencé d'agir, l'on parvient à déterminer à peu près l'instant où leur action a commencé, lequel est néces-

---

(1) De nombreux témoignages ont établi la contemporanéité de l'homme et de plusieurs des espèces décrites par Cuvier.

sairement le même que celui où nos continents ont pris leur forme actuelle, ou que celui de la dernière retraite subite des eaux.

C'est en effet à compter de cette retraite que nos escarpements actuels ont commencé à s'ébouler et à former à leur pied des collines de débris ; que nos fleuves actuels ont commencé à couler et à déposer leurs alluvions ; que notre végétation actuelle a commencé à s'étendre et à produire du terreau ; que nos falaises actuelles ont commencé à être rongées par la mer ; que nos dunes actuelles ont commencé à être rejetées par le vent ; tout comme c'est de cette même époque que des colonies humaines ont commencé ou recommencé à se répandre et à faire des établissements dans les lieux dont la nature l'a permis. Je ne parle point de nos volcans, non seulement à cause de l'irrégularité de leurs éruptions, mais parce que rien ne prouve qu'ils n'aient pu exister sous la mer, et qu'ainsi l'on ne peut les faire servir à la mesure du temps qui s'est écoulé depuis sa dernière retraite.

Atterrissements.

MM. Deluc et Dolomieu sont ceux qui ont le plus soigneusement examiné la marche des atterrissements; quoique fort opposés sur un grand nombre de points de la théorie de la terre, ils s'accordent sur celui-là : les atterrissements augmentent très vite ; ils devaient augmenter bien plus vite encore dans les commencements, lorsque les montagnes fournissaient davantage de matériaux aux fleuves, et cependant leur étendue est encore assez bornée.

Le Mémoire de Dolomieu, sur l'Égypte, tend à prouver que du temps d'Homère la langue de terre sur laquelle Alexandre fit bâtir sa ville n'existait pas encore ; que l'on pouvait naviguer immédiatement de l'île du Phare dans le golfe appelé depuis *lac Maréotis*, et que ce golfe avait alors la longueur indiquée par Ménélas, d'environ quinze à vingt lieues. Il n'aurait donc fallu que les neuf cents ans écoulés entre Homère et Strabon pour mettre les choses dans l'état où ce dernier les décrit, et pour réduire 'ce golfe à la forme d'un lac de six lieues de longueur. Ce qui est plus certain, c'est que depuis' lors les choses ont encore bien changé. Les sables que la mer et le vent ont rejetés ont formé, entre l'île du Phare et l'ancienne ville, une langue de terre de deux cents toises de largeur, sur laquelle la nouvelle ville a été bâtie. Ils ont obstrué la bouche du Nil la plus voisine, et réduit à peu près à rien le lac Maréotis. Pendant ce temps, les alluvions du Nil ont été déposées le long du reste du rivage, et l'ont immensément étendu.

Les anciens n'ignoraient pas ces changements. Hérodote dit que les prêtres d'Égypte regardaient leur pays comme un présent du Nil. Ce n'est, pour ainsi dire, ajoute-t-il, que depuis peu de temps que le Delta a paru. Aristote fait déjà observer qu'Homère parle de Thèbes comme si elle eût été seule en Égypte, et ne fait aucune mention de Memphis. Les bouches canopique et pélusiaque étaient autrefois les principales, et la côte s'étendait en ligne droite de l'une à l'autre ; elle paraît encore ainsi dans les cartes de Ptolémée ; depuis lors l'eau s'est jetée dans les bouches bolbitine et phatnitique ; c'est à leurs issues que se sont formés les plus grands atterrissements, qui ont donné à la côte un contour demi-circulaire. Les villes de Rosette et de Damiette, bâties au bord de la mer sur ces bouches, il y a moins de mille ans, en sont aujourd'hui à deux lieues. Selon Demaillet, il n'aurait fallu que vingt-six ans pour prolonger d'une demi-lieue un cap en avant de Rosette (1).

L'élévation du sol de l'Égypte s'opère en même temps que cette extension de sa surface, et le fond du lit du fleuve s'élève dans la même proportion que les plaines adjacentes, ce qui fait que chaque siècle l'inondation dépasse de beaucoup les marques qu'elle a laissées dans les siècles précédents. Selon Hérodote, un espace de neuf cents ans avait suffi pour établir une différence de niveau de sept à huit coudées (2). A Éléphantine, l'inondation surmonte aujourd'hui de sept pieds les plus grandes hauteurs qu'elle atteignait sous Septime-Sévère, au commencement du troisième siècle. Au Caire, pour qu'elle soit jugée suffisante aux arrosements, elle doit dépasser de trois pieds et demi la hauteur qui était nécessaire au neuvième siècle. Les monuments antiques de cette terre célèbre sont tous plus ou moins enfouis

(1) Des observations fort précises faites sur les bouches du Mississipi et de l'Amazone ont indiqué des atterrissements plus rapides encore.

(2) Dans une note jointe à la plupart de ses éditions, Cuvier exprime le regret que nulle part on n'ait essayé d'examiner quelle épaisseur ont aujourd'hui ces terrains au-dessus du sol primitif. La tentative a été faite par des savants anglais. Ils ont trouvé dans des fouilles opérées au bord du fleuve, près du Caire, des substructions situées à une profondeur de 30 mètres. Plus amateurs de merveilleux que de vraisemblance, ils ont voulu déduire de cette profondeur l'âge de leur découverte, se basant sur ce que le sol égyptien est exhaussé de 2 millimètres à chaque inondation du Nil, et sans tenir compte des tassements opérés, ni des diverses circonstances propres aux localités explorées, ils sont arrivés, d'après leurs calculs, à faire remonter à 15000 ans cette œuvre de l'homme alors que sur cette terre des civilisations antiques on ne peut rien faire remontr au delà de 4000 ans à peine.

par leur base. Le limon amené par le fleuve couvre
même de plusieurs pieds les monticules factices sur lesquels reposent les anciennes villes.

Le delta du Rhône n'est pas moins remarquable par
ses accroissements. Astruc en donne le détail dans son
Histoire naturelle du Languedoc, et, par une comparaison
soignée des descriptions de Méla, de Strabon et de Pline,
avec l'état des lieux au commencement du dix huitième
siècle, il prouve, en s'appuyant de plusieurs écrivains
du moyen âge, que les bras du Rhône se sont allongés
de trois lieues depuis dix-huit cents ans ; que des atterrissements semblables se sont faits à l'ouest du Rhône,
et que nombre d'endroits situés encore il y a six et huit
cents ans au bord de la mer ou des étangs sont aujour-
d'hui à plusieurs milles dans la terre ferme.

Chacun peut apprendre, en Hollande et en Italie, avec
quelle rapidité le Rhin, le Pô, l'Arno, aujourd'hui qu'ils
sont ceints par des digues, élèvent leur fond ; combien
leur embouchure avance dans la mer en formant de
longs promontoires à ses côtés, et juger par ces faits du
peu de siècles que ces fleuves ont employés pour déposer les plaines basses qu'ils traversent maintenant.

Beaucoup de villes qui à des époques bien connues de
l'histoire étaient des ports de mer florissants sont aujourd'hui à quelques lieues dans les terres (1); plusieurs
même ont été ruinées par suite de ce changement de
position. Venise a peine à maintenir les lagunes qui la
séparent du continent, et malgré tous ses efforts elle
sera inévitablement un jour liée à la terre ferme.

(1) Aigues-Mortes, où saint Louis s'embarqua en 1248 pour
l'Égypte, est aujourd'hui à six kilomètres de la mer.

On sait, par le témoignage de Strabon, que, du temps d'Auguste, Ravenne était dans les lagunes comme y est aujourd'hui Venise ; et à présent Ravenne est à une lieue du rivage. Spina avait été fondée au bord de la mer par les Grecs, et dès le temps de Strabon elle en était à quatre-vingt-dix stades : aujourd'hui elle est détruite. Adria en Lombardie, qui avait donné son nom à la mer dont elle était il y a vingt et quelques siècles le port principal, en est maintenant à six lieues. Fortis a même rendu vraisemblable qu'à une époque plus ancienne les monts Euganéens pourraient avoir été des îles.

Mon savant confrère à l'Institut M. de Prony, inspecteur général des ponts et chaussées, m'a communiqué des renseignements bien précieux pour l'explication de ces changements du littoral de l'Adriatique (1). Ayant

(1) Extrait des Recherches de M. de Prony *sur le Système hydraulique de l'Italie.*

Déplacement de la partie du rivage de l'Adriatique occupée par les bouches du Pô.

La partie du rivage de l'Adriatique comprise entre les extrémités méridionales du lac ou des lagunes de *Comacchio* et des lagunes de Venise a subi depuis les temps antiques des changements considérables, attestés par les témoignages des auteurs les plus dignes de foi, et que l'état actuel du sol dans les pays situés près de ce rivage ne permet pas de révoquer en doute ; mais il est impossible de donner sur les progrès successifs de ces changements des détails exacts, et surtout des mesures précises pour des époques antérieures au douzième siècle de notre ère.

On est cependant assuré que la ville de *Hatria*, actuellement *Adria*, était autrefois sur les bords de la mer ; et voilà un point fixe et connu du rivage primitif, dont la plus courte distance au rivage actuel, pris à l'embouchure de l'Adige, est de vingt-cinq mille mètres (*). Les habitants de cette ville ont sur son antiquité des prétentions exagérées en bien des points ; mais on ne peut nier qu'elle ne soit une des plus anciennes de l'Italie : elle a donné son nom à la mer qui baigna ses murs. On a reconnu par

(*) On verra bientôt que la pointe du promontoire d'alluvion formée par le Pô est plus avancée dans la mer de dix mille mètres environ que l'embouchure de l'Adige.

été chargé par le gouvernement d'examiner les remèdes que l'on pourrait appliquer aux dévastations qu'occasionnent les crues du Pô, il a constaté que cette rivière,

quelques fouilles faites dans son intérieur et dans ses environs, l'existence d'une couche de terre parsemée de débris de poteries étrusques, sans mélange d'aucun ouvrage de fabrique romaine ; l'étrusque et le romain se trouvent mêlés dans une couche supérieure, sur laquelle on a découvert les vestiges d'un théâtre ; et l'une et l'autre couches sont fort abaissées au-dessous du sol actuel ; et j'ai vu à Adria des collections curieuses, où les monuments qu'elles renferment sont classés et séparés. Le prince viceroi, à qui je fis observer, il y a quelques années, combien il serait intéressant pour *l'histoire* et la *géologie* de s'occuper en grand du travail des fouilles d'Adria, et de déterminer les hauteurs par rapport à la mer, tant du sol primitif que des couches successives d'alluvions, goûta fort mes idées à cet égard : j'ignore si mes propositions ont eu quelque suite.

En suivant le rivage à partir d'*Hatria*, qui était située dans le fond d'un petit golfe, on trouvait au sud un rameau de l'*Athesis* (l'Adige), et les *Fosses Philistines*, dont la trace répond à celle que pourraient avoir le Mincio et le Tartaro réunis si le Pô coulait encore au sud de Ferrare ; puis venait le *Delta Venetum*, qui paraît avoir occupé la place où se trouve le lac ou la lagune de Comacchio. Ce delta était traversé par sept bouches de l'*Eridanus*, autrement *Vadis*, *Padus* ou *Podincus*, qui avait sur sa rive gauche, au point de dirimation de ces bouches, la ville de *Trigopolis*, dont la position doit être peu éloignée de celle de Ferrare. Sept lacs renfermés dans le delta prenaient le nom de *Septem Maria*, et *Hatria* est quelquefois appelée *Urbs Septem Marium*.

En remontant le rivage du côté du nord, à partir d'*Hatria*, on trouvait l'embouchure principale de l'*Athesis*, appelée aussi *Fossa Philistina*, puis l'*Æstuarium Altini*, mer intérieure, séparée de la grande par une ligne d'îlots, au milieu de laquelle se trouvait un petit archipel d'autres îlots, appelé *Rialtum* ; c'est sur ce petit archipel qu'est maintenant située Venise : l'*Æstuarium Altini* est la lagune de Venise, qui ne communique plus avec la mer que par cinq passes, les îlots ayant été réunis pour former une digue continue.

A l'est des lagunes et au nord de la ville d'*Este* se trouvent les monts *Euganéens*, formant, au milieu d'une vaste plaine d'alluvions, un groupe isolé et remarquable de pitons, dans les environs duquel on place le lieu de le fameuse chute de Phaéton. Quelques auteurs prétendent que des masses énormes de matières enflammées lancées par des explosions volcaniques dans les bouches de l'Éridan ont donné lieu à cette fable. Il est bien vrai qu'on trouve aux environs de Padoue et de Vérone beaucoup de produits que plusieurs croient volcaniques.

depuis l'époque où on l'a enfermée de digues, a tellement élevé son fond, que la surface de ses eaux est
maintenant plus haute que les toits des maisons de Fer-

Les renseignements que j'ai recueillis sur le gisement de l'Adriatique aux bouches du Pô commencent au douzième siècle à avoir
quelque précision : à cette époque toutes les eaux du Pô coulaient
au sud de Ferrare dans le *Pô di Volano* et le *Pô di Primaro*, diri-
mations qui embrassaient l'espace occupé par la *lagune de Comacchio*. Les deux bouches dans lesquelles le Pô a ensuite fait une
irruption au nord de Ferrare se nommaient, l'une, *fiume di Cor-
bola*, ou *di Longola*, ou *del Mazorno* ; l'autre, *fiume Toi*. La première, qui était la plus septentrionale, recevait près de la mer le
Tartaro ou canal *Bianco* ; la seconde était grossie à Ariano par
une dérivation du Pô, appelée *fiume Goro*.
Le rivage de la mer était dirigé sensiblement du sud au nord, à une
distance de dix ou onze mille mètres du méridien d'Adria; ilpassait au
point où se trouve maintenant l'angle occidental de l'enceinte de
la *Mesola* ; et *Loreo*, au nord de la Mesola, n'en était distant que
d'environ deux cents mètres.
Vers le milieu du douzième siècle les grandes eaux du Pô passèrent au travers des digues qui les soutenaient du côté de leur
rive gauche, près de la petite ville de *Ficarolo*, située à dix-neuf
mille mètres au nord-ouest de Ferrare, se répandirent dans la
partie septentrionale du territoire de Ferrare et dans la Polésine
de Rovigo, et coulèrent dans les deux canaux ci-dessus mentionnés de Mazorno et de Toi. Il paraît bien constaté que le travail
des hommes a beaucoup contribué à cette diversion des eaux du
Pô : les historiens qui ont parlé de ce fait remarquable ne diffèrent
entre eux que par quelques détails. La tendance du fleuve à suivre
les nouvelles routes qu'on lui avait tracées devenant de jour en
jour plus énergique, ses deux branches du *Volano* et du *Primaro*
s'appauvrirent rapidement, et furent, en moins d'un siècle réduites
à peu près à l'état où elles sont aujourd'hui. Le régime du fleuve
s'établissait entre l'embouchure de l'Adige et le point appelé aujourd'hui *Porto di Goro* ; les deux canaux dont il s'était d'abord
emparé étant devenus insuffisants, il s'en creusa de nouveaux ; et
au commencement du dix-septième siècle sa bouche principale,
appelée *Bocco di Tramontana*, se trouvant très rapprochée de l'embouchure de l'Adige, voisinage alarma les Vénitiens qui creusèrent
en 1604, le nouveau lit appelé *Taglio di Porto Viro*, ou *Pô delle
Fornaci*, au moyen duquel la *Bocca Maestra* se trouva écartée de
l'Adige du côté du midi.
Pendant les quatre siècles écoulés depuis la fin du douzième
siècle jusqu'à la fin du seizième, les alluvions du Pô ont gagné sur
la mer une étendue considérable. La bouche du nord, celle qui
s'était emparée du canal de Mazorno, et formait le *Ramo di Tramon-*

rare ; en même temps ses atterrisements ont avancé dans la mer avec tant de rapidité, qu'en comparant d'anciennes cartes avec l'état actuel, on voit que le rivage a gagné plus de six mille toises depuis 1604, ce qui fait

tana, était, en 1600, éloignée de vingt mille mètres du méridien d'Adria ; et la bouche du sud, celle qui avait envahi le canal Toi, était à la même époque à dix-sept mille mètres de ce méridien ; ainsi le rivage se trouvait reculé de neuf ou dix mille mètres au nord, et de six ou sept mille mètres au midi. Entre les deux bouches dont je viens de parler se trouvait une anse ou partie du rivage moins avancée, qu'on appelait *Sacca di Goro*.

Les grands travaux d'endiguement du fleuve et une partie considérable des défrichements des revers méridionaux des Alpes, ont eu lieu dans cet intervalle du treizième au dix-septième siècle.

Le Taglio di Porto Viro détermina la marche des alluvions dans l'axe du vaste promontoire que forment actuellement les bouches du Pô. A mesure que les issues à la mer s'éloignaient, la quantité annuelle de dépôts s'accroissait dans une proportion effrayante, tant par la diminution de la pente des eaux (suite nécessaire de l'allongement du lit), que par l'emprisonnement de ces eaux entre des digues, et par la facilité que les défrichements donnaient aux torrents affluents pour entraîner dans la plaine le sol des montagnes. Bientôt l'anse de Sacca di Goro fut comblée, et les deux promontoires formés par les deux premières bouches se réunirent en un seul, dont la pointe actuelle se trouve à trente-deux ou trente-trois mille mètres du méridien d'Adria ; en sorte que pendant deux siècles les bouches du Pô ont gagné environ quatorze mille mètres sur la mer.

Il résulte des faits dont je viens de donner un exposé rapide :

1º Qu'à des époques antiques, dont la date précise ne peut pas être assignée, la mer Adriatique baignait les murs d'Adria.

2º Qu'au douzième siècle, avant qu'on eût ouvert à Ficarolo une route aux eaux du Pô sur leur rive gauche, le rivage de la mer s'était éloigné d'Adria de neuf à dix mille mètres.

3º Que les pointes des promontoires formés par les deux principales bouches du Pô se trouvaient, en l'an 1600, avant le Taglio di Porto Viro, à une distance moyenne de dix-huit mille cinq cents mètres d'Adria, ce qui depuis l'an 1200 donne une marche d'alluvions de vingt-cinq mètres par an.

4º Que la pointe du promontoire unique formé par les bouches actuelles est éloignée d'environ trente-deux ou trente-trois mille mètres du méridien d'Adria : d'où on conclut une marche moyenne des alluvions d'environ soixante-dix mètres par an pendant ces deux derniers siècles, marche qui, rapportée à des époques plus éloignées, se trouverait être beaucoup plus rapide.

DE PRONY.

cent cinquante ou cent quatre-vingts pieds et en quelques endroits deux cents pieds par an. L'Adige et le Pô sont aujourd'hui plus élevés que tout le terrain qui leur est intermédiaire ; et ce n'est qu'en leur ouvrant de nouveaux lits dans les parties basses qu'ils ont déposées autrefois que l'on pourra prévenir les désastres dont ils les menacent maintenant.

Les mêmes causes ont produit les mêmes effets le long des branches du Rhin et de la Meuse, et c'est ainsi que les cantons les plus riches de la Hollande ont continuellement le spectacle effrayant de fleuves suspendus à vingt et trente pieds au-dessus de leur sol.

M. Wiebeking, directeur des ponts et chaussées du royaume de Bavière, a écrit un mémoire sur cette marche des choses, si importante à bien connaître pour les peuples et pour les gouvernements, où il montre que cette propriété d'élever leur fond appartient plus ou moins à tous les fleuves.

Les atterrissements le long des côtes de la mer du Nord n'ont pas une marche moins rapide qu'en Italie. On peut les suivre aisément en Frise et dans le pays de Groningue, où l'on connaît l'époque des premières digues construites par le gouverneur espagnol Gaspar Roblès, en 1570. Cent ans après l'on avait déjà gagné en quelques endroits trois quarts de lieue de terrain en dehors de ces digues; et la ville même de Groningue, bâtie en partie sur l'ancien sol, sur un calcaire qui n'appartient point à la mer actuelle, et où l'on trouve les mêmes coquilles que dans notre calcaire grossier des environs de Paris, la ville de Groningue n'est qu'à six lieues de la mer. Ayant été sur les lieux, je puis confirmer, par mon propre témoignage, des faits d'ailleurs très connus, et dont M. Deluc a déjà fort bien exposé la plus grande partie (1). On pourrait observer le même phénomène, et avec la même précision, tout le long des côtes de l'Ost-Frise, du pays de Brême et du Holstein, parce que l'on connaît les époques où les nouveaux terrains furent enceints pour la première fois, et que l'on peut y mesurer ce que l'on a gagné depuis.

Cette lisière, d'une admirable fertilité, formée par les fleuves et par la mer, est pour ces pays un don d'autant plus précieux, que l'ancien sol, couvert de bruyères et de tourbières, se refuse presque partout à la culture ; les alluvions seules fournissent à la subsistance des villes peuplées construites tout le long de cette côte depuis le moyen âge, et qui ne seraient peut-être pas arrivées à ce degré de splendeur sans les riches terrains que les fleuves leur avaient préparés, et qu'ils augmentent continuellement.

Si la grandeur qu'Hérodote attribue à la mer d'Azof, qu'il fait presque égale à l'Euxin, était exprimée en termes moins vagues et si l'on savait bien ce qu'il a entendu par le Gerrhus (2), nous y trouverions encore de fortes preuves des changements produits par les fleuves et de leur rapidité ; car les alluvions des rivières auraient pu seules (3) depuis cette époque, c'est-à-dire depuis

(1) Dans différents endroits des deux derniers volumes de ses *Lettres à la reine d'Angleterre.*

(2) Se jetait, suivant Ptolémée, dans la mer d'Azof entre les villes de Cremi et d'Acra.

(3) On a aussi voulu attribuer cette diminution supposée de la mer Noire et de la mer d'Azof à la rupture du Bosphore qui serait arrivée à l'époque prétendue du déluge de Deucalion ; et cependant, pour établir le fait lui-même, on s'appuie des diminutions successives de l'étendue attribuée à ces mers dans Hérodote, dans Strabon, etc. Mais il est trop évident que si cette diminution était

deux mille deux ou trois cents ans, réduire la mer
d'Azof comme elle l'est, fermer le cours de ce Gerrhus,
ou de cette branche du Dniéper qui se serait jetée dans
l'Hypacyris (1) et avec lui dans le golfe Carcinites ou
d'Olu-Degnitz (2), et réduire à peu près à rien l'Hypacyris lui-même (3). On en aurait de non moins fortes
s'il était bien certain que l'Oxus ou Sihoun, qui se jette
maintenant dans le lac d'Aral, tombait autrefois dans
la mer Caspienne ; mais nous avons près de nous des faits
assez démonstratifs pour n'en point alléguer d'équivo-
ques et ne pas nous exposer à faire de l'ignorance des
anciens en géographie la base de nos propositions physiques.

Marches des dunes.

Nous avons parlé ci-dessus des dunes ou de ces monticules de sable que la mer rejette sur les côtes basses
quand son fond est sablonneux. Partout où l'industrie
de l'homme n'a pas su les fixer, ces dunes avancent
dans les terres aussi irrésistiblement que les alluvions
des fleuves avancent dans la mer ; elles poussent devant
elles des étangs formés par les eaux pluviales du terrain qu'elles bordent, et dont elles empêchent la communication avec la mer, et leur marche a dans beaucoup

---

venue de la rupture du Bosphore, elle aurait dû être complète
longtemps avant Hérodote et dès l'époque même où l'on place
Deucalion. (*Cuvier*).
(1) Fleuve voisin du Borysthène.
(2) Ancien nom de la baie de Kerkinit dans la mer Noire.
(3) Il n'y a aujourd'hui que la très petite rivière de Kamennoi-
post qui puisse représenter le Gerrhus et l'Hypacyris tels qu'ils
sont décrits par Hérodote.

d'endroits une rapidité effrayante : forêts, bâtiments, champs cultivés, elles envahissent tout.

Celles du golfe de Gascogne (1) ont déjà couvert un grand nombre de villages mentionnés dans des titres du moyen âge ; et en ce moment dans le seul département des Landes elles en menacent dix d'une destruction inévitable. L'un de ces villages, celui de Mimisan, lutte depuis vingt ans contre elles, et une dune de plus de soixante pieds d'élévation s'en approche, pour ainsi dire, à vue d'œil. En 1802, les étangs ont envahi cinq belles métairies dans celui de Saint-Julien ; ils ont couvert depuis longtemps une ancienne chaussée romaine qui conduisait de Bordeaux à Bayonne, et que l'on voyait encore il y a quarante ans quand les eaux étaient basses. L'Adour, qui, à des époques connues, passait au vieux Boucaut et se jetait dans la mer au cap Breton, est maintenant détourné de plus de mille toises.

Feu M. Brémontier, inspecteur des ponts-et-chaussées, qui a fait de grands travaux sur les dunes, estimait leur marche à soixante pieds par an, et dans certains points à soixante-douze. Il ne leur faudrait, selon ses calculs, que deux mille ans pour arriver à Bordeaux ; et, d'après leur étendue actuelle, il doit y en avoir un peu plus de quatre mille qu'elles ont commencé à se former.

Le recouvrement des terrains cultivables de l'Égypte par les sables stériles de la Libye qu'y jette le vent

_____

(1) D'immenses travaux ont changé la face des choses. La marche des dunes est enrayée par deux procédés principaux : la construction de digues en planches pour circonscrire l'élévation de la crête et la fixation du sol mouvant par la culture de diverses graminées aux racines nombreuses et traçantes. Une fois le terrain fixé, on le rend productif par des plantations de pins maritimes qui ont, après 40 ans, complètement transformé ce pays jadis abandonné.

d'ouest est un phénomène du même genre que les dunes. Ces sables ont envahi un nombre de villes et de villages dont les ruines paraissent encore, et cela depuis la conquête du pays par les Mahométans, puisqu'on voit percer au travers du sable les sommités des minarets de quelques mosquées : avec une marche si rapide, ils auraient sans doute rempli les parties étroites de là vallée ; s'il y avait tant de siècles qu'ils eussent commencé à y être jetés, il ne resterait plus rien entre la chaîne libyque et le Nil. C'est encore là un chronomètre dont il serait aussi facile qu'intéressant d'obtenir la mesure.

Tourbières et éboulements.

Les tourbières produites si généralement dans le nord de l'Europe, par l'accumulation des débris de sphagnum et d'autres mousses aquatiques, donnent aussi une mesure du temps ; elles s'élèvent dans des proportions déterminées pour chaque lieu ; elles enveloppent ainsi les petites buttes des terrains sur lesquels elles se forment; plusieurs de ces buttes ont été enterrées de mémoire d'homme. En d'autres endroits la tourbière descend le long des vallons, elle avance comme les glaciers ; mais les glaciers se fondent par leur bord inférieur, et la tourbière n'est arrêtée par rien : en la sondant jusqu'au terrain solide on juge de son ancienneté, et l'on trouve pour les tourbières, comme pour les dunes, qu'elles ne peuvent remonter à une époque indéfiniment reculée (1). Il en est de même pour les éboulements qui se font avec

---

(1) L'abondance des débris humains et d'animaux trouvés dans les tourbières, leur état de conservation extraordinaire, ont été des indices précieux pour la reconstitution de l'histoire de l'homme septentrional depuis la plus haute antiquité jusqu'à nos jours.

une rapidité prodigieuse au pied de tous les escarpements, et qui sont encore bien loin de les avoir couverts ; mais comme l'on n'a pas encore appliqué de mesures précises à ces deux sortes de causes, nous n'y insisterons pas davantage.

Toujours voyons-nous que partout la nature nous tient le même langage ; partout elle nous dit que l'ordre actuel des choses ne remonte pas très haut ; et ce qui est bien remarquable, partout l'homme nous parle comme la nature, soit que nous consultions les vraies traditions des peuples, soit que nous examinions leur état moral et politique et le développement intellectuel qu'ils avaient atteint au moment où commencent leurs monuments authentiques.

L'histoire des peuples confirme la nouveauté des continents.

En effet, bien qu'au premier coup d'œil les traditions de quelques anciens peuples, qui reculaient leur origine de tant de milliers de siècles, semblent contredire fortement cette nouveauté du monde actuel, lorsqu'on examine de plus près ces traditions, on n'est pas longtemps à s'apercevoir qu'elles n'ont rien d'historique : on est bientôt convaincu, au contraire, que la véritable histoire, et tout ce qu'elle nous a conservé de documents positifs sur les premiers établissements des nations, confirme ce que les monuments naturels avaient annoncé.

La chronologie d'aucun de nos peuples d'Occident ne remonte, par un fil continu, à plus de trois mille ans. Aucun d'eux ne peut nous offrir avant cette époque, ni même deux ou trois siècles depuis, une suite de faits liés ensemble avec quelque vraisemblance. Le nord de l'Europe n'a d'histoire que depuis sa conversion au christianisme. L'histoire de l'Espagne, de la Gaule, de l'Angleterre, ne date que des conquêtes des Romains; celle de l'Italie septentrionale avant la fondation de Rome est aujourd'hui à peu près inconnue. Les Grecs avouent ne posséder l'art d'écrire que depuis que les Phéniciens le leur ont enseigné, il y a trente-trois ou trente-quatre siècles; longtemps encore depuis, leur histoire est pleine de fables, et ils ne font pas remonter à trois cents ans plus haut les premiers vestiges de leur réunion en corps de peuples. Nous n'avons de l'histoire de l'Asie occidentale que quelques extraits contradictoires, qui ne vont avec un peu de suite qu'à vingt-cinq siècles (1), et en admettant ce qu'on en rapporte de plus ancien avec quelques détails historiques, on s'élèverait à peine à quarante (2).

Le premier historien profane dont il nous reste des ouvrages, Hérodote, n'a pas deux mille trois cents ans d'ancienneté (3). Les historiens antérieurs qu'il a pu consulter ne datent pas d'un siècle avant lui (4). On peut même juger de ce qu'ils étaient par les extravagances qui nous restent, extraites d'Aristée de Proconèse et de quelques autres.

Avant eux on n'avait que des poètes, et Homère, le plus ancien que l'on possède, Homère, le maître et le modèle éternel de tout l'Occident, n'a précédé notre âge que de deux mille sept cents ou deux mille huit cents ans.

(1) A Cyrus, environ six cent cinquante ans avant Jésus-Christ.
(2) A Ninus, environ deux mille trois cent quarante-huit ans avant Jésus-Christ, selon Ctésias et ceux qui l'ont suivi; mais seulement mille deux cent cinquante, selon Volney, d'après Hérodote.
(3) Hérodote vivait quatre cent quarante ans avant Jésus-Christ.
(4) Cadmus, Phérécyde, Aristée de Proconèse, Acusilaüs, Hécatée de Milet, Charon de Lampsaque.

Quand ces premiers historiens parlent des anciens événements, soit de leur nation, soit des nations voisines, ils ne citent que des traditions orales et non des ouvrages publics. Ce n'est que longtemps après eux que l'on a donné de prétendus extraits des annales égyptiennes, phéniciennes et babyloniennes. Béros n'écrivit que sous le règne de Séleucus Nicator, Hiéronyme que sous celui d'Antiochus Soter, et Manéthon que sous le règne de Ptolémée Philadelphe. Ils sont tous les trois seulement du troisième siècle avant Jésus-Christ.

Que Sanchoniaton soit un auteur véritable ou supposé, on ne le connaissait point avant que Philon de Byblos en eût publié une traduction, sous Adrien, dans le second siècle après Jésus-Christ ; et quand on l'aurait connu, l'on n'y aurait trouvé pour les premiers temps, comme dans tous les auteurs de cette espèce, qu'une théogonie puérile, ou une métaphysique tellement déguisée sous des allégories, qu'elle en est méconnaissable.

Un seul peuple nous a conservé des annales écrites en prose avant l'époque de Cyrus ; c'est le peuple juif.

La partie de l'Ancien Testament que l'on nomme le *Pentateuque* existe sous sa forme actuelle au moins depuis le schisme de Jéroboam, puisque les Samaritains la reçoivent comme les Juifs, c'est-à-dire qu'elle a maintenant à coup sûr plus de deux mille huit cents ans.

Il n'y a nulle raison pour ne pas attribuer la rédaction de la *Genèse*, à Moise lui-même, ce qui la ferait remonter à cinq cents ans plus haut, à trente-trois siècles et il suffit de la lire pour s'apercevoir qu'elle a été com-

posée en partie avec des morceaux d'ouvrages antérieurs :
on ne peut donc aucunement douter que ce ne soit l'é-
crit le plus ancien dont notre Occident soit en possession.

. Or, cet ouvrage et tous ceux qui ont été faits depuis,
quelque étrangers que leurs auteurs fussent à Moise
et à son peuple, nous présentent les nations des bords
de la Méditerranée comme nouvelles ; ils nous les montrent encore demi-sauvages quelques siècles auparavant ;
bien plus, ils nous parlent tous d'une catastrophe générale, d'une irruption des eaux, qui occasionna une ré-
génération presque totale du genre humain, et ils n'en
font pas remonter l'époque à un intervalle bien éloigné.

Les textes du *Pentateuque* qui allongent le plus cet
intervalle ne le placent pas à plus de vingt siècles avant
Moïse, ni par conséquent à plus de cinq mille quatre
cents ans avant nous (1).

Les traditions poétiques des Grecs, sources de toute
notre histoire profane pour ces époques reculées, n'ont
rien qui contredise les annales des Juifs ; au contraire,
elles s'accordent admirablement avec elles, par l'époque qu'elles assignent aux colons égyptiens et phéniciens qui donnèrent à la Grèce les premiers germes de
civilisation ; on y voit que vers le même siècle où la
peuplade israélite sortit d'Egypte pour porter en Palestine le dogme sublime de l'unité de Dieu, d'autres colons sortirent du même pays pour porter en Grèce une

(1) Les Septante à cinq mille trois cent quarante-cinq ; le texte
samaritain à quatre mille huit cent soixante-neuf ; le texte hébreu
à quatre mille cent soixante-quatorze. (*Cuvier.*)

religion plus grossière, au moins à l'extérieur, quelles que fussent d'ailleurs les doctrines secrètes qu'elle réservait à ses initiés ; tandis que d'autres encore venaient de Phénicie, et enseignaient aux Grecs l'art d'écrire et tout ce qui a rapport à la navigation et au commerce(1).

Il s'en faut sans doute beaucoup que l'on ait eu depuis lors une histoire suivie, puisque l'on place encore longtemps après ces fondateurs de colonies une foule d'événements mythologiques et d'aventures où des dieux et des héros interviennent, et qu'on ne lie ces chefs à l'histoire véritable que par des généalogies évidemment factices (2); mais ce qui est bien plus certain encore, c'est que tout ce qui avait précédé leur arrivée ne pouvait s'être conservé que dans des souvenirs très confus, et n'aurait pu être suppléé que par de pures inventions, pareilles à celles de nos moines du moyen âge sur les origines des peuples de l'Europe.

Ainsi, non seulement on ne doit par s'étonner qu'il y

(1) On sait que les chronologistes varient de plusieurs années sur chacun de ces événements; mais ces migrations n'en forment pas moins toutes ensemble le caractère spécial et bien remarquable du quinzième et du seizième siècle avant Jésus-Christ.

Ainsi, en suivant seulement les calculs d'Usserius, Cécrops serait venu d'Égypte à Athènes vers 1556 avant Jésus-Christ, Deucalion se serait établi sur le Parnasse vers 1548; Cadmus serait arrivé de Phénicie à Thèbes vers 1493; Danaüs serait venu à Argos vers 1485; Dardanus se serait établi sur l'Hellespont vers 1449.

Tous ces chefs de nation auraient été à peu près contemporains de Moïse, dont l'émigration est de 1494. (*Cuvier.*)

(2) Tout le monde connaît les généalogies d'Apollodore, et le parti que feu Clavier a cherché à en tirer pour rétablir une sorte d'histoire primitive de la Grèce; mais lorsqu'on a lu les généalogies des Arabes, celles des Tartares, et toutes celles que nos vieux moines chroniqueurs avaient imaginées pour les différents souverains de l'Europe et même pour des particuliers, on comprend très bien que des écrivains grecs ont dû faire pour les premiers temps de leur nation ce qu'on a fait pour toutes les autres à des époques où la critique n'éclairait pas l'histoire. (*Cuvier.*)

ait eu dans l'antiquité même beaucoup de doutes et de contraditions sur les époques de Cécrops, de Deucalion, de Cadmus et de Danaüs; non seulement il serait puéril d'attacher la moindre importance à une opinion quelconque sur les dates précises d'Inachus (1) ou d'Ogygès (2); mais si quelque chose peut surprendre, c'est que ces personnages n'aient pas été placés infiniment plus haut. Il est impossible qu'il n'y ait pas eu là quelque effet de l'ascendant des traditions reçues, auquel les inventeurs de fables n'ont pu se soustraire. Une des dates assignées au déluge d'Ogygès s'accorde même tellement avec l'une de celles qui ont été attribuées au déluge de Noé, qu'il est presque impossible qu'elle n'ait pas été prise dans quelque source où c'était de ce dernier déluge qu'on entendait parler (3).

Quant à Deucalion, soit que l'on regarde ce prince comme un personnage réel ou fictif, pour peu que l'on suive la manière dont son déluge a été introduit dans les poèmes des Grecs, et les divers détails dont il s'est trouvé successivement enrichi, il devient sensible que ce n'était qu'une tradition du grand cataclysme, altérée et placée

---

(1) Mille huit cent cinquante-six ou mille huit cent vingt trois avant Jésus-Christ, ou d'autres dates encore; mais toujours environ trois cent cinquante ans avant les principaux colons phéniciens ou égyptiens.

(2) La date vulgaire d'Ogygès, d'après Acusilaüs, suivi par Eusèbe, est de mille sept cent quatre-vingt-seize ans avant Jésus-Christ, par conséquent plusieurs années avant Inachus. (*Cuvier.*)

(3) Varron plaçait le déluge d'Ogygès, qu'il appelle le *premier déluge*, à quatre cents ans avant Inachus (*a priore cataclismo, quem Ogygium dicunt, ad Inachi regnum*), et par conséquent à mille six cents ans avant la première olympiade, ce qui le porterait à deux mille trois cent soixante-seize ans avant Jésus-Christ; et le déluge de Noé, selon le texte hébreu, est de deux mille trois cent quarante-neuf : ce n'est que vingt-sept ans de différence. (*Cuvier.*)

par les Hellènes, à l'époque où ils plaçaient aussi Deucalion, parce que Deucalion était regardé comme l'auteur de la nation des Hellènes, et que l'on confondait son histoire avec celle de tous les chefs des nations renouvelées (1).

(1) Homère ni Hésiode n'ont rien su du déluge de Deucalion, non plus que de celui d'Ogygès.

Le plus ancien auteur subsistant où l'on trouve la mention du premier est Pindare. Il fait aborder Deucalion sur le Parnasse, s'établir dans la ville de Protogénie (première naissance), et y recréer son peuple avec des pierres ; en un mot, il rapporte déjà, mais en l'appliquant à une nation seulement, la fable généralisée depuis par Ovide à tout le genre humain.

Les premiers historiens postérieurs à Pindare (Hérodote, Thucydide et Xénophon), ne font mention d'aucun déluge, ni du temps d'Ogygès, ni du temps de Deucalion, bien qu'ils parlent de celui-ci comme de l'un des premiers rois des Hellènes.

Platon, dans le *Timée*, ne dit que quelques mots du déluge, ainsi que de Deucalion et de Pyrrha, pour commencer le récit de la grande catastrophe qui, selon les prêtres de Saïs, détruisit l'Atlantide ; mais dans ce peu de mots il parle du déluge au singulier, comme si c'était le seul : il dit même expressément plus loin que les Grecs n'en connaissaient qu'un. Il place le nom de Deucalion immédiatement après celui de Phoronée, le premier des hommes, sans faire mention d'Ogygès : ainsi pour lui c'est encore un événement général, un vrai déluge universel, et le seul qui soit arrivé. Il le regardait comme identique avec celui d'Ogygès.

Aristote semble le premier n'avoir considéré ce déluge que comme une inondation locale, qu'il place près de Dodone et du fleuve Achéloüs, mais près de l'Achéloüs et de la Dodone de Thessalie.

Dans Apollodore le déluge de Deucalion reprend toute sa grandeur et son caractère mythologique : il arrive à l'époque du passage de l'âge d'airain à l'âge de fer. Deucalion est le fils du Titan Prométhée, du fabricateur de l'homme; il crée de nouveau le genre humain avec des pierres; et cependant Atlas, son oncle, Phoronée, qui vivait avant lui, et plusieurs autres personnages antérieurs conservent de longues postérités.

A mesure que l'on avance vers des auteurs plus récents, il s'y ajoute des circonstances de détails qui ressemblent davantage à celles que rapporte Moïse.

Ainsi Apollodore donne à Deucalion un *coffre pour moyen de salut*; Plutarque parle des colombes par lesquelles on cherchait à savoir si les eaux s'étaient retirées, et Lucien des animaux de toute espèce qu'il avait embarqués avec lui, etc.

C'est que chaque peuplade de Grèce qui avait conservé des traditions isolées les commençait par son déluge particulier, parce que chacune d'elles avait conservé quelque souvenir du déluge universel qui était commun à tous les peuples; et lorsque dans la suite on voulut assujettir ces diverses traditions à une chronologie commune, on crut voir des événements différents, parce que des dates toutes incertaines, peut-être toutes fausses, mais regardées chacune dans son pays comme authentique, ne se rapportaient pas entre elles. Ainsi de la même manière que les Hellènes avaient un déluge de Deucalion, parce qu'ils regardaient Deucalion comme leur premier auteur, les autochthones de l'Attique en avaient un d'Ogygès, parce que c'était par Ogygès qu'ils commençaient leur histoire. Les Pélages d'Arcadie avaient celui qui, selon des auteurs postérieurs, contraignit Dardanus à se rendre vers l'Hellespont. L'île de Samothrace, l'une de celles où il s'était le plus anciennement formé une succession de prêtres, un culte régu-

---

Quant à la combinaison de traditions et d'hypothèses de laquelle on a récemment cherché à conclure que la rupture du Bosphore de Thrace a été la cause du déluge de Deucalion, et même de l'ouverture des colonnes d'Hercule, en faisant décharger dans l'Archipel les eaux du Pont-Euxin, auparavant beaucoup plus élevées et plus étendues qu'elles ne l'ont été depuis cet événement, il n'est plus nécessaire de s'en occuper en détail depuis qu'il a été constaté, par les observations de M. Olivier, que si la mer Noire eût été aussi haute qu'on le suppose, elle aurait trouvé plusieurs écoulements par des cols et des plaines moins élevées que les bords actuels du Bosphore; et par celles de M. le comte Andréossy, que, fût-elle tombée un jour subitement en cascade par ce nouveau passage, la petite quantité d'eau qui aurait pu s'écouler à la fois par une ouverture si étroite non seulement se serait répandue sur l'immense étendue de la Méditerranée sans y occasionner une marée de quelques toises, mais que la simple inclinaison naturelle nécessaire à l'écoulement des eaux aurait réduit à rien leur excédant de hauteur sur les bords de l'Attique. (*Cuvier.*)

lier et des traditions suivies, avait aussi un déluge, qui passait pour le plus ancien de tous, et que l'on y attribuait à la rupture du Bosphore et de l'Hellespont. On gardait quelque idée d'un événement semblable en Asie Mineure et en Syrie, et par la suite les Grecs y attachèrent le nom de Deucalion.

Mais aucune de ces traditions ne plaçait très haut ce cataclysme ; aucune d'elles ne refuse à s'expliquer, quant à sa date et à ses autres circonstances, par les variations que subissent toujours les récits qui ne sont point fixés par l'Écriture.

L'antiquité excessive attribuée à certains peuples n'a rien d'historique.

Les hommes qui veulent attribuer aux continents et à l'établissement des nations une antiquité très reculée sont donc obligés de s'adresser aux Indiens, aux Chaldéens et aux Égyptiens, trois peuples en effet qui paraissent les plus anciennement civilisés de la race caucasique ; mais trois peuples extraordinairement semblables entre eux, non seulement par le tempérament, par le climat et par la nature du sol qu'ils habitaient, mais encore par la constitution politique et religieuse qu'ils s'étaient donnée, et dont cette constitution même doit rendre le témoignage également suspect.

Chez tous les trois une caste héréditaire était exclusivement chargée du dépôt de la religion, des lois et des sciences ; chez tous les trois cette caste avait son langage allégorique et sa doctrine secrète ; chez tous les trois elle se réservait le privilège de lire et d'expliquer les livres sacrés dans lesquels toutes les connaissances avaient été révélées par les dieux eux-mêmes.

On comprend ce que l'histoire pouvait devenir en de pareilles mains ; mais, sans se livrer à de grands efforts de raisonnement, on peut le savoir par les faits, en examinant ce qu'elle est devenue parmi celle de ces trois nations qui subsiste encore : parmi les Indiens.

La vérité est qu'elle n'y existe point du tout. Au milieu de cette infinité de livres de théologie mystique ou de métaphysique abstruse que les brahmes possèdent et que l'ingénieuse persévérance des Anglais est parvenue à connaître, il n'existe rien qui puisse nous instruire avec ordre sur l'origine de leur nation et sur les vicissitudes de leur société : ils prétendent même que leur religion leur défend de conserver la mémoire de ce qui se passe dans l'âge actuel, dans l'âge du malheur.

Après les *Védas*, premiers ouvrages révélés et fondements de toute la croyance des Indous, la littérature de ce peuple, comme celle des Grecs, commence par deux grandes épopées ; le *Ramaïan* et le *Mahâbarat*, mille fois plus monstrueuses dans leur merveilleux que l'*Iliade* et l'*Odyssée*, bien que l'on y reconnaisse aussi des traces d'une doctrine métaphysique du genre de celles que l'on est convenu d'appeler sublimes. Les autres poèmes, qui font avec les deux premiers le grand corps des *Pouranas*, ne sont que des légendes ou des romans versifiés, écrits dans des temps et par des auteurs différents, et non moins extravagants dans leurs fictions que les grands poèmes. On a cru reconnaître dans quelques-uns de ces écrits des faits ou des noms d'hommes un peu semblables à ceux dont les Grecs et les Latins ont parlé : et c'est principalement d'après ces ressemblances de noms que M. Wilfort a essayé d'extraire de ces *Pouranas* une espèce de concordance avec notre ancienne chronologie d'Occident, concordance qui décèle à chaque ligne la nature hypothétique de ses bases, et qui, de plus, ne peut être admise qu'en comptant absolument pour rien les dates données par les *Pouranas* eux-mêmes.

Les listes de rois que des pandits ou docteurs indiens ont prétendu avoir compilées d'après ces *Pouranas* ne sont que de simples catalogues sans détails, ou ornés de détails absurdes, comme en avaient les Chaldéens et les Égyptiens ; comme Trithème et Saxon le Grammairien en ont donné pour les peuples du Nord. Ces listes sont fort loin de s'accorder ; aucune d'elles ne suppose ni une histoire, ni des registres, ni des titres ; le fond même a pu en être imaginé par les poètes dont les ouvrages en ont été la source. L'un des pandits qui en ont fourni à M. Wilfort est convenu qu'il remplissait arbitrairement avec des noms imaginaires les espaces entre les rois célèbres, et il avouait que ses prédécesseurs en avaient fait autant. Si cela est vrai des listes qu'obtiennent aujourd'hui les Anglais, comment ne le serait-il pas de celles qu'Abou-Fazel a données comme extraites des annales de Cachemire, et qui d'ailleurs, toutes pleines de fables qu'elles sont, ne remontent qu'à quatre mille trois cents ans, sur lesquels plus de mille deux cents sont remplis de noms de princes dont les règnes demeurent indéterminés, quant à leur durée.

L'ère même d'après laquelle les Indiens comptent aujourd'hui leurs années, qui commence cinquante-sept ans avant Jésus-Christ, et qui porte le nom d'un prince appelé *Vicramaditjia* ou *Bickermadjit*, ne le porte que par une sorte de convention ; car on trouve, d'après les synchronismes attribués à Vicramaditjia, qu'il y aurait eu au moins trois, et peut-être jusqu'à huit ou neuf princes de ce nom, qui tous ont des légendes semblables, qui tous ont eu des guerres avec un prince nommé *Siliwahanna*; et, qui plus est, on ne sait pas bien si cette année cinquante sept avant Jésus-Christ est celle de la naissance, du règne ou de la mort du Vicramaditjia, dont elle porte le nom.

Enfin, les livres les plus authentiques des Indiens démentent, par des caractères intrinsèques et très-reconnaissables, l'antiquité que ces peuples leur attribuent. Leurs *Védas*, ou livres sacrés, révélés selon eux par Brahma lui-même dès l'origine du monde, et rédigés par Viasa (nom qui ne signifie autre chose que collecteur) au commencement de l'âge actuel, si l'on en juge par le calendrier qui s'y trouve annexé et auquel ils se rapportent, ainsi que par la position des colures que ce calendrier indique, peuvent remonter à trois mille deux cents ans, ce qui serait à peu près à l'époque de Moïse. Peut-être même ceux qui ajouteront foi à l'assertion de Mégasthène (1), que de son temps les Indiens ne savaient pas écrire; ceux qui réfléchiront qu'aucun des anciens n'a fait mention de ces temples superbes, de ces immenses pagodes, monuments si remarquables de la religion des Brahmes; ceux qui sauront que les époques de leurs tables astronomiques ont été calculées, et que leurs traités d'astronomie sont modernes et antidatés, seront-ils portés à diminuer encore beaucoup cette antiquité prétendue des *Védas*.

(1) Historien grec vivant sous Séleucus Nicanor environ 300 ans avant Jésus-Christ.

Cependant, au milieu de toutes les fables brahmini-
ques, il échappe des traits dont la concordance avec ce
qui résulte des monuments historiques plus occidentaux
est faite pour étonner.

Ainsi leur mythologie consacre les destructions successives que la surface du globe a essuyées et doit
essuyer à l'avenir ; et ce n'est qu'à un peu moins de
cinq mille ans qu'ils font remonter la dernière (1). L'une
de ces révolutions, que l'on place à la vérité infiniment
plus loin de nous, est décrite dans des termes presque
correspondants à ceux de Moise (2).

M. Wilfort assure même que dans un autre événement de cette mythologie figure un personnage qui ressemble à Deucalion, par l'origine, par le nom et les
aventures, et jusque par le nom et les aventures de son
père (3).

(1) Celle qui a donné naissance à l'âge présent ou *cali yug* (l'âge
de terre) : elle remonte à quatre mille neuf cent vingt-sept ans
(trois mille cent deux avant Jésus-Christ). Ce n'est que cinquante-
neuf ans plus haut que le déluge de Noé, selon le texte samaritain.
(*Cuvier*).

(2) Le personnage de Satyavrata y joue le même rôle que Noé :
il s'y sauve avec sept couples de saints.

(3) Cala-Javana, ou dans le langage familier Cal-Yun, à qui ses
partisans peuvent avoir donné l'épithète de *deva, dev* (dieu). ayant
attaqué Crishna (l'Apollon des Indiens) à la tête des peuples sep-
tentrionaux (des Scythes, tels qu'était Deucalion selon Lucien),
fut repoussé par le feu et par l'eau. Son père, Garga, avait pour
l'un de ses surnoms *Pramathésa* (Prométhée) ; et selon une autre
légende il est dévoré par l'aigle Garuda. Ces détails ont été extraits
par M. Wilfort du drame sanscrit intitulé *Hari-Vansa*. M Charles
Ritter, dans son *Vestibule de l'histoire européenne avant Hérodote,*
en conclut que toute la fable de Deucalion était d'origine étrangère
et avait été apportée en Grèce avec les autres légendes de cette
partie du culte grec qui était venue par le Nord, et qui avait précédé les colons égyptiens et phéniciens. Mais s'il est vrai que
les constellations de la sphère indienne ont aussi des noms de
personnages grecs ; qu'on y voit Andromède sous le nom d'*Anter-
madia*, Céphée sous celui de *Capita*, etc., on sera peut-être tenté

Une chose également assez digne de remarque, c'est que dans ces listes de rois, toutes sèches, toutes peu historiques qu'elles sont, les Indiens placent le commencement de leurs souverains humains (ceux de la race du Soleil et de la Lune) à une époque qui est à peu près la même que celle où Ctésias (1), dans une liste entièrement de la même nature, fait commencer ses rois d'Assyrie (environ quatre mille ans avant le temps présent).

Cet état déplorable des connaissances historiques devait être celui d'un peuple où les prêtres héréditaires d'un culte monstrueux dans ses formes extérieures, et cruel dans beaucoup de ses préceptes, avaient seuls le privilège d'écrire, de conserver et d'expliquer les livres. Quelque légende faite pour mettre en vogue un lieu de pèlerinage, des inventions propres à graver plus profondément le respect pour leur caste, devaient les intéresser plus que toutes les vérités historiques. Parmi les sciences, ils pouvaient cultiver l'astronomie, qui leur donnait du crédit comme astrologues ; la mécanique, qui les aidait à élever les monuments, signes de leur puissance et objets de la vénération superstitieuse des peuples ; la géométrie, base de l'astronomie comme de la mécanique, et auxiliaire important de l'agriculture dans ces vastes plaines d'alluvion qui ne pouvaient être assainies et rendues fertiles qu'à l'aide de nombreux canaux ; ils pouvaient encourager les arts mécaniques

d'en tirer avec M. Wilfort une conclusion entièrement inverse. Malheureusement on commence à douter beaucoup, parmi les savants, de l'authenticité des documents allégués par cet écrivain. (*Cuvier*.)

(1) Médecin de Cyrus et historien peu digne de créance ; vivait 400 ans avant Jésus-Christ.

ou chimiques, qui alimentaient leur commerce et contribuaient à leur luxe et à celui de leurs temples ; mais ils devaient redouter l'histoire, qui éclaire les hommes sur leurs rapports mutuels.

Ce que nous voyons aux Indes, nous devons donc nous attendre à le retrouver partout où des races sacerdotales constituées comme celle des Brahmines, établies dans des pays semblables, s'arrogeaient le même empire sur la masse du peuple. Les mêmes causes amènent les mêmes résultats ; en effet, pour peu que l'on réfléchisse sur les fragments qui nous restent des traditions égyptiennes et chaldéennes, on s'aperçoit qu'elles n'étaient pas plus historiques que celles des Indiens.

Pour juger de la nature des chroniques que les prêtres égyptiens prétendaient posséder, il suffit de rappeler les extraits qu'ils en ont donnés eux-mêmes en différents temps et à des personnes différentes.

Ceux de Saïs, par exemple, disaient à Solon, environ cinq cents ans avant Jésus-Christ que, l'Égypte n'étant point sujette aux déluges, ils avaient conservé, non seulement leurs propres annales, mais celles des autres peuples ; que la ville d'Athènes et celle de Saïs avaient été construites par Minerve : la première depuis neuf mille ans, la seconde seulement depuis huit mille ; et à ces dates ils ajoutaient les fables si connues sur les Atlantes, sur la résistance que les anciens Athéniens opposèrent à leurs conquêtes, ainsi que toute la description romanesque de l'Atlantide, description où se trouvent des faits et des généalogies semblables à celles de tous les romans mythologiques.

Un siècle plus tard, vers 450, les prêtres de Memphis firent à Hérodote des récits tout différents. Menès, pre-

mier roi d'Egypte, avait construit, selon eux, Memphis,
et renfermé le Nil dans des digues, comme si de pareilles opérations étaient possibles au premier roi d'un
pays. Depuis lors ils avaient eu trois cent trente autres
rois jusqu'à Mœris, qui régnait selon eux neuf cents ans
avant l'époque où ils parlaient (mille trois cent cinquante ans avant Jésus-Christ).

Après ces rois vint Sésostris, qui poussa ses conquêtes
jusqu'à la Colchide (1); et au total il y eut jusqu'à Séthos
trois cent quarante et un rois et trois cent quarante et
un grands prêtres, en trois cent quarante et une générations, pendant onze mille trois cent quarante ans;
et dans cet intervalle, comme pour servir de garant à
leur chronologie, ces prêtres assuraient que le soleil
s'était levé deux fois où il se couche, sans que rien eût
changé dans le climat ou dans les productions du pays,
et sans qu'alors ni auparavant aucun dieu se fût montré
et eût régné en Egypte.

A ce trait qui, malgré toutes les explications que l'on
a prétendu en donner, prouvait une si grossière ignorance en astronomie, ils ajoutaient sur Sésostris, sur
Phéron, sur Hélène, sur Rhampsinite, sur les rois qui
ont fait construire les Pyramides, sur un conquérant
éthiopien nommé *Sabacos*, des contes tout à fait dignes
du cadre où ils étaient enchassés.

Les prêtres de Thèbes firent mieux; ils montrèrent à
Hérodote, et auparavant ils avaient montré à Hécatée,
trois cent quarante-cinq colosses de bois, représentant
trois cent quarante-cinq grands prêtres qui s'étaient
succédé de père en fils, tous hommes, tous nés

_ (1) Où les anciens plaçaient la fameuse Toison d'or.

l'un de l'autre, mais qui avaient été précédés par des dieux.

D'autres Egyptiens lui dirent avoir des registres exacts non seulement du règne des hommes, mais de celui des dieux. Ils comptaient dix-sept mille ans depuis Hercule jusqu'à Amasis, et quinze mille depuis Bacchus. Pan avait encore précédé Hercule.

Évidemment ces gens-là prenaient pour historique quelque allégorie relative à la métaphysique panthéistique, qui faisait, à leur insu, la base de leur mythologie.

Ce n'est qu'à Séthos (1) que commence, dans Hérodote, une histoire un peu raisonnable ; et, ce qu'il est important de remarquer, cette histoire commence par un fait concordant avec les annales hébraïques : par la destruction de l'armée du roi d'Assyrie Sennachérib ; et cet accord continue sous Nécho (2), et sous Hophra ou Apriès (3).

Deux siècles après Hérodote (vers deux cent soixante ans avant Jésus-Christ), Ptolémée Philadelphe, prince d'une race étrangère, voulut connaître l'histoire du pays que les événements l'avaient appelé à gouverner. Un prêtre encore, Manéthon, se chargea de l'écrire pour lui. Ce ne fut plus dans des registres, dans des archives, qu'il prétendit l'avoir puisée, mais dans les livres sacrés d'Agathodæmon, fils du second Hermès et père de Tôt, lequel l'avait copié sur des colonnes érigées avant le déluge par Tôt ou le premier Hermès, dans la terre séria-

(1) Roi d'Egypte.
(2) Roi d'Egypte.
(3) Roi d'Egypte.

dique, et ce second Hermès, cet Agathodæmon, ce Tôt, sont des personnages dont qui que ce soit n'avait parlé auparavant, non plus que de cette terre sériadique ni de ses colonnes. Ce déluge est lui-même un fait entièrement inconnu aux Égyptiens des temps antérieurs, et dont Manéthon ne marque rien dans ce qui nous reste de ses dynasties.

Le produit ressemble à la source : non seulement tout est plein d'absurdités, mais ce sont des absurdités propres, et impossibles à concilier avec celles que des prêtres plus anciens avaient racontées à Solon et à Hérodote.

C'est Vulcain qui commence la série des rois divins : il règne neuf mille ans ; les dieux et les demi-dieux règnent mille neuf cent quatre-vingt-cinq ans. Ni les noms, ni les successions, ni les dates de Manéthon ne ressemblent à ce qu'on a publié avant et depuis lui ; et il faut qu'il ait été aussi obscur et embrouillé qu'il était peu d'accord avec les autres, car il est impossible d'accorder entre eux les extraits qu'en ont donnés Josèphe, Jules Africain et Eusèbe. On ne convient pas même des sommes d'années de ses rois humains. Selon Jules Africain, elles vont à cinq mille cent un ans ; selon Eusèbe, à quatre mille sept cent vingt-trois ; selon le Syncelle (1), à trois mille cinq cent cinquante-cinq. On pourrait croire que les différences de noms et de chiffres viennent des copistes ; mais Josèphe cite au long un passage dont les détails sont en contradiction manifeste avec les extraits de ses successeurs.

(1) Auteur d'une chronologie qui fait foi pour la connaissance des dynasties d'Egypte ; vivait en 792 et remplissait auprès du patriarche de Constantinople une charge de surveillant.

Une chronique qualifiée d'ancienne et que les uns jugent antérieure, les autres postérieure à Manéthon, donne encore d'autres calculs : la durée totale de ses rois est de trente-six mille cinq cent vingt-cinq ans, sur lesquels le Soleil en a régné trente mille, les autres dieux trois mille neuf cent quatre-vingt-quatre, les demi-dieux deux cent dix-sept : il ne reste pour les hommes que deux mille trois cent trente-neuf ans : aussi n'en compte-t-on que cent treize générations, au lieu des trois cent quarante d'Hérodote.

Un savant d'un autre ordre que Manéthon, l'astronome Eratosthène, découvrit et publia, sous Ptolémée Evergète, vers 240 avant Jésus-Christ, une liste particulière de trente-huit rois de Thèbes, commençant à Menès et se continuant pendant mille vingt-quatre ans : nous en avons un extrait que le Syncelle a copié dans Apollodore. Presque aucun des noms qui s'y trouvent ne correspond aux autres listes.

Diodore alla en Egypte sous Ptolémée Aulète, vers 60 ans av. Jésus-Christ, par conséquent deux siècles après Manéthon et quatre après Hérodote.

Il recueillit aussi de la bouche des prêtres l'histoire du pays, et il la recueillit de nouveau toute différente.

Ce n'est plus Menès qui a construit Memphis, mais Uchoréus. Longtemps avant lui Busiris II avait construit Thèbes.

Le huitième aïeul d'Uchoréus, Osymandyas, a été maître de la Bactriane (1), et y a réprimé des révoltes. Longtemps après lui, Sésoosis a fait des conquêtes en-

(1) Contrée du centre de l'Asie au nord du Turkestan.

core plus éloignées ; il est allé jusqu'au delà du Gange, et est revenu par la Scythie et le Tanaïs. Malheureusement ces noms de rois sont inconnus à tous les historiens précédents, et aucun des peuples qu'ils avaient conquis n'en a conservé le moindre souvenir. Quant aux dieux et aux héros, selon Diodore, ils ont régné dix-huit mille ans, et les souverains humains quinze mille : quatre cent soixante-dix rois avaient été Egyptiens, quatre Ethiopiens, sans compter les Perses et les Macédoniens. Les contes dont le tout est entremêlé ne le cèdent point d'ailleurs en puérilité à ceux d'Hérodote.

L'an dix-huit de Jésus-Christ, Germanicus, neveu de Tibère, attiré par le désir de connaître les antiquités de cette terre célèbre, se rendit en Egypte, au risque de déplaire à un prince aussi soupçonneux que son oncle : il remonta le Nil jusqu'à Thèbes. Ce ne fut plus Sésostris ni Osymandias dont les prêtres lui parlèrent comme d'un conquérant, mais Rhamsès. A la tête de sept cent mille hommes il avait envahi la Libye, l'Ethiopie, la Médie, la Perse, la Bactriane, la Scythie, l'Asie Mineure et la Syrie (1).

Enfin, dans le fameux article de Pline sur les obélisques, on trouve encore des noms de rois que l'on ne voit point ailleurs : Sothies, Mnévis, Zmarreus, Eraphius Mestirès, un Semenpserteus, contemporain de Pythagore, etc. Un Ramisès, que l'on pourrait croire le même

_____

(1) D'après l'interprétation qu'Ammien nous a conservée, des hiéroglyphes de l'obélisque de Thèbes, qui est aujourd'hui à Rome sur la place de Saint-Jean-de-Latran, il paraît qu'un Rhamestès y était qualifié, à la manière orientale, de seigneur de la terre habitable et que l'histoire faite à Germanicus n'était qu'un commentaire de cette inscription.

que Rhamsès, y est fait contemporain du siège de Troie.

Je n'ignore pas que l'on a essayé de concilier ces listes en supposant que les rois ont porté plusieurs noms. Pour moi, qui ne considère pas seulement la contradiction de ces divers récits, mais qui suis frappé par-dessus tout de ce mélange de faits réels, attestés par de grands monuments, avec des extravagances puériles, il me semble infiniment plus naturel d'en conclure que les prêtres égyptiens n'avaient point d'histoire ; qu'inférieurs encore à ceux des Indes, ils n'avaient pas même de fables convenues et suivies ; qu'ils gardaient seulement des listes plus ou moins fautives de leurs rois et quelques souvenirs des principaux d'entre eux, de ceux surtout qui avaient eu le soin de faire inscrire leurs noms sur les temples et les autres grands ouvrages qui décoraient le pays ; mais que ces souvenirs étaient confus, qu'ils ne reposaient guère que sur l'explication traditionnelle que l'on donnait aux représentations peintes ou sculptées sur les monuments, explications fondées seulement sur des inscriptions hiéroglyphiques, conçues en termes très-généraux, et qui, passant de bouche en bouche, s'altéraient, quant aux détails, au gré de ceux qui les communiquaient aux étrangers ; et qu'il est par conséquent impossible d'asseoir aucune proposition relative à l'antiquité des continents actuels sur les lambeaux de ces traditions, déjà si incomplètes dans leur temps, et devenues tout à fait méconnaissables sous la plume de ceux qui nous les ont transmises.

Si cette assertion avait besoin d'autres preuves, elles se trouveraient dans la liste des ouvrages sacrés d'Hermès (1), que les prêtres égyptiens portaient dans leurs processions solennelles. Clément d'Alexandrie (2), nous les nomme tous, au nombre de quarante-deux, et il ne s'y trouve pas même, comme chez les Brahmines, une épopée ou un livre qui ait la prétention d'être un récit, de fixer d'une manière quelconque aucune grande action, aucun événement.

Les belles recherches de M. Champollion le jeune, et ses étonnantes découvertes sur la langue des hiéroglyphes, confirment ces conjectures, loin de les détruire. Cet ingénieux antiquaire a lu, dans une série de tableaux hiéroglyphiques du temple d'Abydos, les prénoms d'un certain nombre de rois placés à la suite les uns des autres ; et une partie de ces prénoms (les dix derniers) s'étant retrouvés sur divers autres monuments, accompagnés de noms propres, il en a conclu qu'ils sont ceux des rois qui portaient ces noms propres, ce qui lui a donné à peu près les mêmes rois, et dans le même ordre que ceux dont Manéthon compose sa dix-huitième dynastie, celle qui chassa les pasteurs. Toutefois la concordance n'est pas complète : il manque dans le tableau d'Abydos six des noms portés sur la liste de Manéthon ; il y en a qui ne se ressemblent pas ; enfin il se trouve malheureusement une lacune avant le plus remarquable de tous, le Rhamsès qui paraît le même que le roi représenté sur un si grand nombre des plus beaux monuments de l'Égypte avec les attributs d'un grand conquérant. Ce

(1) Philosophe égyptien, conseiller d'Isis, femme du roi Osiris, vers 1900 avant J.-C.
(2) Philosophe platonicien devenu chrétien, fit la gloire de l'école d'Alexandrie et fut le maître d'Origène : vivait vers l'an 200 de l'ère chrétienne.

serait, selon M. Champollion, dans la liste de Manéthon,
le Séthos, chef de la dix-neuvième dynastie, qui, en
effet, est indiqué comme puissant en vaisseaux et en
cavalerie, et comme ayant porté ses armes en Chypre,
en Médie et en Perse. M. Champollion pense, avec
Marsham, et beaucoup d'autres, que c'est ce Rhamsès
ou ce Séthos qui est le Sésostris ou le Sésoosis des
Grecs; et cette opinion a de la probabilité, dans ce sens
que les représentations des victoires de Rhamsès, rem-
portées probablement sur les nomades voisins de
l'Égypte, ou tout au plus en Syrie, ont donné lieu à ces
idées fabuleuses de conquêtes immenses attribuées, par
quelque autre confusion, à un Sésostris; mais dans Manéthon c'est dans la douzième dynastie, et non dans la
dix-huitième, qu'est inscrit un prince du nom de Sésostris, marqué comme conquérant de l'Asie et de la
Thrace. Aussi Marsham prétend-il que cette douzième
dynastie et la dix-huitième n'en font qu'une. Manéthon
n'aurait donc pas compris lui-même les listes qu'il co-
piait. Enfin, si l'on admettait dans leur entier, et la
vérité historique de ce bas-relief d'Abydos et son accord,
soit avec la partie des listes de Manéthon qui paraît lui
correspondre, soit avec les autres inscriptions hiéroglyphiques, il en résulterait déjà cette conséquence que la
prétendue dix-huitième dynastie, la première sur laquelle
les anciens chronologistes commencent à s'accorder un
peu, est aussi la première qui ait laissé sur les monuments des traces de son existence. Manéthon a pu consulter ce document et d'autres semblables; mais il n'en
est pas moins sensible qu'une liste, une série de noms
ou de portraits, comme il y en a partout, est loin d'être
une histoire.

Ce qui est prouvé et connu pour les Indiens, ce que je viens de rendre si vraisemblable pour les habitants de la vallée du Nil, ne doit-on pas le présumer aussi pour ceux des vallées de l'Euphrate et du Tigre ? Établis, comme les Indiens (1), comme les Égyptiens, sur une grande route du commerce, dans de vastes plaines qu'ils avaient été obligés de couper de nombreux canaux, instruits comme eux par des prêtres héréditaires, dépositaires prétendus de livres secrets, possesseurs privilégiés des sciences, astrologues, constructeurs de pyramides et d'autres grands monuments (2), ne devaient-ils pas leur ressembler aussi sur d'autres points essentiels ? Leur histoire ne devait-elle pas également se réduire à des légendes ? J'ose presque dire non seulement que cela est probable, mais que cela est démontré par les faits.

Ni Moïse ni Homère ne nous parlent encore d'un grand empire dans la haute Asie. Hérodote n'attribue à la suprématie des Assyriens que cinq cent vingt ans de durée, et n'en fait remonter l'origine qu'environ huit siècles avant lui. Après avoir été à Babylone et en avoir consulté les prêtres, il n'en a pas même appris le nom de Ninus, comme roi des Assyriens, et n'en parle que comme du père d'Agron, premier roi Héraclide (3) de Lydie. Cependant il le fait fils de Bélus, tant il y avait dès lors de confusion dans les souvenirs. S'il parle de Sé-

(1) Toute l'ancienne mythologie des Brahmines se rapporte aux plaines où coule le Gange, et c'est évidemment là qu'ils ont fait leurs premiers établissements. (*Cuvier*).

(2) Les descriptions des anciens monuments chaldéens ressemblent beaucoup à ce que nous voyons de ceux des Indiens et des Égyptiens ; mais ces monuments ne sont pas conservés de même, parce qu'ils n'étaient construits qu'en briques séchées au soleil. (*Cuvier*).

(3) Race de rois de Corinthe.

miramis comme de l'une des reines qui ont laissé de grands monuments à Babylone, il ne la place que sept générations avant Cyrus.

Hellanicus, contemporain d'Hérodote, loin de laisser rien construire à Babylone par Sémiramis, attribue la fondation de cette ville à Chaldæus, quatorzième successeur de Ninus.

Bérose, babylonien et prêtre, qui écrivait à peine cent vingt ans après Hérodote, donne à Babylone une antiquité effrayante ; mais c'est à Nabuchodonosor, prince relativement très moderne, qu'il en attribue les monuments principaux.

Touchant Cyrus lui-même, ce prince si remarquable, et dont l'histoire aurait dû être si connue, si populaire, Hérodote, qui ne vivait que cent ans après lui, avoue qu'il existait déjà trois sentiments différents ; en effet, soixante ans plus tard, Xénophon nous donne de ce prince une biographie tout opposée à celle d'Hérodote.

Ctésias, à peu près contemporain de Xénophon, prétend avoir tiré des archives royales des Mèdes une chronologie qui recule de plus de huit cents ans l'origine de la monarchie assyrienne, tout en laissant à la tête de ses rois ce même Ninus, fils de Bélus, dont Hérodote avait fait un Héraclide ; et en même temps il attribue à Ninus et à Sémiramis des conquêtes, vers l'occident, d'une étendue absolument incompatible avec l'histoire juive et égyptienne de ce temps là.

Selon Mégasthène, c'est Nabuchodonosor qui a fait ces conquêtes incroyables. Il les a poussées par la Libye jusqu'en Espagne.

On voit que du temps d'Alexandre, Nabuchodonosor

avait tout à fait usurpé la réputation que Sémiramis avait eue du temps d'Artaxerxès; mais on pensera sans doute que Sémiramis, que Nabuchodonosor, avaient conquis l'Éthiopie et la Libye à peu près comme les Égyptiens faisaient conquérir par Sésostris ou par Osymandias l'Inde et la Bactriane.

Que serait-ce si nous examinions maintenant les différents rapports sur Sardanapale, dans lesquels un savant célèbre a cru trouver des preuves de l'existence de trois princes de ce nom, tous trois victimes de malheurs semblables; à peu près comme un autre savant trouve aux Indes au moins trois Vicramaditjia, également tous les trois héros d'aventures pareilles?

C'est apparemment d'après le peu de concordance de toutes ces relations que Strabon (1) a cru pouvoir dire que l'autorité d'Hérodote et de Ctésias n'égale pas celle d'Hésiode ou d'Homère. Aussi Ctésias n'a-t-il guère été plus heureux en copistes que Manéthon; et il est bien difficile aujourd'hui d'accorder les extraits que nous en ont donnés Diodore, Eusèbe et le Syncelle.

Lorsqu'on se trouvait en de pareilles incertitudes dans le cinquième siècle avant Jésus-Christ, comment veut-on que Bérose (2) ait pu les éclaircir dans le troisième? et peut-on ajouter plus de foi aux quatre cent trente mille ans qu'il met avant le déluge, aux trente-cinq mille ans qu'il place entre le déluge et Sémiramis, qu'aux registres de cent cinquante mille ans qu'il se vante d'avoir consultés?

(1) Historien et premier géographe de l'antiquité.
(2) Prêtre et historien de Babylone, connu surtout par ses invraisemblances chronologiques.

On parle d'ouvrages élevés en des provinces éloignées, et qui portaient le nom de Sémiramis ; on prétend aussi avoir vu en Asie Mineure, en Thrace, des colonnes érigées par Sésostris ; mais c'est ainsi qu'en Perse, aujourd'hui, les anciens monuments, peut-être même quelques-uns de ceux-là, portent le nom de Roustan ; qu'en Egypte ou en Arabie ils portent ceux de Joseph, de Salomon : c'est une ancienne coutume des Orientaux, et probablement de tous les peuples ignorants. Nos paysans appellent camps de César tous les anciens retranchements romains.

En un mot, plus j'y pense, plus je me persuade qu'à Babylone, à Ecbatane, il n'y avait pas plus d'histoire ancienne qu'en Egypte et aux Indes ; et, au lieu de porter comme Evhémère ou comme Bannier la mythologie dans l'histoire, je suis d'avis qu'il faudrait reporter une grande partie de l'histoire dans la mythologie.

Ce n'est qu'à l'époque de ce qu'on appelle communément le second royaume d'Assyrie que l'histoire des Assyriens et des Chaldéens commence à devenir claire ; à l'époque où celle des Egyptiens devient claire aussi, lorsque les rois de Ninive, de Babylone et d'Egypte commencent à se rencontrer et à se combattre sur le théâtre de la Syrie et de la Palestine.

Il paraît néanmoins que les auteurs de ces contrées, ou ceux qui en avaient consulté les traditions, et Bérose, et Hiéronyme, et Nicolas de Damas, s'accordaient à parler d'un déluge. Bérose le décrivait même avec des circonstances tellement semblables à celles de la Genèse, qu'il est presque impossible que ce qu'il en dit ne soit pas tiré des mêmes sources, bien qu'il en recule l'époque d'un grand nombre de siècles, autant du moins que l'on

10.

peut en juger par les extraits embrouillés que Josèphe, Eusèbe et le Syncelle nous ont conservés de ses écrits. Mais nous devons remarquer, et c'est par cette observation que nous terminerons ce qui regarde les Babyloniens, que ces siècles nombreux et cette grande suite de rois placés entre le déluge et Sémiramis sont une chose nouvelle, entièrement propre à Bérose, et dont Ctésias et ceux qui l'ont suivi n'avaient pas eu l'idée, qui n'a même été adoptée par aucun des auteurs profanes postérieurs à Bérose. Justin(1) et Velleius(2) considèrent Ninus comme le premier des conquérants, et ceux qui, contre toute vraisemblance, le placent le plus haut ne le font que de quarante siècles antérieur au temps présent.

Les auteurs arméniens du moyen âge s'accordent à peu près avec quelqu'un des textes de la Genèse, lorsqu'ils font remonter le déluge à quatre mille neuf cent seize ans; et l'on pourrait croire qu'ayant recueilli les vieilles traditions, et peut-être extrait les vieilles chroniques de leur pays, ils forment une autorité de plus en faveur de la nouveauté des peuples; mais quand on réfléchit que leur littérature historique ne date que du cinquième siècle, et qu'ils ont connu Eusèbe, on comprend qu'ils ont dû s'accommoder à sa chronologie et à celle de la Bible. Moïse de Chorène fait profession expresse d'avoir suivi les Grecs, et l'on voit que son histoire ancienne est calquée sur Ctésias.

Cependant il est certain que la tradition du déluge existait en Arménie bien avant la conversion des habitants au christianisme; et la ville qui, selon Josèphe,

---

(1) Historien latin du IIᵉ siècle.
(2) Historien et favori de Tibère.

était appelée *le lieu de la Descente* existe encore au pied du mont Ararat, et porte le nom de *Nachidchevan*, qui a en effet ce sens là.

Nous en dirons des Arabes, des Persans, des Turcs, des Mongoles, des Abyssins d'aujourd'hui, autant que des Armériens. Leurs anciens livres, s'ils en ont eu, n'existent plus ; ils n'ont d'ancienne histoire que celle qu'ils se sont faite récemment, et qu'ils ont modelée sur la Bible : ainsi ce qu'ils disent du déluge est emprunté de la Genèse, et n'ajoute rien à l'autorité de ce livre.

Il était curieux de rechercher quelle était sur ce sujet l'opinion des anciens Perses, avant qu'elle eût été modifiée par les croyances chrétienne et mahométane. On la trouve consignée dans leur *Boundehesh* ou *Cosmogonie*, ouvrage du temps des Sassanides (1), mais évidemment extrait ou traduit d'ouvrages plus anciens, et qu'Anquetil du Perron a retrouvé chez les Parsis de l'Inde. La durée totale du monde ne doit être que de douze mille ans : ainsi il ne peut être encore bien ancien. L'apparition de *Cayoumortz* (l'homme taureau, le premier homme) est précédée de la création d'une grande eau.

Du reste, il serait aussi inutile de demander aux Parsis qu'aux autres Orientaux une histoire sérieuse pour les temps anciens ; les Mages n'en ont pas plus laissé que les Brahmes ou les Chaldéens. Je n'en voudrais pour preuve que les incertitudes sur l'époque de Zoroastre. On prétend même que le peu d'histoire qu'ils pouvaient avoir, ce qui regardait les Achéménides, les successeurs de Cyrus jusqu'à Alexandre, a été altéré exprès, et d'après un ordre officiel d'un monarque sassanide.

---

(1) Première dynastie du second empire des Perses.

Pour retrouver des dates authentiques du commencement des empires, et des traces du grand cataclysme, il faut donc aller jusqu'au delà des grands déserts de la Tartarie. Vers l'Orient et vers le Nord habite une autre race, dont toutes les institutions, tous les procédés diffèrent autant des nôtres que sa figure et son tempérament. Elle parle en monosyllabes ; elle écrit en hiéroglyphes arbitraires ; elle n'a qu'une morale politique, sans religion, car les supertitions de Fo lui sont venues des Indiens. Son teint jaune, ses joues saillantes, ses yeux étroits et obliques, sa barbe peu fournie, la rendent si différente de nous, qu'on est tenté de croire que ses ancêtres et les nôtres ont échappé à la grande catastrophe par deux côtés différents ; mais, quoi qu'il en soit, ils datent leur déluge à peu près de la même époque que nous.

Le *Chouking* est le plus ancien des livres des Chinois ; on assure qu'il fut rédigé par Confucius avec des lambeaux d'ouvrages antérieurs, il y a environ deux mille deux cent cinquante-cinq ans. Deux cents ans plus tard arriva, dit-on, la persécution des lettrés et la destruction des livres sous l'empereur Chi-Hoangti, qui voulait détruire les traces du gouvernement féodal établi sous la dynastie antérieure à la sienne. Quarante ans plus tard, sous la dynastie qui avait renversé celle à laquelle appartenait Chi-Hoangti, une partie du *Chouking* fut restituée de mémoire par un vieux lettré, et une autre fut retrouvée dans un tombeau, mais près de la moitié fut perdue pour toujours. Or, ce livre, le plus authentique de la Chine, commence l'histoire de ce pays par un empereur *Yao*, qu'il nous représente occupé à faire écouler les eaux *qui, s'étant élevées jusqu'au ciel, baignaient encore le pied des plus hautes montagnes, couvraient les collines moins élevées, et rendaient les plaines impraticables.* Ce Yao date, selon les uns, de quatre mille cent soixante-trois, selon les autres, de trois mille neuf cent quarante trois ans avant le temps actuel. La variété des opinions sur cette époque va même jusqu'à deux cent quatre-vingt-quatre ans.

Quelques pages plus loin, on nous montre Yu, ministre et ingénieur, rétablissant le cours des eaux, élevant des digues, creusant des canaux, et réglant les impôts de chaque province dans toute la Chine, c'est-à-dire dans un empire de six cents lieues en tout sens ; mais l'impossibilité de semblables opérations après de semblables événements montre bien qu'il ne s'agit ici que d'un roman moral et politique.

Des historiens plus modernes ont ajouté une suite d'empereurs avant Yao, mais avec une foule de circonstances fabuleuses, sans oser leur assigner d'époques fixes, en variant sans cesse entre eux, même sur leur nombre et sur leur nom, et sans être approuvés de tous leurs compatriotes. Fouhi, avec son corps de serpent, sa tête de bœuf et ses dents de tortue, ses successeurs non moins monstrueux, sont aussi absurdes, et n'ont pas plus existé qu'Encelade (1) et Briarée (2).

Est-il possible que ce soit un simple hasard qui donne un résultat aussi frappant, et qui fasse remonter à peu près à quarante siècles l'origine traditionnelle des monarchies assyrienne, indienne et chinoise ? Les idées de peuples qui ont eu si peu de rapports ensemble, dont

(1) Géant de la mythologie grecque.
(2) Autre géant de la même mythologie auquel on donnait cinquante têtes et cent bras.

la langue, la religion, les lois n'ont rien de commun, s'accorderaient-elles sur ce point si elles n'avaient la vérité pour base ?

Nous ne demanderons pas de dates précises aux Américains, qui n'avaient point de véritable écriture, et dont les plus anciennes traditions ne remontaient qu'à quelques siècles avant l'arrivée des Espagnols ; et cependant l'on croit encore apercevoir les traces d'un déluge dans leurs grossiers hiéroglyphes. Ils ont leur Noé, ou leur Deucalion comme les Indiens, comme les Babyloniens, comme les Grecs.

La plus dégradée des races humaines, celle des nègres, dont les formes s'approchent le plus de la brute, et dont l'intelligence ne s'est élevée nulle part au point d'arriver à un gouvernement régulier, ni à la moindre apparence de connaissances suivies, n'a conservé nulle part d'annales ni de traditions anciennes. Elle ne peut donc nous instruire sur ce que nous cherchons, quoique tous ses caractères nous montrent clairement qu'elle a échappé à la grande castastrophe sur un autre point que les races caucasique et altaïque (1), dont elle était peut-être séparée depuis longtemps quand cette catastrophe arriva.

Mais, dit-on, si les anciens peuples ne nous ont pas laissé d'histoire, leur longue existence en corps de nation n'en est pas moins attestée par les progrès qu'ils avaient faits dans l'astronomie ; par des observations dont la date est facile à assigner, et même par des mo-

---

(1) Nom sous lequel ou désigne aussi la race jaune ou mongole, parce qu'on la croit originaire des monts Altaï au sud de la Sibérie.

numents encore subsistants et qui portent eux-mêmes leurs dates.

Ainsi, la longueur de l'année, telle que les Egyptiens sont supposés l'avoir déterminée d'après le lever héliaque (1) de Sirius (2), se trouve juste pour une période comprise entre l'année 3000 et l'année 1000 avant Jésus-Christ, période dans laquelle tombent aussi les traditions de leurs conquêtes et de la grande prospérité de leur empire. Cette justesse prouve à quel point ils avaient porté l'exactitude de leurs observations, et fait sentir qu'ils se livraient depuis longtemps à des travaux semblables.

Pour apprécier ce raisonnement, il est nécessaire que nous entrions ici dans quelques explications.

Le solstice est le moment de l'année où commence la crue du Nil, et celui que les Égyptiens ont dû observer avec le plus d'attention. S'étant fait dans l'origine, sur de mauvaises observations, une année civile ou sacrée de trois cent soixante-cinq jours juste, ils voulurent la conserver par des motifs superstitieux, même après qu'ils se furent aperçus qu'elle ne s'accordait pas avec l'année naturelle ou tropique (3), et ne ramenait pas les saisons aux mêmes jours. Cependant c'était cette année tropique qu'il leur importait de marquer pour se diriger dans leurs opérations agricoles. Ils durent donc chercher dans le ciel un signe apparent de son retour,

(1) Se dit d'une étoile quand son lever a lieu dans le même méridien que le soleil.
(2) Etoile de la constellation du Grand Chien dont l'apparition marquait le commencement du calendrier égyptien.
(3) Celle qui concorde absolument avec le cours complet du soleil.

et ils imaginèrent qu'ils trouveraient ce signe quand le soleil reviendrait à la même position, relativement à quelque étoile remarquable. Ainsi ils s'appliquèrent, comme presque tous les peuples qui commencent cette recherche, à observer les levers et les couchers héliaques des astres. Nous savons qu'ils choisirent particulièrement le lever héliaque de Sirius ; d'abord, sans doute, à cause de la beauté de l'étoile, et surtout parce que, dans ces anciens temps, ce lever de Sirius coïncidant à peu près avec le solstice et annonçant l'inondation, était pour eux le phénomène de ce genre le plus important. Il arriva même de là que Sirius, sous le nom de Sothis, joua le plus grand rôle dans toute leur mythologie et dans leurs rites religieux. Supposant donc que le retour du lever héliaque de Sirius et l'année tropique étaient de même durée, et croyant enfin reconnaître que cette durée était de trois cent soixante-cinq jours et un quart, ils imaginèrent une période après laquelle l'année tropique et l'ancienne année, l'année sacrée de trois cent soixante-cinq jours seulement, devaient revenir au même jour ; période qui, d'après ces données peu exactes, était nécessairement de mille quatre cent soixante-une années sacrées et de mille quatre cent soixante de ces années perfectionnées auxquelles ils donnèrent le nom d'années de Sirius.

Ils prirent pour point de départ de cette période, qu'ils appelèrent année sothiaque ou grande année, une année civile, dont le premier jour était ou avait été aussi celui d'un lever héliaque de Sirius ; et l'on sait, par le témoignage positif de Censorin (1), qu'une de ces grandes

(1) Savant du troisième siècle de l'ère chrétienne.

années avait pris fin en 138 de Jésus-Christ : par conséquent elle avait commencé en 1322 avant Jésus-Christ, et celle qui l'avait précédée, en 2782. En effet, par des calculs de M. Ideler, on reconnaît que Sirius s'est levé héliaquement le 20 juillet de l'année julienne 139, jour qui répondait cette année-là au premier de Thot ou au premier jour de l'année sacrée égyptienne.

Mais non seulement la position du soleil, par rapport aux étoiles de l'écliptique, ou l'année sidérale, n'est pas la même que l'année tropique, à cause de la précession des équinoxes (1) ; l'année héliaque d'une étoile, ou la période de son lever héliaque, surtout lorsqu'elle est éloignée de l'écliptique, diffère encore de l'année sidérale, et en diffère diversement selon les latitudes des lieux où on l'observe. Ce qui est assez singulier cependant, et ce que déjà Bainbridge (2) et le père Petau (3) ont fait observer, il est arrivé, par un concours remarquable dans les positions, que, sous la latitude de la haute Egypte, à une certaine époque et pendant un certain nombre de siècles, l'année de Sirius était réellement, à très peu de chose près, de trois cent soixante-cinq jours un quart ; en sorte que le lever héliaque de cette étoile revint en effet au même jour de l'année julienne, au 20 juillet, en 1322 avant et en 138 après Jésus-Christ.

(1) Par suite de l'attraction du soleil sur l'équateur, combinée avec le mouvement diurne, l'axe terrestre n'est pas immobile ; il oscille sur lui-même de manière à décrire dans l'espace une surface conique comme le fait la tête d'une toupie perdant sa force de rotation. Ces oscillations de l'axe terrestre ont pour effet de faire rétrograder chaque équinoxe et constituent le phénomène désigné sous le nom de précession des équinoxes.

(2) Astronome anglais du xviie siècle.

(3) Jésuite français et célèbre astronome du xviie siècle.

De cette coïncidence effective, à cette époque reculée,
M. le baron Fourier, qui a constaté tous ces rapports
par un grand travail et par de nouveaux calculs, conclut
que puisque la longueur de l'année de Sirius était si
parfaitement connue des Egyptiens, il fallait qu'ils l'eussent déterminée sur des observations faites pendant
longtemps et avec beaucoup d'exactitude, observations
qui remonteraient au moins à deux mille cinq cents ans
avant notre ère, et qui n'auraient pu se faire ni beaucoup
avant ni beaucoup après cet intervalle de temps.

Certainement, ce résultat serait très frappant si c'était
directement et par des observations faites sur Sirius
lui-même qu'ils eussent fixé la longueur de l'année de
Sirius ; mais des astronomes expérimentés affirment
qu'il est impossible que le lever héliaque d'une étoile
ait pu servir de base à des observations exactes sur un
pareil sujet, surtout dans un climat où *le tour de l'horizon est toujours tellement chargé de vapeurs, que dans les
belles nuits on ne voit jamais d'étoiles à quelques degrés
au-dessus de l'horizon, dans les seconde et troisième gran-
deurs, et que le soleil même, à son lever et à son coucher,
se trouve entièrement déformé* (1). Ils soutiennent que si
la longueur de l'année n'eût pas été reconnue autrement,
on aurait pu s'y tromper d'un et de deux jours. Ils ne
doutent donc pas que cette durée de trois cent soixante-
cinq jours un quart ne soit celle de l'année tropique,
mal déterminée par l'observation de l'ombre ou par
celle du point où le soleil se levait chaque jour, et iden-
tifiée par ignorance avec l'année héliaque de Sirius ; en

_____

(1) C'est Nouet, astronome de l'expédition d'Egypte, qui s'exprime ainsi.

sorte que ce serait un pur hasard qui aurait fixé avec tant de justesse la durée de celle-ci pour l'époque dont il est question.

Peut-être jugera-t-on aussi que des hommes capables d'observations si exactes, et qui les auraient continuées pendant si longtemps, n'auraient pas donné à Sirius assez d'importance pour lui vouer un culte ; car ils auraient vu que les rapports de son lever avec l'année tropique et avec la crue du Nil n'étaient que temporaires, et n'avaient lieu qu'à une latitude déterminée. En effet, selon les calculs de M. Ideler, en 2782 avant Jésus-Christ, Sirius se montra dans la haute Egypte le deuxième jour après le solstice, en 1312 le treizième, et en 139 de Jésus - Christ le vingt-sixième. Aujourd'hui il ne se lève héliaquement que plus d'un mois après le solstice. Les Egyptiens se seraient donc attachés de préférence à trouver l'époque qui ramènerait la coïncidence du commencement de leur année sacrée avec celui de la véritable année tropique ; et alors ils auraient reconnu que leur grande période devait être de mille cinq cent huit années sacrées, et non pas de mille quatre cent soixante-une. Or, on ne trouve certainement aucune trace de cette période de mille cinq cent huit ans dans l'antiquité.

En général, peut-on se défendre de l'idée que si les Egyptiens avaient eu de si longues suites d'observations exactes, leur disciple Eudoxe (1), qui étudia treize ans parmi eux, aurait porté en Grèce une astronomie plus

(1) Fils de l'orateur Eschine, fut à la fois astronome et géomètre, médecin et législateur; il est surtout connu comme astronome et vivait vers l'an 325 avant Jésus-Christ.

parfaite, des cartes du ciel moins grossières, plus cohérentes dans leurs diverses parties ?

Comment la précession n'aurait-elle été connue aux Grecs que par les ouvrages d'Hipparque (1) si elle eût été consignée dans les registres des Égyptiens, et écrite en caractères si manifestes aux plafonds de leurs temples ?

Comment enfin Ptolomée (2), qui écrivait en Égypte, n'aurait-il daigné se servir d'aucune des observations des Égyptiens ?

Il y a plus, c'est qu'Hérodote, qui a tant vécu avec eux, ne parle nullement de ces six heures qu'ils ajoutaient à l'année sacrée, ni de cette grande période sothiaque qui en résultait ; il dit, au contraire, positivement, que les Égyptiens faisant leur année de trois cent soixante-cinq jours, les saisons reviennent au même point, en sorte que de son temps on ne paraît pas s'être douté de la nécessité de ce quart de jour. Thalès (3), qui avait visité les prêtres d'Egypte moins d'un siècle avant Hérodote, ne fit aussi connaître à ses compatriotes qu'une année de trois cent soixante-cinq jours seulement ; et si l'on réfléchit que les colonies sorties de l'Egypte quatorze ou quinze cents ans avant Jésus-Christ, les Juifs, les Athéniens, en ont toutes apporté l'année lunaire, on jugera peut-être que l'année de trois

---

(1) Astronome de Nicée, en Bithynie, vers 128 avant l'ère chrétienne ; passe aussi pour avoir, le premier, trouvé les calculs prédisant les éclipses.

(2) Le plus illustre astronome et géographe de l'antiquité ; écrivit à Canope son fameux *Système du monde* qui, jusqu'à Tycho-Brahé, fit loi près des savants.

(3) Le premier des sept Sages de la Grèce ; mourut vers 548 avant l'ère chrétienne ; il étudia longtemps en Egypte sous la direction des prêtres de Memphis.

cent soixante-cinq jours elle-même n'existait pas encore en Egypte dans ces siècles reculés.

Je n'ignore pas que Macrobe (1) attribue aux Égyptiens une année solaire de trois cent soixante-cinq jours un quart; mais cet auteur, récent comparativement, et venu longtemps après l'établissement de l'année fixe d'Alexandrie, a pu confondre les époques. Diodore (2) et Strabon ne donnent une telle année qu'aux Thébains : ils ne disent pas qu'elle fût d'un usage général, et eux-mêmes ne sont venus que longtemps après Hérodote.

Ainsi l'année sothiaque, la grande année, a dû être une invention assez récente, puisqu'elle résulte de la comparaison de l'année civile avec cette prétendue année héliaque de Sirius ; et c'est pourquoi il n'en est parlé que dans des ouvrages du second et du troisième siècle après Jésus-Christ, et que le Syncelle seul, dans le neuvième, semble citer Manéthon comme en ayant fait mention.

On prend, bien qu'on en ait, les mêmes idées de la science astronomique des Chaldéens. Qu'un peuple qui habitait de vastes plaines, sous un ciel toujours pur, ait été porté à observer le cours des astres, même dès l'époque où il était encore nomade, et où les astres seuls pouvaient diriger ses courses pendant la nuit, c'est ce qu'il était naturel de penser ; mais depuis quand étaient-ils astronomes, et jusqu'où ont-ils poussé l'astronomie? Voilà la question. On veut que Callisthène (3) ait envoyé

---

(1) Philosophe platonicien, en 422 après Jésus-Christ.
(2) Diodore de Sicile écrivait sous Jules César et sous Auguste.
(3) Disciple et neveu d'Aristote, vivait 365 ans avant Jésus-Christ. Il étudia beaucoup l'astronomie des Chaldéens, à Babylone, et se servit après eux de la tour de Babel, comme observatoire.

à Aristote des observations faites par eux, et qui remonteraient à deux mille deux cents ans avant Jésus-Christ. Mais ce fait n'est rapporté que par Simplicius (1), à ce qu'il dit d'après Porphyre (2), et six cents ans après Aristote. Aristote lui-même n'en a rien dit; aucun véritable astronome n'en a parlé. Ptolémée rapporte et emploie dix observations d'éclipses véritablement faites par les Chaldéens; mais elles ne remontent qu'à Nabonassar (3) (sept cent vingt-un ans avant Jésus-Christ) ; elles sont grossières ; le temps n'y est exprimé qu'en heures et en demi-heures, et l'ombre qu'en demis ou en quarts de diamètre. Cependant, comme elles avaient des dates certaines, les Chaldéens devaient avoir quelque connaissance de la vraie longueur de l'année et quelque moyen de mesurer le temps. Ils paraissent avoir connu la période de dix-huit ans qui ramène les éclipses de lune dans le même ordre, et que la simple inspection de leurs registres devait promptement leur donner ; mais il est constant qu'ils ne savaient ni expliquer, ni prédire les éclipses de soleil.

C'est pour n'avoir pas entendu un passage de Josèphe que Cassini et, d'après lui, Bailly ont prétendu y trouver une période luni-solaire de six cents ans qui aurait été connue des premiers patriarches.

Ainsi, tout porte à croire que cette grande réputation des Chaldéens leur a été faite, à des époques récentes, par les indignes successeurs qui, sous le même nom, vendaient dans tout l'empire romain des horoscopes et

---

(1) Philosophe du vᵉ siècle, commentateur d'Aristote.
(2) Autre philosophe platonicien, du iiiᵉ siècle.
(3) Roi chaldéen, de Babylone, qui a donné son nom à l'ère qui fut en usage dans tout l'Orient depuis 747 avant Jésus-Christ.

des prédictions, et qui, pour se procurer plus de crédit attribuaient à leurs grossiers ancêtres l'honneur des découvertes des Grecs.

Quant aux Indiens, chacun sait que Bailly, croyant que l'époque qui sert de point de départ à quelques-unes de leurs tables astronomiques avait été effectivement observée, a voulu en tirer une preuve de la haute antiquité de la science parmi ce peuple, ou du moins chez la nation qui lui aurait légué ses connaissances ; mais tout ce système si péniblement conçu tombe de lui-même, aujourd'hui qu'il est prouvé que cette époque a été adoptée après coup, sur des calculs faits en rétrogradant, et dont le résultat était faux.

M. Bentley a reconnu que les tables de Tirvalour, sur lesquelles portait surtout l'assertion de Bailly, ont dû être calculées vers 1281 de Jésus-Christ (il y a cinq cent quarante ans), et que le *Surya-Siddhanta*, que les brahmes regardent comme leur plus ancien traité scientifique d'astronomie, et qu'ils prétendent révélé depuis plus de vingt millions d'années, ne peut avoir été composé qu'il y a environ sept cent soixante ans.

Des solstices, des équinoxes indiqués dans les *Pouranas*, et calculés d'après les positions que semblaient leur attribuer les signes du zodiaque indien, tels qu'on croyait les connaître, avaient paru d'une antiquité énorme. Une étude plus exacte de ces signes ou nacchatrons a montré récemment à M. de Paravey qu'il ne s'agit que de solstices de douze cents ans avant Jésus-Christ. Cet auteur avoue en même temps que le lieu de ces solstices est si grossièrement fixé qu'on ne peut répondre de cette détermination, à deux ou trois siècles près. Ce sont les mêmes que ceux d'Eudoxe, que ceux de Tchéou-Kong.

Il est bien avéré que les Indiens n'observent pas, et qu'ils ne possèdent aucun des instruments nécessaires pour cela. M. Delambre reconnaît à la vérité, avec Bailly et Legentil, qu'ils ont des procédés de calcul qui, sans prouver l'ancienneté de leur astronomie, en montrent au moins l'originalité ; toutefois on ne peut étendre cette conclusion à leur sphère : car, indépendamment de leurs vingt-sept nacchatrons ou maisons lunaires, qui ressemblent beaucoup à celles des Arabes, ils ont au zodiaque les mêmes douze constellations que les Egyptiens, les Chaldéens et les Grecs ; et si l'on s'en rapportait aux assertions de M. Wilford, leurs constellations extra-zodiacales seraient aussi les mêmes que celles des Grecs, et porteraient des noms qui ne sont que de légères altérations de leurs noms grecs (1).

C'est à Yao (2) que l'on attribue l'introduction de l'astronomie à la Chine : il envoya, dit le *Chouking*, des astronomes vers les quatre points cardinaux de son

---

(1) M. Wilford, dans son mémoire sur les témoignages des anciens livres indous touchant l'Egypte et le Nil, dit :

« Ayant demandé à mon pandit, qui est un savant astronome, « de me désigner dans le ciel la constellation d'Antarmada, il me « dirigea aussitôt sur Andromède, que j'avais eu soin de ne pas lui mon- « trer comme un astérisme qui me serait connu. Il m'apporta ensuite « un livre très rare et très curieux, en sanscrit, où se trouvait un « chapitre particulier sur les Upanacshatras ou constellations extra- « zodiacales, avec des dessins de Capéya, de Câsyapé assise, te- « nant une fleur de lotus à la main, d'Antarmada enchaînée avec « le poisson près d'elle, et de Pârasicu tenant la tête d'un mons- « tre qu'il avait tué, dégouttant de sang et avec des serpents pour « cheveux. »

Qui ne reconnaîtrait là Persée, Céphée, et Cassiopée ? Mais n'oublions pas que ce pandit de M. Wilford est devenu bien suspect. (Cuvier)

(2) Empereur de Chine qui régna, dit-on, 2,250 ans avant Jésus-Christ. Les Chinois le regardent comme leur fondateur sans que cela soit acquis d'une manière indiscutable.

empire, pour examiner quelles étoiles présidaient aux quatre saisons, et pour régler ce qu'il y avait à faire dans chaque temps de l'année, comme s'il eût fallu se disperser pour une semblable opération. Environ deux cents ans plus tard, le *Chouking* parle d'une éclipse de soleil, mais avec des circonstances ridicules, comme dans toutes les fables de cette espèce ; car on fait marcher un général et toute l'armée chinoise contre deux astronomes, parce qu'ils ne l'avaient pas bien prédite, et l'on sait que plus de deux mille ans après les astronomes chinois n'avaient aucun moyen de prédire exactement les éclipses de soleil. En 1629 de notre ère, lors de leur dispute avec les jésuites, ils ne savaient pas même calculer les ombres (1).

Les véritables éclipses, rapportées par Confucius (2) dans sa *Chronique du royaume de Lou*, ne commencent que mille quatre cents ans après celle-là, en 776 avant Jésus-Christ, et à peine un demi-siècle plus haut que celles des Chaldéens rapportées par Ptolemée ; tant il est vrai que les nations échappées en même temps à la destruction sont aussi arrivées vers le même temps, quand les circonstances ont été semblables, à un même degré de civilisation. Or, on croirait, d'après l'identité

(1) C'est précisément cette ignorance d'une science dans laquelle les Chinois passèrent pour versés qui facilita l'établissement et la prépondérance des missionnaires jésuites en Chine. Les observatoires qu'ils ont créés dans le Céleste Empire leur valurent la protection des empereurs et l'admiration des savants. Celui qu'ils possédaient à Pékin est encore visité par les voyageurs qui peuvent y voir une partie des instruments qu'ils ont construits eux-mêmes ou apportés d'Europe.

(2) Le premier et le plus vénéré des philosophes chinois. On pense qu'il vivait en 550 avant Jésus-Christ. Sa mémoire est encore l'objet d'une sorte d'idolâtrie de la part des peuples chinois.

de nom des astronomes chinois sous différents règnes (ils paraissent, d'après le *Chouking*, s'être tous appelés *Hi* et *Ho*), qu'à cette époque reculée leur profession était héréditaire en Chine, comme dans l'Inde, en Egypte et à Babylone.

La seule observation chinoise plus ancienne qui ne porte pas en elle-même la preuve de sa fausseté serait celle de l'ombre faite par Tchéou-Kong vers 1100 avant Jésus-Christ ; encore est-elle au moins assez grossière.

Ainsi nos lecteurs peuvent juger que les inductions tirées d'une haute perfection de l'astronomie des anciens peuples ne sont pas plus concluantes en faveur de l'excessive antiquité de ces peuples que les témoignages qu'ils se sont rendus à eux-mêmes.

Mais quand cette astronomie aurait été plus parfaite, que prouverait-elle ? A-t-on calculé les progrès que devait faire une science dans le sein de nations qui n'en avaient en quelque sorte point d'autres ; chez qui la sérénité du ciel, les besoins de la vie pastorale ou agricole, et la superstition faisaient des astres l'objet de la contemplation générale ; où des collèges d'hommes les plus respectés étaient chargés de tenir registre des phénomènes intéressants et d'en transmettre la mémoire ; où l'hérédité de la profession faisait que les enfants étaient dès le berceau nourris dans les connaissances acquises par leurs pères ? Que parmi les nombreux individus dont l'astronomie était la seule occupation il se soit trouvé un ou deux esprits géométriques, et tout ce que ces peuples ont su a pu se découvrir en quelques siècles.

Songeons que depuis les Chaldéens la véritable astronomie n'a eu que deux âges, celui de l'école d'Alexandrie, qui a duré quatre cents ans, et le nôtre, qui n'a pas été aussi long. A peine l'âge des Arabes y a-t-il ajouté quelque chose. Les autres siècles ont été nuls pour elle. Il ne s'est pas écoulé trois cents ans entre Copernic (1) et l'auteur de la *Mécanique céleste*, et l'on veut que les Indiens aient eu besoin de milliers d'années pour arriver à leurs informes théories (2)?

Les monuments astronomiques laissés par les anciens ne portent pas les dates excessivement reculées que l'on a cru y voir.

On a donc eu recours à des arguments d'un autre genre. On a prétendu qu'indépendamment de ce qu'ils ont pu savoir, ces peuples ont laissé des monuments qui portent, par l'état du ciel qu'ils représentent, une date certaine et une date très reculée ; et les zodiaques sculptés dans deux temples de la haute Egypte parurent, il y a quelques années, fournir pour cette assertion des preuves tout à fait démonstratives. Ils offrent les mêmes figures des constellations zodiacales que nous employons aujourd'hui, mais distribuées d'une façon particulière. On crut voir dans cette distribution une représentation de l'état du ciel au moment où l'on avait dessiné ces monuments, et l'on pensa qu'il serait possible d'en con-

(1) Célèbre astronome polonais qui révolutionna les systèmes astronomiques adoptés avant lui et démontra le véritable mouvement céleste.

(2) Le traducteur anglais de ce discours cite à ce sujet l'exemple du célèbre James Ferguson, qui était berger dans son enfance, et qui, en gardant les troupeaux pendant la nuit, eut de lui-même l'idée de se faire une carte céleste, et la dessina peut-être mieux qu'aucun astronome chaldéen. On raconte quelque chose d'assez semblable de Jamerey Duval. (Cuvier).

clure la date de la construction des édifices qui les contiennent (1).

(1) Ainsi à Denderah (l'ancienne Tentyris), ville au-dessous de
Thèbes, dans le portique du grand temple dont l'entrée regarde
le nord, on voit au plafond les signes du zodiaque marchant sur
deux bandes, dont l'une est le long du côté oriental et l'autre du
côté opposé : elles sont embrassées chacune par une figure de
femme aussi longue qu'elles, dont les pieds sont vers l'entrée, la
tête et les bras vers le fond du portique : par conséquent les pieds
sont au nord et les têtes au sud.

Le Lion est à la tête de la bande qui est à l'occident ; il se dirige
vers le nord ou vers les pieds de la figure de femme, et il a lui-
même les pieds vers le mur oriental. La Vierge, la Balance, le
Scorpion, le Sagittaire et le Capricorne le suivent, marchant sur
une même ligne. Ce dernier se trouve vers le fond du portique
et près des mains et la tête de la grande figure de femme. Les
signes de la bande orientale commencent à l'extrémité où ceux de
l'autre bande finissent, et se dirigent par conséquent vers le fond
du portique ou vers les bras de la grande figure. Ils ont les pieds
vers le mur latéral de leur côté, et les têtes en sens contraire de
celles de la bande opposée. Le Verseau marche le premier, suivi
des Poissons, du Bélier, du Taureau, des Gémeaux. Le dernier de
la série, qui est le Cancer ou plutôt le Scarabée, car c'est par cet
insecte que le Cancer des Grecs est remplacé dans les zodiaques
d'Eypte, est jeté de côté sur les jambes de la grande figure. A la
place qu'il aurait dû occuper est un globe posé sur le sommet
d'une pyramide composée de petits triangles qui représentent des
espèces de rayons, et devant la base de laquelle est une grande
tête de femme avec deux petites cornes. Un second Scarabée est
placé de côté et en travers sur la première bande, dans l'angle que
les pieds de la grande figure forment avec le corps et en avant de
l'espace où marche le Lion, lequel est un peu en arrière. A l'autre
bout de cette même bande le Capricorne est très près du fond ou
des bras de la grande figure, et, sur la bande à gauche, le Verseau
en est assez éloigné : cependant le Capricorne n'est pas répété
comme le Cancer. La division de ce zodiaque se fait donc dès
l'entrée entre le Lion et le Cancer ; ou, si l'on pense que la répétition du Scarabée marque une division du signe, elle a lieu dans
le Cancer lui-même ; mais celle du fond se fait entre le Capricorne
et le Verseau.

Dans une des salles intérieures du même temple était un planisphère circulaire inscrit dans un carré, celui-là même qui a été
apporté à Paris par M. Lelorrain, et que l'on voit à la Bibliothèque du Roi. On y remarque aussi les signes du zodiaque parmi
beaucoup d'autres figures qui paraissent représenter des constellations.

Le Lion y répond à l'une des diagonales du carré ; la Vierge,

Mais pour en venir à la haute antiquité que l'on prétendait en déduire, il fallut supposer premièrement que leur division avait un rapport déterminé avec un certain état du ciel, dépendant de la précession des équinoxes,

qui le suit, répond à une ligne perpendiculaire qui est dirigée vers l'orient ; les autres signes marchent dans l'ordre connu jusqu'au Cancer, qui, au lieu de compléter la chaîne en répondant au niveau du Lion, est placé au-dessus de lui, plus près du centre du cercle, en sorte que les signes sont sur une ligne un peu spirale.

Ce Cancer, ou plutôt ce Scarabée, marche en sens contraire des autres signes. Les Gémeaux répondent au nord, le Sagittaire au midi et les Poissons à l'orient, mais pas très exactement. Au côté oriental de ce planisphère est une grande figure de femme, la tête dirigée vers le midi et les pieds vers le nord, comme celle du portique.

On pourrait donc aussi élever quelque doute sur le point de ce second zodiaque où il faudrait commencer la série des signes. Suivant que l'on prendra une des perpendiculaires ou une des diagonales, ou l'endroit où une partie de la série passe sur l'autre partie, on le jugera divisé au Lion, ou bien entre le Lion et le Cancer, ou bien enfin aux Gémeaux.

A Esné (l'ancienne Latopolis), ville placée au-dessus de Thèbes, il y a des zodiaques aux plafonds de deux temples différents.

Celui du grand temple, dont l'entrée regarde le levant, est sur deux bandes contiguës et parallèles l'une à l'autre le long du côté sud du plafond.

Les figures de femmes qui les embrassent ne sont pas sur leur longueur, mais sur leur largeur, en sorte que l'une est en travers près de l'entrée ou à l'orient, la tête et les bras vers le nord, et les pieds vers le mur latéral ou vers le sud, et que l'autre est dans le fond du portique, également en travers et regardant la première.

La bande la plus voisine de l'axe du portique ou du nord présente d'abord, du côté de l'entrée ou de l'orient et vers la tête de la figure de femme, le Lion, placé un peu en arrière et marchant vers le fond, les pieds du côté du mur latéral ; derrière le Lion, à l'origine de la bande, sont deux Lions plus petits ; au-devant de lui est le Scarabée, et ensuite les Gémeaux, marchant dans le même sens ; puis le Taureau et le Bélier, et les Poissons, rapprochés les uns des autres, placés en travers sur le milieu de la bande ; le Taureau la tête vers le mur latéral, le Bélier vers l'axe. Le Verseau est plus loin, et reprend la même direction vers le fond que les trois premiers signes.

Sur la bande la plus voisine du mur latéral et du nord l'on voit d'abord, mais assez loin du mur du fond ou de l'occident, le Capri-

qui fait faire aux colures (1) le tour du zodiaque en vingt-six mille ans (2) ; qu'elle indiquait, par exemple, la position du point solsticial ; et secondement, que l'état du ciel représenté était précisément celui qui avait lieu à

corne, qui marche en sens contraire du Verseau, et se dirige vers l'orient ou l'entrée du portique, les pieds tournés vers le mur latéral. *Tout près de lui est le Sagittaire, qui répond ainsi aux* Poissons et au Bélier. Il marche aussi vers l'entrée ; mais ses pieds sont tournés vers l'axe et en sens contraire de ceux du Capricorne.

A une certaine distance en avant, et près l'un de l'autre, sont le Scorpion et une Femme tenant la balance ; enfin un peu plus en avant, mais encore assez loin de l'extrémité antérieure ou orientale, est la Vierge, qui est précédée d'un sphinx. La Vierge et la Femme qui tient la balance ont aussi les pieds vers le mur ; en sorte que le Sagittaire est le seul qui soit placé la tête à l'envers des autres signes.

Au nord d'Esné est un petit temple isolé, également dirigé vers l'orient, et dont le portique a encore un zodiaque ; il est sur deux bandes latérales et écartées ; celle qui est le long du côté sud commence par le Lion, qui marche vers le fond ou vers l'occident, les pieds tournés vers le mur ou le sud ; il est précédé du Scarabée, et celui-ci des Gémeaux marchant dans le même sens. Le Taureau, au contraire, vient à leur rencontre, se dirigeant à l'orient ; mais le Bélier et les Poissons reprennent la direction vers le fond ou vers l'occident.

A la bande du côté du nord, le Verseau est près du fond ou de l'occident, marchant vers l'entrée ou l'orient, les pieds tournés vers le mur, précédé du Capricorne et du Sagittaire, qui marchent dans le même sens. Les autres signes sont perdus ; mais il est clair que la Vierge devait marcher en tête de cette bande du côté de l'entrée.

Parmi les figures accessoires de ce petit zodiaque on doit remarquer deux béliers ailés placés en travers, l'un entre le Taureau et les Gémeaux, l'autre entre le Scorpion et le Sagittaire, et chacun presque au milieu de sa bande, le second cependant un peu plus avancé vers l'entrée.

On avait pensé d'abord que dans le grand zodiaque d'Esné la division de l'entrée se fait entre la Vierge et le Lion, et celle du fond entre les Poissons et le Verseau. Mais M. Hamilton, MM. Jol-

(1) On nomme ainsi les deux grands cercles qui coupent l'équateur à angle droit en passant par les pôles. Ils se trouvent nécessairement déplacés par suite du phénomène que cause la précession des équinoxes.

(2) Les calculs exactement refaits donnent 25,870 ans.

l'époque où le monument a été construit ; deux suppositions qui en supposaient elles-mêmes, comme on voit,
un grand nombre d'autres.

En effet, les figures de ces zodiaques sont-elles les
constellations, les vrais groupes d'étoiles qui portent
aujourd'hui les mêmes noms, ou simplement ce que les
astronomes appellent des signes, c'est-à-dire des divisions du zodiaque partant de l'un des colures, quelque
place que ce colure occupe ?

Le point où l'on a partagé ces zodiaques en deux bandes est-il nécessairement celui d'un solstice ?

La division du côté de l'entrée est-elle nécessairement
celle du solstice d'été ?

Cette division indique-t-elle, même en général, un
phénomène dépendant de la précession des équinoxes ?

Ne se rapporterait-elle pas à quelque époque dont la
rotation serait moindre ; par exemple, au moment de
l'année tropique où commençait telle ou telle des années
sacrées des Égyptiens, lesquelles, étant plus courtes que
la véritable année tropique de près de six heures, faisaient le tour du zodiaque en mille cinq cent huit ans ?

Enfin, quelque sens qu'elle ait eu, a-t-on voulu marquer par-là le temps où le zodiaque a été sculpté, ou
celui où le temple a été construit ? N'a-t-on pas eu l'idée
de rappeler un état antérieur du ciel à quelque époque

---

lois et Devilliers, ont cru voir dans le sphinx qui précède la Vierge
une répétition du Lion analogue à celle du Cancer dans le grand
zodiaque de Denderah ; en sorte que selon eux la division aurait
lieu dans le Lion. En effet, sans cette explication il n'y aurait
que cinq signes d'un côté et sept de l'autre.

Quant au petit zodiaque du nord d'Esné, on ne sait si quelque
emblème analogue à ce sphinx s'y trouvait, parce que cette
partie est détruite.

intéressante pour la religion, soit qu'on l'ait observé où qu'on l'ait conclu par un calcul rétrograde ?

D'après le seul énoncé de pareilles questions, on doit· sentir tout ce qu'elles avaient de compliqué, et combien la solution quelconque que l'on aurait adoptée devait être sujette à controverse et peu susceptible de servir elle-même de preuve solide à la solution d'un autre problème, tel que l'antiquité de la nation égyptienne. Aussi peut-on dire que parmi ceux qui essayèrent de tirer de ces données une date, il s'éleva autant d'opinions qu'il y eut d'auteurs.

Le savant astronome M. Burkard, d'après un premier aperçu, jugea qu'à Denderah le solstice est dans le Lion, par conséquent de deux signes moins reculé qu'aujourd'hui, et que le temple a au moins quatre mille ans.

Il en donnait en même temps sept mille à celui d'Esné, sans que l'on sache trop comment il entendait faire accorder ces nombres avec ce que l'on connaît de la précession des équinoxes.

Feu Lalande, voyant que le Cancer était répété sur les deux bandes, imagina que le solstice passait au milieu de cette constellation ; mais comme c'était ce qui avait lieu dans la sphère d'Eudoxe, il conclut que quelque Grec pouvait avoir représenté cette sphère au plafond d'un temple égyptien sans savoir qu'il représentait un état du ciel qui depuis longtemps n'existait plus. C'était, comme on voit, une conséquence bien contraire à celle de M. Burkard.

Dupuis, le premier, crut nécessaire de chercher des preuves de cette idée, en quelque sorte adoptée de confiance, qu'il s'agissait du solstice ; il les vit, pour le grand zodiaque de Denderah, dans ce globe au sommet de la pyramide, et dans plusieurs emblèmes placés près de différents signes, et qui tantôt, selon d'anciens auteurs, comme Plutarque, Horus-Apollo ou Clément d'Alexandrie, tantôt selon ses propres conjectures, devaient représenter des phénomènes qui auraient été réellement ceux des saisons affectées à chaque signe.

Du reste, il soutient que cet état du ciel donne la date du monument, et que l'on avait à Denderah l'original et non pas une copie de la sphère d'Eudoxe, ce qui le conduisit à mille quatre cent soixante-huit ans avant Jésus-Christ, au règne de Sésostris.

Cependant ce nombre de dix-neuf bateaux placés sous chaque bande lui donna l'idée que le solstice pourrait bien avoir été au dix-neuvième degré du signe, ce qui ferait deux cent quatre-vingt-huit ans de plus.

M. Hamilton ayant remarqué qu'à Denderah le Scarabée du côté des signes ascendants est plus petit que celui de l'autre côté, un auteur anglais en a conclu que le solstice peut avoir été plus près de son point actuel que le milieu du Cancer, ce qui pourrait nous ramener à mille ou mille deux cents ans avant Jésus-Christ.

Feu Nouet, jugeant que ce globe, ces rayons et cette tête cornue ou d'Isis représentent le lever héliaque de Sirius, prétendit que l'on avait voulu marquer une époque de la période sothiaque, mais qu'on avait voulu la marquer par la place qu'occupait le solstice ; or, dans l'avant-dernière de ces périodes, celle qui s'est écoulée depuis 2782 jusqu'à 1322 avant Jésus-Christ, le solstice a passé de trente degrés quarante-huit minutes de la constellation du Lion à treize degrés trente-quatre minutes du Cancer. Au milieu de cette période il était donc à vingt-trois degrés trente-quatre minutes du Cancer; le lever héliaque de Sirius arrivait alors quelques jours après le solstice; c'est ce que l'on a indiqué, selon M. Nouet, par la répétition du Scarabée et par l'image de Sirius dans les rayons du soleil placés au commencement de la bande de droite. D'après cette manière de voir, il conclut que ce temple est de deux mille cinquante-deux ans avant Jésus-Christ, et celui d'Esné de quatre mille six cents.

Tous ces calculs, même en admettant que la division marque le solstice; seraient encore susceptibles de beaucoup de modifications ; et d'abord il paraît que leurs auteurs ont supposé les constellations toutes de trente degrés comme les signes, et n'ont pas réfléchi qu'il s'en faut de beaucoup, du moins comme on les dessine aujourd'hui et comme les Grecs nous les ont transmises, qu'elles soient ainsi égales entre elles. En réalité, le solstice, qui est aujourd'hui en deçà des premières étoiles de la constellation des Gémeaux, n'a dû quitter les premières étoiles de la constellation du Cancer que quarante-cinq ans après Jésus-Christ. Il n'a quitté la constellation du Lion que mille deux cent soixante ans (1) avant la même ère.

_____

(1) Mon célèbre et savant collègue, M. Delambre, a bien voulu me donner la note suivante qui éclaircit la remarque ci-dessus. *Voyez le tableau ci-annexé.*

CONSTRUCTION ET USAGE DE LA TABLE.

Les longitudes des étoiles pour 1800 ont été prises dans les tables de Berlin. Elles sont de Lacaille, ou de Bradley, ou de Flamsteed.

On a pris la première et la dernière de chaque constellation et quelques-unes des étoiles intermédiaires les plus brillantes.

La troisième colonne indique l'année où la longitude de l'étoile était 0; c'est-à-dire celle où l'étoile se trouvait dans le colure équinoxial du printemps.

Il s'agirait encore de savoir quand on cessait de placer la constellation dans laquelle le soleil entrait après le solstice, à la tête des signes descendants, et si cela avait lieu aussitôt que le solstice avait assez rétrogradé pour toucher la constellation précédente.

La dernière colonne indique l'année où l'étoile était dans le colure solsticial, soit de l'hiver, soit de l'été.

Pour le Bélier, le Taureau et les Gémeaux, on a choisi le solstice d'hiver : pour les autres constellations on a choisi le solstice d'été, pour ne pas trop s'enfoncer dans l'antiquité et ne point trop s'approcher des temps modernes. Au reste, il sera bien facile de trouver le solstice opposé, en ajoutant la demi-période de douze mille neuf cent soixante ans. La même règle servira pour trouver le temps où l'étoile a été ou sera à l'équinoxe d'automne.

Le signe — indique les années avant notre ère; le signe + l'année de notre ère ; enfin la dernière ligne à la suite de chaque signe sous le nom de *durée* donne l'étendue de la constellation en degrés, et le temps que l'équinoxe ou le solstice emploie à parcourir la constellation d'un bout à l'autre.

On a supposé la précession de cinquante secondes par an, telle qu'elle est donnée par la comparaison du catalogue d'Hipparque avec les catalogues modernes. On avait ainsi la commodité des nombres ronds et toute l'exactitude dont on peut répondre.

La période entière est ainsi de vingt-cinq mille neuf cent vingt ans , la demi-période, de douze mille neuf cent soixante ans ; le quart, de six mille quatre cent quatre-vingts ans ; le douzième, ou un signe, de deux mille cent soixante ans.

Il est à remarquer que les constellations laissent entre elles des vides, et que quelquefois elles empiètent les unes sur les autres. Ainsi, entre la dernière étoile du Scorpion et la première du Sagittaire, il y a un intervalle de six degrés deux tiers. Au contraire, la dernière du Capricorne est plus avancée de quatorze degrés en longitude que la première du Verseau.

Ainsi, même indépendamment de l'inégalité du mouvement du soleil, les constellations donneraient une mesure très inégale et très fautive de l'année et de ses mois. Les signes de trente degrés en fournissent une plus commode et moins défectueuse. Mais les signes ne sont qu'une conception géométrique ; on ne peut ni les distinguer ni les observer ; ils changent continuellement de place par la rétrogradation du point équinoxial.

On a pu de tout temps déterminer grossièrement les équinoxes et les solstices; à la longue on a pu remarquer que le spectacle du ciel pendant la nuit n'était pas exactement le même qu'il avait été anciennement aux temps des équinoxes et des solstices. Mais jamais on n'a pu observer exactement le lever héliaque d'une étoile; on

Ainsi MM. Jollois et Devilliers, à l'ardeur soutenue de qui nous devons l'exacte connaissance de ces fameux monuments, pensant toujours que la division vers l'entrée du vestibule est le solstice, et jugeant que la Vierge a dû rester la première des constellations descendantes tant que le solstice n'avait pas reculé au moins jusqu'au milieu de la constellation du Lion ; croyant voir de plus,

devait toujours s'y tromper de quelques jours. Aussi en parle-t-on souvent sans qu'on en ait une détermination sur laquelle on puisse compter. Avant Hipparque on ne voit, ni dans les livres ni dans les traditions, rien qu'on puisse soumettre au calcul; et c'est ce qui a tant multiplié les systèmes. On a disputé sans s'entendre. Ceux qui ne sont point astronomes peuvent se faire de la science des Chaldéens, des Égyptiens, etc., etc., des idées aussi belles qu'il leur plaira; il n'en résultera aucun inconvénient réel. On peut prêter à ces peuples l'esprit et les connaissances des modernes ; mais on ne peut rien emprunter d'eux, car il n'ont rien eu ou ils n'ont rien laissé. Jamais les astronomes ne tireront des anciens rien qui soit de l'utilité la plus légère. Laissons aux érudits leurs vaines conjectures, et confessons notre ignorance absolue sur des choses peu utiles en elles-mêmes, et dont il ne reste aucun monument.

Les limites des constellations varient suivant les auteurs que l'on consulte. On voit ces limites s'étendre ou se resserrer quand on passe d'Hipparque à Tycho, de Tycho à Hevelius, d'Hevelius à Flamsteed, Lacaille, Bradley ou Piazzi.

Je l'ai dit ailleurs, les constellations ne sont bonnes à rien, si ce n'est tout au plus à reconnaître plus facilement les étoiles; au lieu que les étoiles en particulier donnent des points fixes auxquels on peut rapporter les mouvements, soit des colures soit des planètes. L'astronomie n'a commencé qu'à l'époque ou Hipparque a fait le premier catalogue d'étoiles, mesuré la révolution du soleil, celle de la lune et leurs principales inégalités. Le reste n'offre que ténèbres, incertitudes et erreurs grossières. Ce serait temps perdu que celui qu'on voudrait employer à débrouiller ce chaos.

J'ai dit, à quelques ménagements près, tout ce que je pense sur ce sujet. Je n'ai eu la prétention de convertir personne, peu m'importe qu'on adopte mes opinions; mais si l'on compare mes raisons aux rêves de Newton, de Herschell, de Bailly et de tant d'autres, il n'est pas impossible qu'avec le temps on n'arrive à se dégoûter de ces chimères plus ou moins brillantes.

J'ai essayé de déterminer l'étendue des constellations, d'après les catastérismes du faux Ératosthène. La chose est réellement

comme nous l'avons dit, que le Lion est divisé dans le grand zodiaque d'Esné, ne font remonter ce zodiaque qu'à deux mille six cent dix ans avant Jésus-Christ.

M. Hamilton, qui a le premier fait remarquer cette division du signe du Lion dans le zodiaque d'Esné, réduit l'éloignement de la période où s'y trouvait le solstice à mille quatre cents ans avant Jésus-Christ.

Il parut encore un grand nombre d'autres systèmes sur le même sujet. M. Rhode, par exemple, en proposait deux : le premier faisait remonter le zodiaque du portique de Denderah à cinq cent quatre-vingt-onze ans avant Jésus-Christ; d'après le second, il s'élèverait à douze cent quatre-vingt-dix. M. Latreille fixait l'époque du zodiaque à six cent soixante-dix ans avant Jésus-

impossible. Ce serait encore pis si l'on consultait Hygin et surtout Firmicus. Voici au reste ce que j'ai tiré d'Eratosthène.

CONSTELLATIONS.	DURÉE	
Bélier.	1747 ans.	(*) Ératosthène ne fait qu'une constellation du Scorpion et des Serres. Il indique le commencement des Serres sans en marquer la fin; et comme il donne mille huit cent vingt-trois ans au Scorpion proprement dit, il resterait mille quatre-vingt-neuf ans pour les Serres en supposant qu'il n'y eût aucun espace vide entre les deux constellations.
Taureau.	1826	
Gémeaux	1636	
Cancer.	1204	
Lion	2617	
Vierge.	8307	
Serres.	1089 (*)	
Scorpion	1823	
Sagittaire	2138	
Capricorne.	1416	
Verseau	1196	
Poissons	2936	

Quant aux Chaldéens, aux Egyptiens, aux Chinois et aux Indiens, il ne faut pas n'y songer. On n'en peut absolument rien tirer.

DELAMBRE.

Christ ; celle du planisphère à cinq cent cinquante ; celle du zodiaque du grand temple d'Esné à deux mille cinq cent cinquante ; celle du petit à mille sept cent soixante.

Mais il y avait une difficulté inhérente à toutes les dates qui partaient de la double supposition que la division marque le solstice, et que la position du solstice marque l'époque du monument ; c'est la conséquence inévitable que le zodiaque d'Esné aurait dû être au moins de deux mille et peut-être de trois mille ans (1) plus ancien que celui de Denderah, conséquence qui évidemment battait en ruine la supposition ; car aucun homme un peu instruit de l'histoire des arts ne pourra croire que deux édifices aussi ressemblants par l'architecture aient été autant séparés par le temps.

Le sentiment de cette impossibilité, uni toujours à la croyance que cette division des zodiaques indique une date, fit recourir à une autre conjecture, à celle que les constructeurs auraient voulu marquer celle des années sacrées des Égyptiens où le monument a été élevé. Ces années ne durant que trois cent soixante-cinq jours, si le soleil au commencement de l'une occupait le commencement d'une constellation, il s'en fallait de près de six heures qu'il n'y fût revenu au commencement de l'année suivante, et après cent vingt et un ans il ne devait se trouver qu'au commencement du signe précédent. Il semble assez naturel que les constructeurs d'un temple aient voulu indiquer à peu près dans quelle

(1) D'après les tables de la note ci-dessus, le solstice est resté trois mille quatre cent soixante-quatorze ou au moins trois mille trois cent sept ans dans la constellation de la Vierge, celle de toutes qui occupe un plus grand espace dans le zodiaque, et deux mille six cent dix-sept dans celle du Lion. (*Cuvier.*)

période de la grande année, de l'année sothiaque, il avait été élevé, et l'indication du signe par lequel commençait alors l'année sacrée en était un assez bon moyen. On comprendrait ainsi qu'il se serait écoulé de cent vingt à cent cinquante ans entre le temple d'Esné et celui de Denderah.

Mais, dans cette manière de voir, il restait à déterminer dans laquelle des grandes années ces constructions auraient eu lieu : ou celle qui a fini en 138 après, ou celle qui a fini en 1322 avant Jésus-Christ, ou quelque autre.

Feu Visconti, premier auteur de cette hypothèse, prenant l'année sacrée dont le commencement répondait au signe du Lion, et jugeant, d'après la ressemblance des signes, qu'ils avaient été représentés à une époque où les opinions des Grecs n'étaient pas étrangères à l'Égypte, ne pouvait choisir que la fin de la dernière grande année, ou l'espace écoulé entre l'an 12 et l'an 138 après Jésus-Christ, ce qui lui sembla s'accorder avec l'inscription grecque, qu'il ne connaissait pas bien encore, mais où il avait ouï dire qu'il était question d'un César.

M. Testa, cherchant la date du monument dans un autre ordre d'idées, alla jusqu'à supposer que si la Vierge se montre à Esné en tête du zodiaque, c'est que l'on a voulu y représenter l'ère d'Actium, telle qu'elle avait été établie pour l'Égypte par un décret du sénat, cité par Dion Cassius (1), et qui commençait au mois de septembre, le jour où avait eu lieu la prise d'Alexandrie par Auguste.

---

(1) Historien latin vivant vers l'année 230 après Jésus-Christ et qui occupa divers hauts emplois sous plusieurs empereurs.

M. de Paravey considéra ces zodiaques sous un point de vue nouveau, qui pourrait embrasser à la fois et la révolution des équinoxes et celle de la grande année. Supposant que le planisphère circulaire de Denderah a dû être orienté, et que l'axe du nord au sud est la ligne des solstices, il vit le solstice d'été au deuxième Gémeau, celui d'hiver à la croupe du Sagittaire ; la ligne des équinoxes aurait passé par les Poissons et la Vierge, ce qui lui donnait pour date le premier siècle de notre ère.

D'après cette manière de voir, la division du zodiaque du portique ne pouvait plus se rapporter aux colures, et il fallait chercher ailleurs la marque du solstice. M. de Paravey ayant remarqué qu'il y a entre tous les signes des figures de femmes qui portent une étoile sur la tête et qui marchent dans le même sens, et observant que celle qui vient après les Gémeaux est seule tournée en sens contraire des autres, jugea qu'elle indique la *conversion* du soleil ou le tropique, et que ce zodiaque s'accorde ainsi avec le planisphère.

En appliquant l'idée de l'orientement au petit zodiaque d'Esné, on y trouverait les solstices entre les Gémeaux et le Taureau, et entre le Scorpion et le Sagittaire ; ils y seraient même marqués par le changement de direction du Taureau et par des béliers ailés placés en travers à' ces deux endroits. Dans le grand zodiaque de la même ville, les marques en seraient la position en travers du Taureau et le renversement du Sagittaire ; il n'y aurait plus alors qu'une portion de constellation d'écoulée entre les dates d'Esné et celles de Denderah, espace toutefois encore bien long pour des édifices si ressemblants.

Une opération de feu M. Delambre sur le planisphère circulaire parut confirmer ces conjectures favorables à sa nouveauté; car en plaçant les étoiles sur la projection d'Hipparque, d'après la théorie de cet astronome et d'après les positions qu'il leur avait données dans son catalogue, augmentant toutes les longitudes pour que le solstice passât par le second des Gémeaux, il reproduisit presque ce planisphère; et « cette ressemblance, dit-« il, aurait été encore plus grande s'il eût adopté les « longitudes telles qu'elles sont dans le catalogue de « Ptolémée pour l'an 123 de notre ère. Au contraire, en « remontant de vingt-cinq ou vingt-six siècles, les ascen-« sions droites et les déclinaisons seront changées con-« sidérablement, et la projection aura pris une figure « toute différente.

« Tous nos calculs, ajoutait ce grand astronome, nous « ramènent à cette conclusion, que les sculptures sont « postérieures à l'époque d'Alexandre. »

A la vérité, le planisphère circulaire ayant été apporté à Paris par les soins de MM. Saunier et Lelorrain, M. Biot, dans un ouvrage fondé sur des mesures précises et des calculs pleins de sagacité, a établi qu'il représente, d'après une projection géométrique exacte, l'état du ciel tel qu'il avait lieu sept cents ans avant Jésus-Christ; mais il s'est bien gardé d'en conclure qu'il ait été sculpté dans ce temps là.

En effet, tous ces efforts d'esprit et de science, en tant qu'ils concernent l'époque des monuments, sont devenus superflus depuis que, finissant par où naturellement l'on aurait commencé si la prévention n'avait pas aveuglé les premiers observateurs, on s'est donné la peine de copier et de restituer les inscriptions grecques gravées sur ces monuments, et surtout depuis que M. Champollion est parvenu à déchiffrer celles qui sont exprimées en hiéroglyphes.

Il est certain maintenant, et les inscriptions grecques s'accordent pour le prouver avec les inscriptions hiéroglyphiques, il est certain, disons-nous, que les temples dans lesquels on a sculpté des zodiaques ont été construits sous la domination des Romains. Le portique du temple de Denderah, d'après l'inscription grecque de son frontispice, est consacré au salut de Tibère. Sur le planisphère du même temple on lit le titre d'*autocrator* en caractères hiéroglyphiques, et il est probable qu'il se rapporte à Néron. Le petit temple d'Esné, celui dont on plaçait l'origine au plus tard entre deux mille sept cents ou trois mille ans avant Jésus-Christ, a une colonne sculptée et peinte la dixième année d'Antonin, cent quarante-sept ans après Jésus-Christ, et elle est peinte et sculptée dans le même style que le zodiaque qui est auprès.

Il y a plus ; on a la preuve que cette division du zodiaque dans tel ou tel signe n'a aucun rapport à la précession des équinoxes, ni au déplacement du solstice. Un cercueil de momie, rapporté nouvellement de Thèbes par M. Caillaud, et contenant, d'après l'inscription grecque, très lisible, le corps d'un jeune homme mort la dix-neuvième année de Trajan, cent seize ans après Jésus-Christ, offre un zodiaque divisé au même point que ceux de Denderah ; et toutes les apparences sont que cette division marque quelque thème astrologique relatif à cet individu, conclusion qui doit probablement s'appliquer aussi à la division des zodiaques des temples ; elle marque ou le thème astrologique du moment de leur érection, ou celui du prince pour le salut duquel ils avaient été votés, ou tel autre instant semblable relativement auquel la position du soleil aura paru importante à noter.

Ainsi se sont évanouies pour toujours les conclusions que l'on avait voulu tirer de quelques monuments mal expliqués, contre la nouveauté des continents et des nations, et nous aurions pu nous dispenser d'en traiter avec tant de détails si elles n'étaient pas si récentes et n'avaient pas fait assez d'impression pour conserver encore leur influence sur les opinions de quelques personnes.

Le zodiaque est loin de porter en lui-même une date certaine et excessivement reculée.

Mais il y a des écrivains qui ont prétendu que le zodiaque porte en lui-même la date de son invention, par la raison que les noms et les figures donnés à ses constellations sont un indice de la position des colures quand on l'inventa ; et cette date, selon plusieurs, est tellement évidente et tellement reculée, qu'il est assez indifférent que les représentations que l'on possède de ce cercle soient plus ou moins anciennes.

Ils ne font pas attention que ce genre d'arguments se complique de trois suppositions également incertaines : le pays où l'on admet que le zodiaque a été inventé, le sens que l'on croit avoir été donné aux constellations qui l'occupent, et la position dans laquelle étaient les colures par rapport à chaque constellation, quand ce sens lui a été attribué. Selon qu'on a imaginé d'autres allégories, ou que l'on admet que ces allégories se rap-

portaient à la constellation dont le soleil occupait les
premiers degrés, ou à celle dont il occupait le milieu,
ou à celle où il commençait d'entrer, c'est-à-dire dont
il occupait les derniers degrés, ou bien enfin à celle qui
lui était opposée et qui se levait le soir ; ou selon que
l'on place l'invention de ces allégories dans un autre
climat, il faut aussi changer la date du zodiaque. Les
variations possibles à cet égard peuvent embrasser jusqu'à la moitié de la révolution des fixes, c'est-à-dire
treize mille ans et même davantage.

Ainsi Pluche (1), généralisant quelques indications
des anciens, a pensé que le Bélier annonce le soleil commençant à monter, et l'équinoxe du printemps ; que le
Cancer annonce sa rétrogradation au solstice d'été : que
la Balance, signe d'égalité, marque l'équinoxe d'automne ; et que le Capricorne, animal grimpeur, indique
le solstice d'hiver après lequel le soleil nous revient. De
cette manière, en plaçant les inventeurs du zodiaque
dans un climat tempéré, on aurait des pluies sous le
Verseau, des naissances d'agneaux et de chevreaux sous
les Gémeaux, des chaleurs violentes sous le Lion, les
récoltes sous la Vierge, la chasse sous le Sagittaire, etc.,
et les emblèmes seraient assez convenables. En plaçant
alors les colures au commencement des constellations,
ou du moins l'équinoxe aux premières étoiles du Bélier,
on n'arriverait en première instance qu'à trois cent
quatre-vingt-neuf ans avant Jésus-Christ, époque évidemment trop moderne, et qui obligerait de remonter
encore d'une période équinoxiale tout entière ou de

----

(1) Savant français et vulgarisateur des sciences physiques, de
1688 à 1749.

vingt-six mille ans. Mais si l'on suppose que l'équinoxe passait par le milieu de la constellation, on arrivera à mille ou mille deux cents ans plus haut, à peu près à seize ou dix-sept cents ans avant Jésus-Christ ; et c'est là l'époque que plusieurs hommes célèbres ont cru véritablement être celle de l'invention du zodiaque, dont, sur d'autres motifs assez légers, ils ont fait honneur à Chiron (1).

Mais Dupuis (2), qui avait besoin, pour l'origine qu'il prétendait attribuer à tous les cultes, que l'astronomie et nommément les figures du zodiaque eussent en quelque sorte précédé toutes les autres institutions humaines, a cherché un autre climat pour trouver d'autres explications aux emblèmes et pour en déduire une autre époque. Si, prenant toujours la Balance pour un signe équinoxial, mais la supposant à l'équinoxe du printemps, on veut que le zodiaque ait été inventé en Égypte, on trouvera en effet encore des explications assez plausibles pour le climat de ce pays. Le Capricorne, animal à queue de poisson, marquera le commencement de l'élévation du Nil au solstice d'été ; le Verseau et les Poissons, les progrès et la diminution de l'inondation ; le Taureau, le labourage ; la Vierge, la récolte ; et ils les marqueront aux époques où en effet ces opérations ont lieu. Dans cette hypothèse, le zodiaque aura quinze mille ans pour un soleil supposé au premier degré de chaque signe, plus de seize mille pour le milieu, et quatre mille seulement, en supposant que l'emblème a été donné au

(1) Centaure, fils de Saturne et qui personnifie le Sagittaire dans les signes du Zodiaque.
(2) Savant français de la fin du dernier siècle.

signe à l'opposition duquel était le soleil. C'est à quinze mille ans que s'est attaché Dupuis, et c'est sur cette date qu'il a fondé tout le système de son fameux ouvrage (1).

Il ne manque cependant pas de gens qui, tout en admettant que le zodiaque a été inventé en Egypte, ont imaginé des allégories applicables à des temps postérieurs. Ainsi, selon M. Hamilton, la Vierge représenterait la terre d'Égypte lorsqu'elle n'est pas encore fécondée par l'inondation ; le Lion, la saison où cette terre est le plus livrée aux bêtes féroces, etc.

Cette haute antiquité de quinze mille ans entraînerait d'ailleurs cette conséquence absurde, que les Égyptiens, ces hommes qui représentaient tout par des emblèmes, et qui devaient attacher un grand prix à ce que ces emblèmes fussent conformes aux idées qu'ils devaient peindre, auraient conservé les signes du zodiaque des milliers d'années après qu'ils ne répondaient plus en aucune manière à leur sens primitif.

Feu Remi Raige chercha à soutenir l'opinion de Dupuis par un argument tout nouveau. Ayant remarqué que l'on peut trouver aux noms égyptiens des mois, en les expliquant par les langues orientales, des sens plus ou moins analogues aux figures des signes du zodiaque ; trouvant dans Ptolomée qu'*epifi*, qui signifie *capricorne*, commence au 20 de juin, et vient par conséquent immédiatement après le solstice d'été, il en conclut qu'à l'origine le Capricorne lui-même était au solstice d'été, et ainsi des autres signes, comme l'avait prétendu Dupuis.

Mais indépendamment de tout ce qu'il y a de hasardé

(1) Mémoire sur l'origine des Constellations et sur l'explication de la fable par l'astronomie.

dans ces étymologies, Raige ne s'aperçut point que c'est par un pur hasard que cinq ans après la bataille d'Actium, en l'année 25 avant Jésus-Christ, à l'établissement de l'année fixe d'Alexandrie, le premier jour de thoth se trouva correspondre au 29 d'août julien, et y correspondit depuis lors. C'est seulement de cette époque que les mois égyptiens commencèrent à des jours fixes de l'année julienne, mais à Alexandrie seulement; et même Ptolémée n'en continua pas moins d'employer dans son *Almageste* l'ancienne année égyptienne avec ses mois vagues.

Pourquoi n'aurait-on pas à une époque quelconque donné aux mois les noms des signes ou aux signes les noms des mois, tout aussi arbitrairement que les Indiens ont donné à leurs mois douze noms choisis parmi ceux de leurs vingt-sept maisons lunaires, d'après des motifs qu'il est impossible de deviner aujourd'hui ?

L'absurdité qu'il y aurait eu à conserver pendant quinze mille ans aux constellations des figures et des noms symboliques qui n'auraient plus offert aucun rapport avec leur position, aurait été bien plus sensible si elle fût allée jusqu'à conserver aux mois ces mêmes noms qui étaient sans cesse dans la bouche du peuple, et dont l'inconvenance se serait fait apercevoir à chaque instant.

Et que deviendraient en outre tous ces systèmes si les figures et les noms des constellations zodiacales leur avaient été donnés sans aucun rapport avec la course du soleil, comme leur inégalité, l'extension de plusieurs d'entre elles en dehors du zodiaque, leurs connexions manifestes avec les constellations voisines semblent le démontrer ?

Qu'arriverait-il encore si, comme le dit expressément Macrobe, chaque signe avait dû être un emblème du soleil, considéré dans quelqu'un de ses effets ou de ses phénomènes généraux, et sans égard aux mois où il passe, soit dans le signe, soit à son opposite ?

Enfin que serait-ce si les noms avaient été donnés d'une manière abstraite aux divisions de l'espace ou du temps, comme les astronomes les donnent maintenant à ce qu'ils appellent les signes, et n'avaient été appliqués aux constellations ou groupes d'étoiles qu'à une époque déterminée par le hasard, en sorte qu'on ne pourrait plus rien conclure de leur signification ?

En voilà sans doute autant qu'il en faut pour dégoûter un esprit bien fait de chercher dans l'astronomie des preuves de l'antiquité des peuples ; mais quand ces prétendues preuves seraient aussi certaines qu'elles sont vagues et dénuées de résultat, qu'en pourrait-on conclure *contre la grande catastrophe dont il nous reste des documents bien autrement démonstratifs !* Il faudrait seulement admettre, avec quelques modernes, que l'astronomie était au nombre des connaissances conservées par les hommes que cette catastrophe épargna.

Exagérations relatives à certains travaux de mines.

L'on a aussi beaucoup exagéré l'antiquité de certains travaux de mines. Un auteur tout récent a prétendu que les mines de l'île d'Elbe, à en juger par leurs déblais, ont dû être exploitées depuis quarante mille ans ; mais un autre auteur, qui a aussi examiné ces déblais avec soin, réduit cet intervalle à un peu plus de cinq mille ;

et encore en supposant que les anciens n'exploitaient chaque année que le quart de ce que l'on exploite maintenant. Mais quel motif a-t-on de croire que les Romains, par exemple, tirassent si peu de parti de ces mines, eux qui consommaient tant de fer dans leurs armées? De plus, si ces mines avaient été en exploitation il y a seulement quatre mille ans, comment le fer aurait-il été si peu connu dans la haute antiquité?

Conclusion générale relative à l'époque de la dernière révolution.

Je pense donc, avec MM. Deluc et Dolomieu, que s'il y a quelque chose de constaté en géologie, c'est que la surface de notre globe a été victime d'une grande et subite révolution, dont la date ne peut remonter beaucoup au delà de cinq ou six mille ans ; que cette révolution a enfoncé et fait disparaître les pays qu'habitaient auparavant les hommes et les espèces des animaux aujourd'hui les plus connus : qu'elle a, au contraire, mis à sec le fond de la dernière mer, et en a formé les pays aujourd'hui habités ; que c'est depuis cette révolution que le petit nombre des individus épargnés par elle se sont répandus et propagés sur les terrains nouvellement mis à sec, et par conséquent que c'est depuis cette époque seulement que nos sociétés ont repris une marche progressive, qu'elles ont formé des établissements, élevé des monuments, recueilli des faits naturels et combiné des systèmes scientifiques.

Mais ces pays aujourd'hui habités, et que la dernière révolution a mis à sec, avaient déjà été habités auparavant, sinon par des hommes, du moins par des animaux terrestres ; par conséquent une révolution précédente, au moins, les avait mis sous les eaux ; et si l'on peut en juger par les différents ordres d'animaux dont on y trouve des dépouilles, ils avaient peut-être subi jusqu'à deux ou trois irruptions de la mer (1).

Idées des recherches à faire ultérieurement en géologie.

Ce sont ces alternatives qui me paraissent maintenant le problème géologique le plus important à résoudre, ou plutôt à bien définir, à bien circonscrire ; car pour le résoudre en entier il faudrait découvrir la cause de ces événements, entreprise d'une tout autre difficulté.

Je le répète, nous voyons assez clairement ce qui se passe à la surface des continents dans leur état actuel ; nous avons assez bien saisi la marche uniforme et la succession régulière des terrains primitifs ; mais l'étude des terrains secondaires est à peine ébauchée ; cette série merveilleuse de zoophytes et de mollusques marins inconnus, suivis de reptiles et de poissons d'eau douce également inconnus, remplacés à leur tour par d'autres zoophytes et mollusques plus voisins de ceux d'aujourd'hui ; ces animaux terrestres, et ces mollusques, et autres animaux d'eau douce toujours inconnus qui viennent ensuite occuper les lieux, pour en être encore chassés, mais par des mollusques et d'autres animaux semblables à ceux de nos mers ; les rapports de ces êtres variés avec les plantes dont les débris accompagnent les

(1) Plusieurs auteurs autorisés comptent jusqu'à cinq ou six révolutions générales.

leurs, les relations de ces deux règnes avec les couches minérales qui les recèlent, le plus ou moins d'uniformité des uns et des autres dans les différents bassins : voilà un ordre de phénomènes qui me paraît appeler maintenant impérieusement l'attention des philosophes.

Intéressante par la variété des produits des révolutions partielles ou générales de cette époque, et par l'abondance des espèces diverses qui figurent alternativement sur la scène, cette étude n'a point l'aridité de celle des terrains primordiaux, et ne jette point, comme elle, presque nécessairement dans les hypothèses. Les faits sont si pressés, si curieux, si évidents, qu'ils suffisent, pour ainsi dire, à l'imagination la plus ardente ; et les conclusions qu'ils amènent de temps en temps, quelque réserve qu'y mette l'observateur, n'ayant rien de vague, n'ont aussi rien d'arbitraire ; enfin, c'est dans ces événements plus rapprochés de nous que nous pouvons espérer de trouver quelques traces des événements plus anciens et de leurs causes, si toutefois il est encore permis, après de si nombreuses tentatives, de se flatter d'un tel espoir.

Ces idées m'ont poursuivi, je dirais presque tourmenté, pendant que j'ai fait les recherches sur les os fossiles, dont j'ai donné depuis peu au public la collection, recherches qui n'embrassent qu'une si petite partie de ces phénomènes de l'avant-dernier âge de la terre, et qui cependant se lient à tous les autres d'une manière intime. Il était presque impossible qu'il n'en naquît pas le désir d'étudier la généralité de ces phénomènes, au moins dans un espace limité autour de nous. Mon excellent ami M. Brongniart, à qui d'autres études donnaient le même désir, a bien voulu m'associer à lui, et c'est ainsi que nous avons jeté les premières bases de notre travail sur les environs de Paris ; mais cet ouvrage, bien qu'il porte encore mon nom, est devenu presque en entier celui de mon ami, par les soins infinis qu'il a donnés, depuis la conception de notre premier plan et depuis nos voyages, à l'examen approfondi des objets et à la rédaction du tout. Je l'ai placé, avec le consentement de M. Brongniart, dans la deuxième partie de mes *Recherches*, dans celle où je traite des ossements de nos environs. Quoique relatif en apparence à un pays assez borné, il donne de nombreux résultats applicables à toute la géologie, et sous ce rapport il peut être considéré comme une partie intégrante du présent discours, en même temps qu'il est à coup sûr l'un des plus beaux ornements de mon livre.

On y voit l'histoire des changements les plus récents arrivés dans un bassin particulier, et il nous conduit jusqu'à la craie, dont l'étendue sur le globe est infiniment plus considérable que celle des matériaux du bassin de Paris. La craie, que l'on croyait si moderne, se trouve ainsi bien reculée dans les siècles de l'avant-dernier âge ; elle forme une sorte de limite entre les terrains les plus récents, ceux auxquels on peut réserver le nom de *tertiaires*, et les terrains *secondaires*, qui se sont déposés avant la craie, mais après les terrains primitifs et ceux de transition.

Les observations récentes de plusieurs géologistes qui ont donné suite à nos vues, tels que MM. Buckland, Webster, Constant-Prévost, et celles de M. Brongniart lui-même, ont prouvé que ces terrains postérieurs à la craie se sont reproduits dans bien d'autres bassins que celui de Paris, quoique avec quelques variations ; en sorte qu'il a été possible d'y constater un ordre de succession dont plusieurs étages s'étendent presque à toutes les contrées que l'on a observées.

Résumé des observations sur la succession des terrains.

Les couches les plus superficielles, ces bancs de limon et de sables argileux mêlés de cailloux roulés provenus de pays éloignés, et remplis d'ossements d'animaux terrestres, en grande partie inconnus ou au moins étrangers, semblent avoir recouvert toutes les plaines, rempli le fond de toutes les cavernes, obstrué toutes les fentes de rochers qui se sont trouvés à leur portée. Décrites avec un soin particulier par M. Buckland, sous le nom de *diluvium*, et bien différentes de ces autres couches également meubles, sans cesse déposées par les torrents et par les fleuves, qui ne contiennent que des ossements d'animaux du pays, et que M. Buckland désigne par le nom d'*alluvium*, elles forment aujourd'hui, aux yeux de tous les géologistes, la preuve la plus sensible de l'inondation immense qui a été la dernière des catastrophes du globe.

Entre ce diluvium et la craie sont les terrains alternativement remplis des produits de l'eau douce et de l'eau salée, qui marquent les irruptions et les retraites de la mer auxquelles, depuis la déposition de la craie, cette partie du globe a été sujette ; d'abord des marnes et des pierres meulières ou silex caverneux, remplies de coquilles d'eau douce semblables à celles de nos marais et de nos étangs; sous elles des marnes, des grès, des calcaires, dont toutes les coquilles sont marines, des huîtres, etc.

Plus profondément, des terrains d'eau douce d'une époque plus ancienne, et nommément ces fameuses plâtrières des environs de Paris qui ont donné tant de facilité à orner les édifices de cette grande ville, et où nous avons découvert des genres entiers d'animaux terrestres dont on n'avait aperçu aucune trace ailleurs.

Elles reposent sur ces bancs, non moins remarquables, de la pierre calcaire dont notre capitale est construite, dans le tissu plus ou moins serré desquels la patience et la sagacité de MM. Defrance, Deshayes, et d'autres ardents collecteurs, ont déjà recueilli plus de huit cents espèces de coquilles, toutes de mer, mais la plupart inconnues dans les mers d'aujourd'hui. Ils ne contiennent aussi, presque généralement, que des ossements de poissons, de cétacés et d'autres mammifères marins. Tout au plus voit-on, dans leurs couches les plus voisines du gypse, des os semblables à ceux de ce dernier terrain.

Sous ce calcaire marin est encore un terrain d'eau douce, formé d'argile, dans lequel s'interposent de grandes couches de lignite ou de ce charbon de terre d'une origine plus récente que la houille. Parmi des coquilles constamment d'eau douce, il s'y voit aussi des os, mais, chose remarquable, des os de reptiles et non pas de mammifères. Des crocodiles, des tortues le remplissent ; et les genres de mammifères perdus que récèle le gypse ne s'y voient pas. Ils n'existaient pas encore dans la contrée quand ces argiles et ces lignites s'y formaient.

Ce terrain d'eau douce, le plus ancien que l'on ait

reconnu avec certitude dans nos environs, et qui porte tous les terrains que nous venons de dénombrer, est porté et embrassé lui-même de toutes parts par la craie, formation immense par son épaisseur et par son étendue, qui se montre dans des pays fort éloignés, tels que la Poméranie, la Pologne, mais qui dans nos environs règne avec une sorte de continuité en Berri, en Champagne, en Picardie, dans la haute Normandie et dans une partie de l'Angleterre, et forme ainsi un grand cercle ou plutôt un grand bassin dans lequel les terrains dont nous venons de parler sont contenus, mais dont ces terrains recouvrent aussi les bords dans les endroits où ils étaient moins élevés.

En effet, ce n'est pas seulement dans notre bassin que ces sortes de terrains se déposaient. Dans les autres contrées où la surface de la craie leur offrait des cavités semblables, dans ceux même où il n'y avait point de craie, et où les terrains plus anciens s'offraient seuls pour appui, les circonstances amenèrent souvent des dépôts plus ou moins semblables aux nôtres, et recélant les mêmes corps organisés (1).

---

(1) Les terrains crétacés occupent une vaste surface de notre sol. En outre des contrées signalées par Cuvier on les rencontre encore dans le Périgord, dans le Languedoc et les Pyrénées allant rejoindre l'Espagne et le Portugal. Dans le bassin méditerranéen de vastes surfaces se continuent vers le Jura, les Alpes suisses, le Tyrol, l'Italie et jusqu'en Algérie.

Une grande partie du nord de l'Europe, le sud de Karpathes, le bassin du Don, et, en Russie, d'immenses étendues, de la Pologne à l'Oural en sont composées.

Dans l'Amérique du nord, de New-Jersey au Texas, sur une étendue de 35 degrés de latitude dans l'Amérique méridionale, tout le long des Andes occidentales jusqu'au détroit de Magellan, les terrains crétacés forment la surface du sol. On les trouve encore dans les Indes et à Java. Il est probable qu'on les trouvera

Nos terrains à coquilles d'eau douce des deux étages ont été vus en Angleterre, en Espagne, et jusqu'aux confins de la Pologne.

Les coquilles marines placées entre eux se sont retrouvées le long des Apennins.

Quelques-uns des quadrupèdes de nos plâtrières, nos paléothériums, par exemple, ont aussi laissé de leurs os dans des terrains gypseux du Velay et dans les carrières de pierres dites molasses, du midi de la France.

Ainsi les révolutions partielles qui avaient lieu dans nos environs, entre l'époque de la craie et celle de la grande inondation, et pendant lesquelles la mer se jetait sur nos cantons ou s'en retirait, avaient lieu aussi dans une multitude d'autres contrées. C'était pour le globe une suite de tourmentes et de variations, probablement assez rapides, puisque les dépôts qu'elles ont laissés ne montrent nulle part beaucoup d'épaisseur ou beaucoup de solidité.

La craie a été le produit d'une mer plus tranquille et moins coupée ; elle ne contient que des produits marins, parmi lesquels il en est cependant quelques-uns d'animaux vertébrés bien remarquables, mais tous de la classe des reptiles et des poissons ; de grandes tortues, d'immenses lézards et autres êtres semblables.

Les terrains antérieurs à la craie, et dans les creux desquels elle est elle-même déposée, comme les terrains de nos environs le sont dans les siens, forment une grande partie de l'Allemagne et de l'Angleterre ; et les efforts qu'ont fait récemment les savants de ces

encore dans une immense partie des continents Africain et Asiatique lorsque des études sérieuses auront permis de connaître intimement ces contrées.

deux pays, d'accord avec les nôtres, et inspirés par les mêmes données, s'unissant à ceux qu'avait précédemment tentés l'école de Werner, ne laisseront bientôt rien à désirer pour leur connaissance. MM. de Humboldt et de Bonnard pour la France et l'Allemagne, MM. Buckland, Conybeare, Labèche pour l'Angleterre, en ont-donné les tableaux les plus complets et les plus instructifs (1.)

Sous la craie sont des sables verts dont ses couches inférieures conservent quelques restes. Plus profondément sont des sables ferrugineux; en bien des pays les uns et les autres s'agglutinent en bancs de grès, dans lesquels se voient aussi des lignites, du succin et des débris de reptiles.

Au-dessous vient la grande masse de couches qui composent la chaîne du Jura et celle des montagnes qui le continuent en Souabe et en Franconie, les crêtes principales des Apennins et des multitudes de bancs de la France et de l'Angleterre. Ce sont des schistes calcaires riches en poissons et en crustacés, des bancs immenses d'oolithes (2) ou d'une pierre calcaire grenue, des calcaires marneux et pyriteux gris caractérisés par des ammonites, par des huîtres à valves recourbées, dites gryphées, et par des reptiles, mais, de plus, singuliers dans leurs formes et leurs caractères.

De grandes couches de sables et de grès, offrant souvent des empreintes végétales, supportent tous ces bancs du Jura, et reposent elles-mêmes sur un calcaire à qui

---

(1) Les recherches faites jusqu'ici n'ont encore donné que deux espèces de mammifères dans les terrains antérieurs, et c'est dans les terrains jurassiques qu'on les a découverts.

(2) Pierres pétrifiées en forme de pois.

les innombrables coquilles et zoophytes dont il est rempli ont fait donner par Werner le nom, beaucoup trop général, de *calcaire coquillier* (1), et que d'autres couches de grès, de la sorte qu'on nomme grès bigarré, séparent d'un calcaire encore plus ancien, que l'on a appelé non moins improprement *calcaire alpin*, parce qu'il compose les hautes Alpes du Tyrol, mais qui, dans le fait, se montre au jour dans nos provinces de l'est et dans tout le midi de l'Allemagne.

C'est dans ce calcaire dit coquillier que sont déposés de grands amas de gypse et de riches couches de sel, et c'est au-dessous de lui que se voient les couches minces de schistes cuivreux si riches en poissons, parmi lesquels il y a aussi des reptiles d'eau douce. Le schiste cuivreux est porté sur un grès rouge, à l'âge duquel appartiennent ces fameux amas de charbon de terre ou de houille, ressource de l'âge présent, et reste des premières richesses végétales qui aient orné la face du globe. Les troncs de fougères dont ils ont conservé les empreintes nous disent assez combien ces antiques forêts différaient des nôtres.

On tombe alors promptement dans ces terrains de transition où la première nature, la nature morte et purement minérale, semblait disputer encore l'empire à la nature organisante ; des calcaires noirs, des schistes qui n'offrent que des crustacés et des coquilles de genres aujourd'hui éteints, alternent avec des restes de terrains primitifs, et nous annoncent que nous arrivons à ces formations les plus anciennes qu'il nous ait été donné de connaître, à ces antiques fondements de l'enveloppe

_____

(1) Plus connu sous le nom de Trias conchylien.

actuelle du globe, aux marbres et aux schistes primitifs, aux gneiss et enfin aux granits.

Telle est l'énumération précise des masses successives dont la nature a enveloppé ce globe ; la géologie l'a obtenue en combinant les lumières de la minéralogie avec celles que lui fournissaient les sciences de l'organisation ; cet ordre si nouveau et si intéressant de faits ne lui est acquis que depuis qu'elle a préféré des richesses positives données par l'observation, à des systèmes fantastiques, à des conjectures contradictoires sur la première origine des globes et sur tous ces phénomènes qui, ne ressemblant en rien à ceux de notre physique actuelle, ne pouvaient y trouver pour leur explication ni matériaux, ni pierre de touche. Il y a quelques années, la plupart des géologistes pouvaient être comparés à des historiens qui ne se seraient intéressés, dans l'histoire de France, qu'à ce qui s'est passé dans les Gaules avant Jules-César ; mais encore les historiens s'aident-ils, en composant leurs romans, de la connaissance des faits postérieurs, et les géologistes dont je parle négligeaient précisément les faits postérieurs, qui seuls pouvaient réfléchir quelque lueur sur la nuit des temps précédents.

Il ne me reste, pour terminer ce discours, qu'à présenter le résultat de mes propres recherches, ou, en d'autres termes, le résumé de mon grand ouvrage. Je vais énumérer les animaux que j'ai découverts dans l'ordre inverse de celui que je viens de suivre pour l'énumération des terrains. En m'enfonçant dans la suite des couches, je remontais dans la suite des temps ; je vais maintenant prendre les terrains les plus anciens, faire connaître les animaux qu'ils recèlent ; et, passant d'épo-

que en époque, indiquer ceux qui s'y montrent successivement à mesure qu'on se rapproche du temps présent.

Énumération des animaux fossiles reconnus par l'auteur.

Nous avons vu que des zoophytes, des mollusques et
certains crustacés commencent à paraître dès les terrains de transition ; peut-être y a-t-il même dès lors des
os et des squelettes de poissons (1) : mais il s'en faut
encore de beaucoup que l'on ne découvre si tôt des restes
d'animaux qui vivent sur la terre sèche et respirent l'air
en nature.

Les grandes couches de houille et les troncs de palmiers et de fougères dont elles conservent les empreintes,
bien que supposant déjà des terres sèches et une végétation aérienne, ne montrent point encore des os de
quadrupèdes, pas même de quadrupèdes ovipares.

Ce n'est qu'un peu au-dessus, dans le schiste cuivreux
bitumineux, qu'on en voit la première trace (2), et, ce
qui est bien remarquable, les premiers quadrupèdes
sont des reptiles de la famille des lézards, très semblables aux grands monitors qui vivent aujourd'hui dans
la zone torride. Il s'en est trouvé plusieurs individus
dans les mines de Thuringe, parmi d'innombrables
poissons d'un genre aujourd'hui inconnu, mais qui,
d'après ses rapports avec les genres de nos jours, paraît

(1) On rencontre des poissons dès le premier étage des terrains
de transition, immédiatement après les terrains primitifs.

(2) C'est une erreur ; quelques traces se trouvent déjà dans le
terrain carbonifère.

avoir vécu dans l'eau douce. Chacun sait que les monitors sont aussi des animaux d'eau douce.

Un peu plus haut est le calcaire dit des Alpes, et sur lui ce calcaire coquillier riche en entroques et en encrinites, qui fait la base d'une grande partie de l'Allemagne et de la Lorraine.

Il a offert des ossements d'une très grande tortue de mer, dont les carapaces pouvaient avoir de six à huit pieds de longueur, et ceux d'un autre quadrupède ovipare de la famille des lézards, de grande taille et à museau très pointu.

Remontant encore au travers des grès, qui n'offrent que des empreintes végétales de grandes arondinacées, de bambous, de palmiers et d'autres monocotylédones, on arrive aux différentes couches de ce calcaire, qui a été nommé calcaire du Jura, parce qu'il forme le principal noyau de cette chaîne.

C'est là que la classe des reptiles prend tout son développement et déploie des formes variées et des tailles gigantesques.

La partie moyenne, composée d'oolithes et de lias, ou de calcaire gris à gryphées, a reçu en dépôt les restes de deux genres, les plus extraordinaires de tous, qui unissaient les caractères de la classe des quadrupèdes ovipares avec des organes de mouvement semblables à ceux des cétacés.

L'*ichthyosaurus* (1), découvert par sir Éverard Home, a la tête d'un lézard, mais prolongée en un museau effilé, armé de dents coniques et pointues; d'énormes

(1) Le mot *ichthyosaurus* signifie *poisson-lézard* (de ἰχθύς, poisson, et σαῦρος, lézard).

yeux, dont la sclérotique est renforcée d'un cadre de pièces osseuses ; une épine composée de vertèbres plates comme des dames à jouer, et concaves par leurs deux faces comme celles des poissons ; des côtes grêles ; un sternum et des os d'épaule semblables à ceux des lézards et des ornithorynques ; un bassin petit et faible, et quatre membres, dont les humérus et les fémurs sont courts et gros, et dont les autres os, aplatis et rapprochés les uns des autres comme des pavés, composent, enveloppés de la peau, des nageoires d'une pièce, à peu près sans inflexions, analogues, en un mot, pour l'usage comme pour l'organisation, à celles des cétacés. Ces reptiles vivaient dans la mer ; à terre ils ne pouvaient tout au plus que ramper, à la manière des phoques ; toutefois ils respiraient l'air élastique (1).

On en a trouvé les débris de quatre espèces :

La plus répandue (*I. communis*), a des dents coniques mousses ; sa longueur va quelquefois à plus de vingt pieds.

La seconde (*I. platyodon*), au moins aussi grande, a des dents comprimées, portées sur une racine ronde et renflée.

La troisième (*I. tenuirostris*), a des dents grêles et pointues, et le museau mince et allongé.

La quatrième (*I. intermedius*), tient le milieu, pour les dents, entre la précédente et la commune. Ces deux dernières n'atteignent pas à moitié de la taille des deux premières.

---

(1) L'ichtyosaure respirait l'air en nature et non par l'eau, ainsi que les poissons. Il devait, de même que les cétacés, revenir souvent à la surface de l'eau pour respirer. Sa taille variait, selon les espèces, entre 1 et 10 mètres de long.

Le *plesiosaurus* (1), découvert par M. Conybeare, devait paraître encore plus monstrueux que *l'ichthyosaurus*. Il en avait aussi les membres, mais déjà un peu plus allongés et plus flexibles; son épaule, son bassin étaient plus robustes; ses vertèbres prenaient déjà davantage les formes et les articulations de celles des lézards; mais ce qui le distinguait de tous les quadrupèdes ovipares et vivipares, c'était un cou grêle aussi long que son corps, composé de trente et quelques vertèbres, nombre supérieur à celui du cou de tous les autres animaux, s'élevant sur le tronc comme pourrait faire un corps de serpent, et se terminant par une très petite tête, dans laquelle s'observent tous les caractères essentiels de celle des lézards (2).

Si quelque chose pouvait justifier ces *hydres* et ces autres monstres dont les monuments du moyen âge ont si souvent répété les figures, ce serait incontestablement ce *plesiosaurus*.

On en connaît déjà cinq espèces, dont la plus répandue (*P. dolichodeirus*), arrive à plus de vingt pieds de longueur.

Une seconde (*P. recentior*), trouvée dans des couches plus modernes, a les vertèbres plus plates.

Une troisième (*P. carinatus*) montre une arête à la face inférieure de ses vertèbres.

---

(1) Signifie : Voisin du lézard.
(2) Le plésiosaure pouvait se comparer à un gros serpent caché dans une carapace de tortue. Quelques espèces atteignaient 9 à 10 mètres de longueur. Par la vigueur de sa charpente il paraissait devoir nager vite et vigoureusement; l'armement formidable de sa mâchoire en devait faire un des tyrans des mers de cette époque.

Une quatrième et une cinquième enfin (*P. pentagonus* et *P. trigonus*) les ont à cinq et à trois arêtes.

Ces deux genres sont répandus partout dans le lias : on les a découverts en Angleterre, où cette pierre est à nu sur de longues falaises ; mais on les a retrouvés en France et en Allemagne.

Avec eux vivaient deux espèces de crocodiles, dont les os sont aussi déposés dans le lias, parmi des ammonites, des térébratules et d'autres coquilles de cette ancienne mer. Nous en avons des ossements dans nos falaises de Honfleur, où se sont trouvés les débris d'après lesquels j'en ai donné les caractères.

Une de ces espèces, le *gavial à long bec*, avait le museau plus long et la tête plus étroite que le gavial ou crocodile à long bec du Gange ; le corps de ses vertèbres était convexe en avant, tandis que dans nos crocodiles d'aujourd'hui il l'est en arrière. On l'a retrouvée dans les lias de Franconie comme dans ceux de France.

Une seconde espèce, le *gavial à bec court*, avait le museau de longueur médiocre, moins effilé que le gavial du Gange, plus que nos crocodiles de Saint-Domingue. Ses vertèbres étaient légèrement concaves à leurs deux extrémités.

Mais ces crocodiles ne sont pas les seuls qu'aient recueillis les bancs de ces calcaires secondaires.

Les belles carrières d'oolithe de Caen en ont offert un très remarquable, dont le museau, aussi long et plus pointu que celui du gavial à long bec, est suivi d'une tête plus dilatée en arrière, à fosses temporales plus larges ; c'était, par ses écailles pierreuses et creusées de fossettes rondes, le mieux cuirassé de tous les crocodiles. Ses dents de la mâchoire inférieure sont alternativement plus longues et plus courtes.

Il y en a encore un autre dans l'oolithe d'Angleterre, mais que l'on ne connaît que par quelques portions de son crâne, qui ne suffisent pas pour en donner une idée complète.

Un autre genre de reptiles bien remarquable, et dont, les dépouilles, déjà existantes lors de la concrétion du lias, abondent surtout dans l'oolithe et dans les sables supérieurs, c'est le *megalosaurus*, ainsi nommé à juste titre (1); car, avec les formes des lézards, et particulièrement des monitors, dont il a aussi les dents tranchantes et dentelées, il était d'une taille si énorme, qu'en lui supposant les proportions des monitors, il devait passer soixante-dix pieds de longueur : c'était un lézard grand comme une baleine (2). M. Buckland l'a découvert en Angleterre ; mais nous en avons aussi en France, et il s'en est trouvé en Allemagne des os, sinon de la même espèce, du moins d'une espèce qu'on ne peut rapporter à un autre genre. C'est à M. de Sœmmerring qu'on en doit la première description. Il les a découverts dans des couches supérieures à l'oolithe, dans ces schistes calcaires de Franconie depuis longtemps célèbres par les nombreux fossiles qu'ils fournissaient aux cabinets des curieux, et qui vont le devenir bien davantage par les services que rend aux *arts et aux sciences* leur emploi dans la lithographie.

Les crocodiles continuent à se montrer dans ces schistes, et toujours des crocodiles à long museau.

---

(1) *Megolaurus* signifie *grand lézard*.
(2) On croit qu'il était amphibie.

M. de Sœmmerring en a décrit un (le *c. priscus*) dont le squelette entier d'un petit individu est conservé presque comme il pourrait l'être dans nos cabinets. C'est un de ceux qui ressemblent le plus au gavial actuel du Gange ; néanmoins, la partie symphysée de sa mâchoire inférieure est moins longue ; ses dents inférieures sont alternativement et régulièrement plus longues et plus courtes ; il y a dix vertèbres de plus à la queue.

Mais des animaux beaucoup plus remarquables que recèlent ces mêmes schistes, sont les lézards volants que j'ai nommés *ptérodactyles* (1).

Ce sont des reptiles à queue très courte, à cou très long, à museau fort allongé et armé de dents aiguës, portés sur de hautes jambes, et dont l'extrémité antérieure a un doigt excessivement allongé, qui portait vraisemblablement une membrane propre à les soutenir en l'air, accompagné de quatre autres doigts de dimension ordinaire terminés par des ongles crochus. L'un de ces animaux étranges, et dont l'aspect serait effrayant si on les voyait aujourd'hui, pouvait être de la taille d'une grive ; l'autre, de celle d'une chauve-souris commune ; mais il paraît, par quelques fragments, qu'il en existait des espèces plus grandes ; et M. Buckland vient tout récemment d'en découvrir de nouvelles (2).

---

(1) Du grec : ailes, *doigt* ; *parce que cet animal avait une aile à* l'un de ses doigts.

(2) Il avait des yeux énormes, ce qui lui permettait probablement de voir pendant la nuit. Tenant à la fois du reptile, de la chauve-souris et de l'oiseau, il avait au bout d'un long cou une énorme tête qu'il plaçait au repos, en arrière, de la même façon que les pélicans. Des découvertes postérieures à Cuvier ont mis à jour des restes de ptérodactyles dont la taille dépassait celle des plus grands vautours.

Un peu au-dessus des schistes calcaires est le calcaire presque homogène des crêtes du Jura. Il contient aussi des os, mais toujours de reptiles : des crocodiles et des tortues d'eau douce, dont il offre surtout une grande abondance aux environs de Soleure. Ils y ont été recherchés avec beaucoup de soin par M. Hugi ; et, d'après les fragments qu'il a déjà recueillis, il est aisé de reconnaître un nombre considérable d'espèces de *tortues d'eau douce* ou *émydes*, que des découvertes ultérieures pourront seules faire déterminer, mais dont plusieurs se distinguent déjà par leur grandeur et par leurs formes de toutes les émydes connues.

C'est parmi ces innombrables quadrupèdes ovipares, de toutes les tailles et de toutes les formes ; au milieu de ces crocodiles, de ces tortues, de ces reptiles volants, de ces immenses mégalosaurus, de ces monstrueux plésiosaurus, que se seraient montrés, dit-on, pour la première fois quelques petits mammifères ; il est certain que des mâchoires et quelques autres os découverts en Angleterre appartiennent à cette classe, et spécialement à la famille des didelphes (1) ou à celle des insectivores.

Plusieurs géologistes ont soupçonné cependant que les pierres qui les incrustent sont dues à quelque recomposition locale et postérieure à l'époque de la formation primitive des bancs. Quoi qu'il en soit, pendant longtemps encore on trouve que la classe des reptiles dominait exclusivement.

Les sables ferrugineux placés, en Angleterre, au-dessous de la craie, contiennent en abondance des crocodiles, des tortues, des mégalosaurus, et surtout un

(1) Genre des Sarigues, animaux à poche ventrale.

reptile qui offrait encore un caractère tout particulier, celui d'user ses dents comme nos mammifères herbivores.

C'est à M. Mantell, de Lewes en Sussex, que l'on doit la découverte de ce dernier animal, ainsi que des autres grands reptiles de ces sables inférieurs à la craie. Il l'a nommé *iguanodon* (1).

Dans la craie même il n'y a que des reptiles; on y voit des restes de tortues, de crocodiles. Les fameuses carrières de tuffeau de la montagne de Saint-Pierre, près Maëstricht, qui appartiennent à la formation de la craie, ont donné, à côté de très grandes tortues de mer et d'une infinité de coquilles et de zoophytes marins, un genre de lézards non moins gigantesques que le mégalosaurus, qui est devenu célèbre par les recherches de Camper et par les figures que Faujas a données de ses os, dans son histoire de cette montagne.

Il était long de vingt-cinq pieds et plus; ses grandes mâchoires étaient armées de dents très fortes, coniques, un peu arquées et relevées d'une arête, et il portait aussi quelques-unes de ces dents dans le palais. On comptait plus de cent trente vertèbres dans son épine, convexes en avant, concaves en arrière. Sa queue était haute et plate, et formait une large rame verticale. M. Conybeare a proposé récemment de l'appeler *mosasaurus* (2).

(1) C'était le plus colossal de tous les sauriens. Quelques naturalistes lui attribuent une taille de 26 mètres de long. Il y a lieu, toutefois, de les taxer d'exagération. Ce monstre portait, comme l'iguane actuel, une corne osseuse sur le nez et possédait la même denture que lui. De cette circonstance est venu son nom. On peut se faire une idée de sa taille par ce détail que l'os de sa cuisse avait un mètre et demi de long et dépassait en grosseur celui des plus gros éléphants.

(2) Quelques naturalistes l'appellent encore crocodile de Maëstricht.

Les argiles et les lignites qui recouvrent le dessus de la craie ne m'ont encore offert que des crocodiles. J'ai tout lieu de croire que les lignites qui ont donné en Suisse des os de castors et des tortues du genre appelé trionyx, et qui est, comme le crocodile, propre aux rivières des pays chauds, appartiennent à un âge plus récent. Ce n'est même que dans le calcaire grossier qui repose sur ces argiles que j'ai commencé à trouver des os de mammifères ; encore appartiennent-ils tous à des mammifères marins, à des dauphins inconnus, à des lamantins, à des morses.

Parmi les dauphins, il en est un dont le museau, plus allongé que dans aucune espèce connue, avait la mâchoire inférieure symphysée (1) sur une bonne partie de sa longueur, presque comme dans un gavial. Il a été trouvé près de Dax par feu le président de Borda.

Un autre, des faluns du département de l'Orne, avait aussi le museau long, mais un peu autrement conformé.

Le genre entier des lamantins est aujourd'hui habitant des mers de la zone torride ; et celui des morses, dont on ne connaît qu'une espèce vivante, est confiné dans la mer Glaciale. Cependant nous trouvons des ossements de ces deux genres réunis dans les couches de calcaire grossier du milieu de la France ; et cette réunion d'espèces dont les plus semblables sont aujourd'hui dans des zones opposées se reproduira plus d'une fois.

Nos lamantins fossiles sont différents des lamantins connus par une tête plus allongée et autrement confi-

(1) Soudé à la façon des os du bassin.

gurée. Leurs côtes, très reconnaissables à leur épaisseur arrondie et à la densité de leur tissu, ne sont pas rares dans nos différentes provinces.

Quant au morse fossile, on n'en a encore que de petits fragments, insuffisants pour en caractériser l'espèce.

Ce n'est que dans les couches qui ont succédé au calcaire grossier, ou tout au plus dans celles qui auraient pu se former en même temps que lui, mais dans les lacs d'eau douce, que la classe des mammifères terrestres commence à se montrer avec une certaine abondance.

Je regarde comme appartenant au même âge et comme ayant vécu ensemble, mais peut-être sur différents points, les animaux dont les ossements sont ensevelis dans les molasses et des couches anciennes de gravier du midi de la France; dans les gypses mêlés de calcaire, tels que ceux des environs de Paris et d'Aix, et dans les bancs marneux d'eau douce recouverts de bancs marins de l'Alsace, de l'Orléanais et du Berri.

Cette population animale porte un caractère très remarquable par l'abondance, la variété de certains genres de pachydermes, qui manquent entièrement parmi les quadrupèdes de nos jours, et dont les caractères se rapprochent plus ou moins des tapirs, des rhinocéros et des chameaux.

Ces genres, dont la découverte entière m'est due, sont : les *paléothériums*, les *lophiodons*, les *anaplothériums*, les *anthracothériums*, les *chéropotames*, les *adapis*.

Les paléothériums (1) ressemblaient aux tapirs par la

(1) Du grec : ancien, animal.

forme générale, par celle de la tête, notamment par la
brièveté des os du nez, qui annonce qu'ils avaient, comme
les tapirs, une petite trompe; enfin par les six dents incisives et les deux canines à chaque mâchoire ; mais ils
ressemblaient aux rhinocéros par leurs dents mâchelières, dont les supérieures étaient carrées, avec des
crêtes saillantes diversement configurées, et les inférieures
en forme de double croissants, et par leurs pieds tous
les quatre divisés en trois doigts, tandis que dans les
tapirs ceux de devant en ont quatre.

C'est un des genres les plus répandus et les plus
nombreux en espèces dans les terrains de cet âge.

Nos plâtrières des environs de Paris en fourmillent :
on y en trouve des os de sept espèces. La première (*p.
magnum*), grande comme un cheval; trois autres de la
taille d'un cochon, mais une (*p. medium*) avec les pieds
étroits et longs ; une (*p. crassum*) avec les pieds plus
larges ; une (*p. latum*) avec des pieds encore plus larges
et surtout plus courts ; la cinquième espèce (*p. curtum*)
de la taille d'un mouton, est bien plus basse et a les
pieds encore plus larges et plus courts à proportion que
la précédente ; une sixième (*p. minus*) est de la taille
d'un agneau, et a des pieds grêles, dont les doigts latéraux sont plus courts que les autres ; enfin il y en a une
(*p. minimum*) qui n'est pas plus grande qu'un lièvre : elle
a aussi les pieds grêles.

On a trouvé aussi des paléothériums dans d'autres contrées de la France : au Puy en Velay, dans des lits de
marne gypseuse, une espèce (*p. velaunum*) très semblable
au (*p. medium*), mais qui en diffère par quelques détails
de sa mâchoire inférieure; aux environs d'Orléans, dans
des couches de pierre marneuse, une espèce (*p. aure-*

lianense) qui se distingue des autres, parce que ses molaires inférieures ont l'angle rentrant de leur croissant fendu en une double pointe, et par quelques différences dans les collines des molaires supérieures; auprès d'Issel, dans une couche de gravier ou de mollasse, le long des pentes de la Montagne-Noire, une espèce (*p. isselanum*), qui a le même caractère que celle d'Orléans, et dont la taille est plus petite. Mais c'est surtout dans les molasses du département de la Dordogne que le paléothérium s'est trouvé non moins abondamment que dans nos plâtrières de Paris.

M. le duc Decaze en a découvert dans les carrières d'un seul parc des os de trois espèces, qui paraissent différentes de toutes celles de nos environs (1).

Les *lophiodons* se rapprochent encore un peu plus des tapirs que ne font les paléothériums, en ce que leurs mâchelières inférieures ont des collines transverses comme celles des tapirs.

Ils diffèrent cependant de ces derniers, parce que celles de devant sont plus simples, que la dernière de toutes a trois collines, et que les supérieures sont rhomboïdales et relevées d'arêtes fort semblables à celle des rhinocéros.

On ignore encore quelle est la forme de leur museau et le nombre de leurs doigts. J'en ai découvert jusqu'à douze espèces, toutes de France, ensevelies dans des pierres marneuses formées dans l'eau douce, et remplies de limnées et de planorbes, qui sont des coquilles d'étang et de marais.

(1) Le paléothérium et plusieurs des espèces suivantes vivaient en abondance sur les bords marécageux du grand lac qui est aujourd'hui le bassin de Paris.

La plus grande se trouve près d'Orléans, dans la même carrière que les paléothériums; elle approche du rhinocéros.

Il y en a dans le même lieu une autre, plus petite; une troisième se trouve à Montpellier; une quatrième près de Laon; *deux près de Bichsweiller,* en Alsace; cinq près d'Argenton, en Berri; et l'une des trois se retrouve près d'Issel, où il y en a encore deux autres. Il y en a aussi une très grande près de Gannat.

Ces espèces diffèrent entre elles par la taille, qui dans les plus petites devait égaler à peine celle d'un agneau de trois mois, et par des détails dans les formes de leurs dents, qu'il serait trop long et trop minutieux d'exposer ici.

Ce sont surtout des os de lophi odon qui se sont trouvés près de Paris dans les couches supérieures du calcaire grossier.

Les anoplothériums (1) ne se sont trouvés jusqu'à présent que dans les seules plâtrières des environs de Paris et dans quelques endroits du calcaire grossier du même canton. Ils ont deux caractères qui ne s'observent dans aucun autre animal; des pieds à deux doigts dont les métacarpes et les métatarses demeurent distincts et ne se soudent pas en canons comme ceux des ruminants, et des dents en série continue et que n'interrompt aucune lacune. L'homme seul a les dents ainsi contiguës les unes aux autres sans intervalle vide; celles des anoplothériums consistent en six incisives à chaque mâchoire, une canine et sept molaires de chaque

(1) Du grec : Sans défenses, animal. Sa structure indique, en effet, un animal absolument inoffensif.

côté, tant en haut qu'en bas ; leurs canines sont courtes et semblables aux incisives externes. Les trois premières molaires sont comprimées ; les quatre autres sont à la mâchoire supérieure carrées, avec des crêtes transverses et un petit cône entre elles ; et à la mâchoire inférieure en double croissant, mais sans collet à la base. La dernière a trois croissants. Leur tête est de forme oblongue et n'annonce pas que le museau soit terminé ni en trompe, ni en boutoir.

Ce genre extraordinaire, qui ne peut se comparer à rien dans la nature vivante, se subdivise en trois sous-genres : les *anoplothériums* proprement dits, dont les molaires antérieures sont encore assez épaisses, et dont les postérieures d'en bas ont leurs croissants à crête simple ; les *xiphodons*, dont les molaires antérieures sont minces et tranchantes, et dont les postérieures d'en bas ont vis-à-vis la concavité de chacun de leurs croissants une pointe qui prend aussi en s'usant la forme d'un croissant, en sorte qu'alors les croissants sont doubles, comme dans les ruminants ; les *dichobunes*, dont les croissants extérieurs sont pointus dans le commencement, et qui ont ainsi sur leurs arrière-molaires inférieures des pointes disposées par paires.

L'anoplothérium le plus commun dans nos plâtrières (*an. commune*), est un animal haut comme un sanglier, mais bien plus allongé, et portant une queue très longue et très grosse, en sorte qu'au total il a à peu près les proportions de la loutre, mais plus en grand. Il est probable qu'il nageait bien et fréquentait les lacs, dans le fond desquels ses os ont été incrustés par le gypse qui s'y déposait. Nous en avons un un peu plus petit ;

mais d'ailleurs assez semblable (*an. secundarium*) (1).

Nous ne connaissons encore qu'un xiphodon, mais très remarquable, celui que je nomme *an. gracile.* Il est svelte et léger comme la plus jolie gazelle.

Il y a un dichobune à peu près de la taille du lièvre, que j'appelle *an. leporinum.* Outre ses caractères sous-génériques, il diffère des anoplothériums et des xiphodons par deux doigts petits et grêles qu'il a à chaque pied, aux côtés des deux grands doigts.

Nous ne savons pas si ces doigts latéraux existent dans les deux autres dichobunes, qui sont petits et surpassent à peine le cochon d'Inde.

Le genre des *anthracothériums* est à peu près intermédiaire entre les paléothériums, les anoplothériums et les cochons. Je l'ai nommé ainsi, parce que deux de ces espèces ont été trouvées dans les lignites de Cadibona, près de Savone. La première approchait du *rhinocéros* pour la taille ; la seconde était beaucoup moindre. On en trouve aussi en Alsace et dans le Velay. Leurs mâchelières ont des rapports avec celles des anoplothériums ; mais ils ont des canines saillantes.

Le genre *chéropotame* vient de nos plâtrières, où il accompagne les paléothériums et les anoplothériums, mais où il est beaucoup plus rare. Ses molaires postérieures sont carrées en haut, rectangulaires en bas, et ont quatre fortes éminences coniques entourées d'éminences plus petites. Les antérieures sont des cônes courts,

(1) Il devait avoir les oreilles courtes et le poil lisse comme celui de la loutre. On a pensé qu'il avait la peau demi-lisse à la façon des hippopotames ; mais la longueur et la disposition de ses membres ne se prêtent pas à cette déduction.

Sa taille variait, selon l'espèce, entre la grandeur d'un cheval ordinaire et la taille d'un petit cochon d'Inde.

légèrement comprimés et à deux racines. Ses canines sont petites. On ne connaît pas encore ses incisives ni ses pieds. Je n'en ai qu'une espèce, de la taille d'un cochon de Siam (1).

Le genre *adapis* n'a également qu'une espèce, au plus de la taille du lapin : il vient aussi de nos plâtrières, et devait tenir de près aux anoplothériums (2).

Ainsi voilà près de quarante espèces de pachydermes de genres entièrement éteints, et dans des tailles et des formes auxquelles le règne animal actuel n'offre de comparables que trois tapirs et un daman.

Ce grand nombre de pachydermes est d'autant plus remarquable, que les ruminants, aujourd'hui si nombreux dans les genres des cerfs et des gazelles, et qui arrivent à une si grande taille dans ceux des bœufs, des girafes et des chameaux, ne se montrent presque pas dans les terrains dont nous parlons maintenant.

Je n'en ai pas vu le moindre reste dans nos plâtrières, et tout ce qui m'en est parvenu consiste en quelques fragments d'un cerf de la taille du chevreuil, mais d'une autre espèce, recueillis avec les paléothériums d'Orléans, et dans un ou deux autres petits morceaux de Suisse, et peut-être d'origine équivoque.

Mais nos pachydermes n'étaient pas pour cela les seuls habitants des pays où ils vivaient. Dans nos plâtrières, du moins, nous trouvons avec eux des carnassiers, des rongeurs, plusieurs sortes d'oiseaux, des crocodiles et des tortues ; et ces deux derniers genres les

---

(1) Des sujets plus récemment reconstitués permettent d'assimiler cet animal à un grand pécari.

(2) Rappelait assez le hérisson et semblait une transition entre cet animal et l'anoplothérium.

accompagnent aussi dans les molasses et les pierres marneuses du milieu et du midi de la France.

A la tête des carnassiers je place une chauve-souris tout récemment découverte à Montmartre, et du propre genre des vespertilions (1). L'existence de ce genre à une époque si reculée est d'autant plus surprenante, que, ni dans ce terrain ni dans ceux qui lui ont succédé, je n'ai pas vu d'autre trace ni des cheiroptères ni des quadrumanes. Aucun os, aucune dent de singe ni de maki ne se sont jamais présentés à moi dans mes longues recherches.

Montmartre a aussi donné les os d'un renard, différent du nôtre, et qui diffère également des chacals, des isatis et des différentes espèces de renards que nous connaissons en Amérique ; ceux d'un carnassier voisin des ratons et des coatis, mais plus grand que ceux qui sont connus ; ceux d'une espèce particulière de genette, et de deux ou trois carnassiers impossibles à déterminer, faute d'en avoir des portions assez complètes (2).

Ce qui est bien plus notable encore, il y a des squelettes d'un petit sarigue, voisin de la marmose, mais différent, et par conséquent d'un animal dont le genre est aujourd'hui confiné dans le Nouveau-Monde, et celui d'une espèce beaucoup plus grande de la même famille, d'un thylacine, genre qui ne s'est retrouvé vivant qu'à la Nouvelle-Hollande. On y a recueilli aussi des squelettes de deux petits rongeurs du genre des loirs et une tête du genre des écureuils.

(1) Connue depuis sous le nom de Vespertilio Parisiensis.
(2) Cuvier veut parler d'un énorme carnassier dénommé depuis Machaïrodus, c'est-à-dire à dents en forme de poignard. Ce formidable félin dépassait un grand taureau pour la taille.

Nos plâtrières sont plus fécondes en os d'oiseaux qu'aucun des autres bancs antérieurs et postérieurs : on y en trouve des squelettes entiers et des parties d'au moins dix espèces de tous les ordres.

Les crocodiles de l'âge dont nous parlons se rapprochent de nos crocodiles vulgaires par la forme de la tête, tandis que, dans les bancs de l'âge du Jura, on ne voit que des espèces voisines du gavial.

Il y en avait à Argenton une espèce remarquable par des dents comprimées, tranchantes, et à tranchant dentelé comme celle de certains monitors. On en voit aussi quelques restes dans nos plâtrières.

Les tortues de cet âge sont toutes d'eau douce ; les unes appartiennent au sous-genre des émydes ; et il y en a, soit à Montmartre, soit surtout dans les molasses de la Dordogne, de plus grandes que toutes celles que l'on connaît vivantes ; les autres sont des trionyx, ou tortues molles (1). Ce genre, que l'on distingue aisément à la surface vermiculée des os de sa carapace, et qui n'existe aujourd'hui que dans les rivières des pays chauds, telles que le Nil, le Gange, l'Orénoque, était très abondant sur les terrains qu'habitaient les paléothériums. Il y en a une infinité de débris à Montmartre, et dans les molasses de la Dordogne et autres dépôts de graviers du midi de la France.

Les lacs d'eau douce autour desquels vivaient ces divers animaux, et qui recevaient leurs ossements, nourrissaient, outre les tortues et les crocodiles, quelques poissons et quelques coquillages. Tous ceux que

_____

(1) La carapace de ces tortues avait environ 50 centimètres de long.

l'on a recueillis sont aussi étrangers à notre climat, et même aussi inconnus dans les eaux actuelles, que les paléothériums et les autres quadrupèdes leurs contemporains.

Les poissons appartiennent même en partie à des genres inconnus.

Ainsi l'on ne peut douter que cette population, que l'on pourrait appeler d'âge moyen, cette première grande production de mammifères, n'ait été entièrement détruite; en effet, partout où l'on en découvre les débris, il y a au-dessus de grands dépôts, de formation marine, en sorte que la mer a envahi les pays que ces races habitaient, et s'est reposée sur eux pendant un temps assez long.

Les pays inondés par elle à cette époque étaient-ils considérables en étendue? C'est ce que l'étude de ces anciens bancs formés dans leurs lacs ne permet pas encore de décider.

J'y rapporte nos plâtrières et celles d'Aix, plusieurs carrières de pierres marneuses et les molasses, du moins celles du midi de la France. Je crois pouvoir y rapporter aussi les portions des molasses de Suisse, et des lignites de Ligurie et d'Alsace, où l'on trouve des quadrupèdes des familles que je viens de faire connaître; mais je ne sache pas qu'aucuns de ces animaux se soient encore retrouvés en d'autres pays. Les os fossiles de l'Allemagne, de l'Angleterre et de l'Italie, que je connais, sont ou plus anciens ou plus nouveaux que ceux dont nous venons de parler, et appartiennent ou à ces antiques races de reptiles des terrains jurassiques et des schistes cuivreux, ou aux dépôts de la dernière inondation universelle, aux terrains diluviaux.

Il est donc permis de croire, jusqu'à ce que l'on ait la preuve du contraire, qu'à l'époque où vivaient ces nombreux pachydermes, le globe ne leur offrait pour habitations qu'un petit nombre de plaines assez fécondes pour qu'ils s'y multipliassent, et que peut-être ces plaines étaient des régions insulaires, séparées par d'assez grands espaces des chaines plus élevées, où nous ne voyons pas que nos animaux aient laissé des traces.

Grâce aux recherches de M. Adolphe Brongniart, nous connaissons aussi la nature des végétaux qui couvraient ces terres peu nombreuses. On recueille dans les mêmes couches que nos paléothériums des troncs de palmiers et beaucoup d'autres de ces belles plantes dont les genres ne croissent plus que dans les pays chauds ; les palmiers, les crocodiles, les trionyx, se retrouvent toujours en plus ou moins grand nombre là où se trouvent nos anciens pachydermes (1).

Mais la mer, qui avait recouvert ces terrains et détruit leurs animaux, laissa de grands dépôts, qui forment encore aujourd'hui, à peu de profondeur, la base de nos grandes plaines ; ensuite elle se retira de nouveau, et livra d'immenses surfaces à une population nouvelle, à celle dont les débris remplissent les couches sablonneuses et limoneuses de tous les pays connus.

C'est à ce dépôt paisible de la mer que je crois devoir rapporter quelques cétacés fort semblables à ceux de nos jours : un dauphin, voisin de notre épaulard, et une baleine, très semblable à nos rorquals, déterrés l'un et

---

(1) Les périodes éocène et miocène auxquelles se rapportent ces animaux montrent, en effet, une flore excessivement abondante, aujourd'hui disparue.

l'autre en Lombardie par M. Cortesi; une grande tête
de baleine trouvée dans l'enceinte même de Paris, et
décrite par Lamanon et par Daubenton; et un genre
entièrement nouveau, que j'ai découvert et nommé *zi-
phius*, et qui se compose déjà de trois espèces. Il se rapproche des *cachalots et des hypérodons*.

Dans la population qui remplit nos couches meubles
et superficielles, et qui a vécu sur le dépôt dont nous
venons de parler, il n'y a plus ni paléothériums, ni anoplothériums, ni aucun de ces genres singuliers. Les
pachydermes cependant y dominaient encore; mais des
pachydermes gigantesques, des éléphants, des rhinocéros, des hippopotames, accompagnés d'innombrables
chevaux et de plusieurs grands ruminants. Des carnassiers de la taille du lion, du tigre, de l'hyène, déso-
laient ce nouveau règne animal. En général, son caractère, même dans l'extrême Nord et sur les bords de la
mer Glaciale d'aujourd'hui, ressemblait à celui que la
seule zone torride nous offre maintenant, et toutefois
aucune espèce n'y était absolument la même.

Parmi ces animaux se montrait surtout l'éléphant
appelé *mammouth* par les Russes (*elephas primigenius*,
Blumemb.), haut de quinze et dix-huit pieds, couvert
d'une laine grossière et rousse, et de longs poils raides
et noirs qui lui formaient une crinière le long du dos;
ses énormes défenses étaient implantées dans des alvéo-
les plus longs que ceux des éléphants de nos jours; mais
du reste il ressemblait assez à l'éléphant des Indes. Il a
laissé des milliers de ses cadavres depuis l'Espagne jusqu'aux rivages de la Sibérie, et l'on en retrouve dans
toute l'Amérique septentrionale; en sorte qu'il était
répandu des deux côtés de l'Océan, si toutefois l'Océan

14.

existait de son temps à la place où il est aujourd'hui.
Chacun sait que ses défenses sont encore si bien conservées dans les pays froids, qu'on les emploie aux
mêmes usages que l'ivoire frais ; et comme nous l'avons
fait remarquer précédemment, on en a trouvé des individus avec leur chair, leur peau et leurs poils, qui étaient
demeurés gelés depuis la dernière catastrophe du globe.
Les Tartares et les Chinois ont imaginé que c'est un
animal qui vit sous terre, et qui périt sitôt qu'il aperçoit le jour.

Après lui, et presque son égal, venait aussi dans les
pays qui forment les deux continents actuels, le *mastodonte à dents étroites*, semblable à l'éléphant, armé
comme lui d'énormes défenses, mais de défenses revêtues
d'émail, plus bas sur jambes, et dont les mâchelières,
mamelonnées et revêtues d'un émail épais et brillant,
ont fourni pendant longtemps ce que l'on appelait tur-
quoises occidentales (1).

Ses débris, assez communs dans l'Europe tempérée,
ne le sont pas autant vers le nord, mais on en retrouve
dans les montagnes de l'Amérique du Sud avec deux
espèces voisines.

L'Amérique du Nord possède en nombre immense les
débris du *grand mastodonte*, espèce plus grande que la
précédente, aussi haute à proportion que l'éléphant, à
défenses non moins énormes, et que ses mâchelières,
hérissées de pointes, ont fait prendre longtemps pour
un animal carnivore (2).

(1) Encore aujourd'hui l'on en fabrique de jolis objets de fan-
taisie.
(2) Il avait quatre défenses : deux presque droites, énormes,
situées à la mâchoire supérieure ; les deux autres, plus courtes,
logées en avant des mâchelières.

Ses os étaient d'une grande épaisseur et de beaucoup de solidité; on prétend avoir retrouvé jusqu'à ses sabots et son estomac, encore conservés et reconnaissables, et l'on assure que l'estomac était rempli de branches d'arbre concassées. Les sauvages croient que cette race a été détruite par les dieux, de peur qu'elle ne détruisît l'espèce humaine.

Avec ces énormes pachydermes vivaient les deux genres, un peu inférieurs, des rhinocéros et des hippopotames.

L'hippopotame de cette époque était assez commun dans les pays qui forment aujourd'hui la France, l'Allemagne, l'Angleterre; il l'était surtout en Italie. Sa ressemblance avec l'espèce actuelle d'Afrique était telle, qu'il faut une comparaison attentive pour en saisir les distinctions.

Il y avait aussi dans ce temps-là une petite espèce d'hippopotame de la taille du sanglier, à laquelle on ne peut rien comparer maintenant.

Les rhinocéros de grande taille étaient au moins au nombre de trois, tous bicornes.

L'espèce la plus répandue en Allemagne, en Angleterre (mon *rh. tichorhinus*), et qui, comme l'éléphant, se retrouve jusque près des bords de la mer Glaciale, où elle a aussi laissé des individus entiers, avait la tête allongée, les os du nez très robustes, soutenus par une cloison des narines osseuse (1), et non simplement cartilagineuse, et manquait d'incisives.

Une autre espèce, plus rare et de pays plus tempérés (*rh. incisivus*), avait des incisives comme nos rhinocéros

(1) D'où lui vient son nom de rhinocéros à narines cloisonnées.

actuels des Indes Orientales, et ressemblait surtout à
celui de Sumatra ; ses caractères distinctifs dépendaient
des formes un peu différentes de sa tête.

La troisième (*rh. leptorhinus*) manquait d'incisives,
comme la première et comme le rhinocéros du Cap
d'aujourd'hui ; mais elle se distinguait par un museau
plus pointu et des membres plus grêles. C'est surtout en
Italie que ses os sont enfouis, dans les mêmes couches
que ceux d'éléphants, de mastodontes et d'hippopotames.

Il y a ensuite une quatrième espèce (*rh. minutus*),
munie, comme la deuxième, de dents incisives, mais de
taille beaucoup moindre, et à peine supérieure au cochon. Elle était rare, sans doute ; car on n'en a encore
recueilli les débris que dans quelques endroits de
France.

A ces quatre genres de grands pachydermes s'en joignait un qui les égalait pour la taille, dont les mâchelières ressemblaient à celles du tapir ; mais dont la mâchoire inférieure portait deux énormes défenses, presque
égales à celles d'un éléphant. Ceux qui ont complété,
par ce dernier caractère, la connaissance de cet animal,
lui ont imposé le nom de *dinotherium*. Il était au moins
double de l'hippopotame pour la longueur (1).

On en trouve les mâchelières en plusieurs lieux de

(1) Le dinotherium, après avoir été rangé par les savants dans
divers genres, a fini par être considéré comme un proboscidien.
Il avait la mâchoire inférieure terminée par deux énormes défenses
inclinées vers le sol, à la façon des morses, et le groin du tapir.
Il avait une taille de 4 m. 50 au garrot. Quoi qu'il en soit des
discussions dont ce curieux animal a été et est encore l'objet, on a
tendance a le ranger parmi les marsupiaux ou animaux à poche ;
mais les incertitudes subsistent toujours, car on n'a pu, jusqu'à
présent, reconstituer un sujet complet.

France et d'Allemagne, accompagnant presque toujours celles de rhinocéros, de mastodontes ou d'éléphants.

Il s'y joignait encore, mais, à ce qu'il paraît, en un très petit nombre de lieux, un grand pachyderme dont on ne connaît que la mâchoire inférieure, et dont les dents étaient en doubles croissants et ondulées. M. Fischer, qui l'a découvert parmi des os de Sibérie, l'a nommé *elasmotherium*.

Le genre du cheval existait aussi dès ce temps-là. Ses dents accompagnent par milliers dans presque tous leurs dépôts celles que nous venons de nommer ; mais il n'est pas possible de dire si c'était ou non une des espèces aujourd'hui existantes, parce que les squelettes de ces espèces se ressemblent tellement, qu'on ne peut les distinguer d'après les fragments isolés.

Les ruminants étaient infiniment plus nombreux qu'à l'époque des paléothériums ; leur proportion numérique devait même assez peu différer de ce qu'elle est aujourd'hui ; mais on s'est assuré pour plusieurs espèces qu'elles étaient différentes.

C'est ce que l'on peut dire surtout avec beaucoup de certitude d'un cerf de taille supérieure même à l'élan, qui est commun dans les marnières et les tourbières de l'Irlande et de l'Angleterre, et dont on a aussi déterré des restes en France, en Allemagne et en Italie dans les mêmes lits qui recèlent des os d'éléphant : ses bois, élargis et branchus, ont jusqu'à douze et quatorze pieds d'une pointe à l'autre en suivant les courbures (1).

----

(1) Le musée préhistorique de St-Germain en possède un exemplaire magnifique.

La distinction n'est pas aussi claire pour les os de cerfs et de bœufs que l'on a recueillis dans certaines cavernes et dans les fentes de certains rochers ; ils y sont quelquefois, et surtout dans les cavernes de l'Angleterre, accompagnés d'os d'éléphant, de rhinocéros, d'hippopotame, et de ceux d'une hyène qui se rencontre aussi dans plusieurs couches meubles avec ces mêmes pachydermes : par conséquent ils sont du même âge ; mais il n'en reste pas moins difficile de dire en quoi ils diffèrent des bœufs et des cerfs d'aujourd'hui.

Les fentes des rochers de Gibraltar, de Cette, de Nice, d'Uliveto près de Pise, et d'autres lieux des bords de la Méditerranée, sont remplies d'un ciment rouge et dur, qui enveloppe des fragments de rochers et des coquilles d'eau douce avec beaucoup d'os de quadrupèdes, la plupart fracturés : c'est ce que l'on a nommé des brèches osseuses. Les os qui les remplissent offrent quelquefois des caractères suffisants pour prouver qu'ils viennent d'animaux inconnus au moins en Europe. On y trouve par exemple, quatre espèces de cerfs, dont trois ont à leurs dents des caractères qui ne s'observent que dans les cerfs de l'archipel des Indes.

Il y en a près de Vérone une cinquième, dont les bois surpassent en volume ceux des cerfs du Canada. MM. Jobert et Croiset ont découvert beaucoup d'autres nouvelles espèces de cerfs dans la montagne de Perrier ou de Boulade, près d'Issoire, en Auvergne.

On trouve aussi dans certains lieux, avec des os de rhinocéros et d'autres quadrupèdes de cette époque, ceux d'un cerf tellement semblable au renne, qu'il serait très difficile de lui assigner des caractères distinctifs ; ce qui est d'autant plus extraordinaire, que les rennes sont aujourd'hui confinés dans les climats les plus glacés du Nord, tandis que tout le genre des rhinocéros appartient à la zone torride (1).

Il existe dans les couches dont nous parlons des restes d'une espèce fort semblable au daim, mais d'un tiers plus grande, et des quantités innombrables de bois très ressemblants à ceux des cerfs d'aujourd'hui, ainsi que des os très analogues à ceux de l'aurochs et à ceux du bœuf domestique, deux espèces fort distinctes que les naturalistes qui nous ont précédés avaient mal à propos confondues. Cependant les têtes entières, semblables à celles de ces deux animaux, ainsi qu'à celle du bœuf musqué du Canada, que l'on a souvent retirées de la terre, ne viennent pas de positions assez bien constatées pour qu'on puisse assurer que ces espèces aient été contemporaines des grands pachydermes que nous venons de mentionner.

Les brèches osseuses des bords de la Méditerranée ont aussi donné deux espèces de *lagomys*, animaux dont le genre n'existe aujourd'hui qu'en Sibérie ; deux espèces de lapins, des campagnols, et des rats de la taille du rat d'eau et de celle de la souris. Les cavernes de l'Angleterre en ont donné également.

Les brèches osseuses contiennent jusqu'à des os de musaraignes et de petits lézards.

(1) Cet animal a été reconnu depuis par MM. Cautley et Falconer et dénommé Sivatherium, du nom de Siva, idole des Indiens. Le sivatherium avait quatre cornes, dont deux se dirigeaient en avant et vers le sol.

La paire supérieure rappelait les cornes de l'élan ; les cornes inférieures ressemblaient à celles du renne. Il avait la taille de l'éléphant et portait sur le garrot et sur le cou une couche épaisse de poils, dans le genre des bisons.

Il y a dans certaines couches sableuses de la Toscane des dents d'un porc-épic, et dans celles de la Russie des têtes d'une espèce de castor, plus grande que les nôtres, que M. Fischer a nommée *trogontherium*.

Mais c'est surtout dans la classe des édentés que ces races d'animaux de l'avant-dernière époque reprennent une taille bien supérieure à celle de leurs congénères actuels, et s'élèvent même à une grandeur tout à fait gigantesque.

Le *megatherium* (1) réunit une partie des caractères génériques des tatous avec une partie de ceux des paresseux, et pour la taille il égale les plus grands rhinocéros. Ses ongles devaient être d'une longueur et d'une force monstrueuse : toute sa charpente est d'une solidité excessive. On n'en a déterré encore que dans des couches sableuses de l'Amérique septentrionale.

Le *megalonyx* lui ressemblait beaucoup pour les caractères, mais était un peu moindre ; ses ongles étaient plus longs et plus tranchants. On en a trouvé quelques os et des doigts entiers dans certaines cavernes de la Virginie et dans une île de la côte de la Géorgie.

Ces deux énormes édentés n'ont encore donné de leurs restes qu'en Amérique ; mais l'Europe en possédait un qui ne leur cédait point pour la force. On ne le connaît que par une seule phalange onguéale ; mais cette phalange suffit pour nous assurer qu'il était fort sem-

(1) Signifie : grand animal. On l'appelle aussi animal du Paraguay à cause de l'abondance de ses débris dans les alluvions du Paraguay. C'était un édenté gigantesque. Sa taille et les dimensions de ses membres dépassent ce que l'imagination peut se figurer. Haut de 3 mètres et long de plus de quatre, ses pattes se terminaient par des pieds de plus d'un mètre de long armés d'ongles de 33 cent. de long qui fouillaient la terre avec une puissance incroyable.

blable à un pangolin de près de vingt-quatre pieds de longueur. Il vivait dans les mêmes cantons que les éléphants, les rhinocéros et les *dinotheriums* ; car on en a trouvé les os avec les leurs dans une sablonnière du pays de Darmstadt, non loin du Rhin.

Les brèches osseuses contiennent aussi, mais très rarement, des os de carnassiers, qui sont beaucoup plus nombreux dans les cavernes, c'est-à-dire dans les cavités plus larges et plus compliquées que les fentes ou filons à brèches osseuses. Le Jura en a surtout de célèbres dans sa partie qui s'étend en Allemagne, où depuis des siècles on en a enlevé et détruit des quantités incroyables, parce qu'on leur attribuait des vertus médicales particulières ; et néanmoins il en reste encore de quoi étonner l'imagination ; ce sont principalement des os d'une espèce d'ours très grande (*ursus spelæus*), caractérisée par un front plus bombé que celui d'aucun de nos ours vivants ; avec ces os se mêlent ceux de deux autres espèces d'ours (*u. arctoïdens* et *u. priscus*) ; ceux d'une hyène (*h. fossilis*) voisine de l'hyène tachetée du Cap, mais différente par quelques détails de ses dents et des formes de sa tête ; ceux de deux tigres ou panthères, ceux d'un loup, ceux d'un renard, ceux d'un glouton, ceux de belettes, de genettes et d'autres petits carnassiers (1).

On peut remarquer encore ici cet alliage singulier d'animaux dont les semblables vivent maintenant dans des climats aussi éloignés que le Cap, pays des hyènes ta-

(1) La contemporanéité de ces animaux avec l'homme est maintenant clairement prouvée, puisque des ossements de ces divers animaux portent des traces évidentes de l'action de l'homme ; telles que stries d'instruments tranchants, marques de feu et même pointes de flèches insérées dans l'os crânien.

chetées, et la Laponie, pays des gloutons actuels ; c'est ainsi que nous avons vu dans une caverne de France un rhinocéros et un renne à côté l'un de l'autre.

Les ours sont rares dans les couches meubles. On dit cependant en avoir trouvé en Autriche et en Hainaut de la grande espèce des cavernes ; et il y en a en Toscane d'une espèce particulière, remarquable par ses canines comprimées (*U. cultridens*). Les hyènes s'y voient plus fréquemment : nous en avons, en France, trouvé avec des os d'éléphant et de rhinocéros. On a découvert depuis peu en Angleterre une caverne qui en recélait des quantités prodigieuses, où il y en avait de tout âge, dont le sol offrait même de leurs excréments bien reconnaissables. Il paraît qu'elles y ont vécu longtemps, et que ce sont elles qui ont entraîné les os d'éléphants, de rhinocéros, d'hippopotames, de chevaux, de bœufs, de cerfs, et de divers rongeurs qui y sont avec les leurs, et portent des marques sensibles de la dent des hyènes. Mais que devait être le sol de l'Angleterre lorsque ces énormes animaux y servaient de proie à des bêtes féroces ? Ces cavernes recèlent aussi des os de tigres, de loups et de renards; mais ceux d'ours y sont d'une rareté excessive.

Quoi qu'il en soit, on voit qu'à l'époque dont nous passons en revue la population animale la classe des carnassiers était nombreuse et puissante ; elle comptait trois ours à canines rondes, un ours à canines comprimées, un grand tigre ou lion, un autre *felis* de la taille de la panthère, deux hyènes, un loup, un renard, un glouton, une martre ou mouffette, une belette.

La classe des rongeurs, composée en général d'espèces faibles et petites, a été peu remarquée par les collecteurs de fossiles ; et toutefois ses débris, dans les couches et dépôts dont nous parlons, ont aussi offert des espèces inconnues. Telle est surtout une espèce de lagomys des brèches osseuses de Corse et de Sardaigne, un peu semblable au *lagomys alpinus* des hautes montagnes de la Sibérie ; *tant il est vrai que ce n'est pas, à beaucoup près, toujours dans la zone torride qu'il faut chercher les animaux semblables à ceux de cette avant-dernière époque.*

Ce sont là les principaux animaux dont on ait recueilli les restes dans cet amas de terres, de sables et de limons, dans ce *diluvium* qui recouvre partout nos grandes plaines, qui remplit nos cavernes, et qui obstrue les fentes de plusieurs de nos rochers : ils formaient incontestablement la population des continents à l'époque de la grande catastrophe qui a détruit leurs races, et qui a préparé le sol sur lequel subsistent les animaux d'aujourd'hui.

Quelque ressemblance qu'offrent certaines de ces espèces avec celles de nos jours, on ne peut disconvenir que l'ensemble de cette population n'eût un caractère très différent, et que la plupart des races qui la composaient ne soient anéanties.

Ce qui étonne, c'est que parmi tous ces mammifères, dont la plupart ont aujourd'hui leurs congénères dans les pays chauds, il n'y ait pas eu un seul quadrumane, que l'on n'ait pas recueilli un seul os, une seule dent de singe, ne fût-ce que des os ou des dents de singes d'espèces perdues.

Il n'y a non plus aucun homme ; tous les os de notre espèce que l'on a recueillis avec ceux dont nous venons de parler s'y trouvaient accidentellement (1), et leur nombre est d'ailleurs infiniment petit, ce qui ne serait sûrement pas si les hommes eussent fait alors des établissements sur les pays qu'habitaient ces animaux.

Où était donc alors le genre humain ? Ce dernier et ce plus parfait ouvrage du Créateur existait-il quelque part ? Les animaux qui l'accompagnent maintenant sur le globe, et dont il n'y a point de traces parmi ces fossiles, l'entouraient-ils ? Les pays où il vivait avec eux ont-ils été engloutis lorsque ceux qu'il habite maintenant, et dans lequel une grande inondation avait pu détruire cette population antérieure, ont été remis à sec ? C'est ce que l'étude des fossiles ne nous dit pas, et dans ce discours nous ne devons pas remonter à d'autres sources.

Ce qui est certain, c'est que nous sommes maintenant au moins au milieu d'une quatrième succession d'animaux terrestres, et qu'après l'âge des reptiles, après celui des paléothériums, après celui des mammouths, des mastodontes et des mégathériums, est venu l'âge où l'espèce humaine, aidée de quelques animaux domestiques, domine et féconde paisiblement la terre, et que ce n'est que dans les terrains formés depuis cette époque, dans les alluvions, dans les tourbières, dans les concrétions récentes, que l'on trouve à l'état fossile des os qui appartiennent tous à des animaux connus et aujourd'hui vivants.

Tels sont les squelettes humains de la Guadeloupe,

_____

(1) Des observations plus récentes ont fixé sur ces deux derniers points les doutes qu'avait Cuvier et modifié complètement les données de la science à cette époque.

incrustés dans un travertin avec des coquilles terrestres de l'île et des fragments de coquilles et de madrépores de la mer environnante ; les os de bœufs, de cerfs, de chevreuils, de castors, communs dans les tourbières, et tous les os d'hommes et d'animaux domestiques enfouis dans les dépôts des rivières, dans les cimetières et sur les anciens champs de bataille.

Aucuns de ces restes n'appartiennent ni au grand dépôt de la dernière catastrophe, ni à ceux des âges précédents.

FIN DU DISCOURS

SUR LES RÉVOLUTIONS DE LA SURFACE DU GLOBE

ÉLOGE HISTORIQUE

DE DAUBENTON

ELOGE HISTORIQUE

DE DAUBENTON

Louis-Jean-Marie Daubenton, membre du Sénat et de l'Institut, professeur au Muséum d'histoire naturelle et au Collège de France, des académies et sociétés savantes de Berlin, de Pétersbourg, de Londres, de Florence, de Lausanne, de Philadelphie, etc., auparavant pensionnaire anatomiste de l'Académie des Sciences, et garde et démonstrateur du Cabinet d'histoire naturelle, naquit à Montbar, département de la Côte-d'Or, le 29 mai 1716, de Jean Daubenton, notaire en ce lieu, et de Marie Pichenot.

Il se distingua dès son enfance par la douceur de ses mœurs et par son ardeur pour le travail, et il obtint aux Jésuites de Dijon, où il fit ses premières études, toutes ces petites distinctions qui sont si flatteuses pour la jeunesse, sans être toujours les avant-coureurs de succès plus durables. Il se les rappelait encore avec

15.

plaisir à la fin de sa vie, et il en conserva toujours les témoignages écrits.

Après qu'il eut terminé, sous les Dominicains de la même ville, ce que l'on appelait alors un cours de philosophie, ses parents, qui le destinaient à l'état ecclésiastique et lui en avaient fait prendre l'habit dès l'âge de douze ans, l'envoyèrent à Paris pour y faire sa théologie ; mais, inspiré peut-être par un pressentiment de ce qu'il devait être un jour, le jeune Daubenton se livra en secret à l'étude de la médecine. Il suivit aux écoles de la Faculté les leçons de Baron, de Martinenq et de Col de Villars, et, dans ce même Jardin des Plantes qu'il devait tant illustrer par la suite, celles de Winslow, d'Hunauld et d'Antoine Jussieu. La mort de son père, qui arriva en 1736, lui ayant laissé la liberté de suivre ouvertement son penchant, il prit ses degrés à Reims en 1740 et 1741, et retourna dans sa patrie, où il bornait son ambition à l'exercice de son art ; mais sa destinée le réservait pour un théâtre plus brillant.

La petite ville qui l'avait vu naître avait aussi produit un homme qu'une fortune indépendante, les agréments du corps et de l'esprit, un goût violent pour les plaisirs, semblaient destiner à toute autre carrière qu'à celle des sciences, et qui s'y trouvait cependant sans cesse ramené par ce penchant irrésistible, indice presque assuré de talents extraordinaires.

Buffon (c'était cet homme), longtemps incertain de l'objet auquel il appliquerait son génie, essaya tour à tour de la géométrie, de la physique, de l'agriculture. Enfin, Dufay, son ami, qui venait pendant sa courte administration, de relever le Jardin des Plantes de l'état de délabrement où l'avait laissé l'incurie des premiers médecins, jusqu'alors surintendants-nés de cet établissement, lui ayant fait avoir la survivance de sa charge, le choix de Buffon se fixa pour toujours sur l'histoire naturelle, et il vit s'ouvrir devant lui cette immense carrière qu'il a parcourue avec tant de gloire.

Il en mesura d'abord toute l'étendue : il aperçut d'un coup d'œil ce qu'il y avait à faire, ce qu'il était en son pouvoir de faire, et ce qui exigeait des secours étrangers.

Surchargée dès sa naissance par l'indigeste érudition des Aldrovande, des Gessner, des Jonston, l'histoire naturelle s'était vue ensuite mutilée, pour ainsi dire, par le ciseau des nomenclateurs ; les Ray, les Klein, Linnées même alors, n'offraient plus que des catalogues décharnés, écrits dans une langue barbare, et qui, avec leur apparente précision, avec le soin que leurs auteurs paraissaient avoir mis à n'y placer que ce qui pouvait être à chaque instant vérifié par l'observation, n'en recélaient pas moins une multitude d'erreurs, et dans les détails, et dans les caractères distinctifs, et dans les distributions méthodiques.

Rendre la vie et le mouvement à ce corps froid et inanimé ; peindre la nature telle qu'elle est, toujours jeune, toujours en action ; esquisser à grands traits l'accord admirable de toutes ses parties, les lois qui les tiennent enchaînées en un système unique ; faire passer dans ce tableau toute la fraîcheur, tout l'éclat de l'original : telle était la tâche la plus difficile de l'écrivain qui voudrait rendre à cette belle science le lustre qu'elle avait perdu ; telle était celle où l'imagination ardente de Buffon, son génie élevé, son sentiment profond des beautés de la nature, devaient immanquablement le faire réussir.

Mais, si la vérité n'avait pas fait la base de son travail, s'il avait prodigué les brillantes couleurs de sa palette à des dessins incorrects ou infidèles, s'il n'avait combiné que des faits imaginaires, il aurait bien pu devenir un écrivain élégant, un poète ingénieux; mais il n'aurait pas été naturaliste, il n'aurait pu aspirer au rôle qu'il ambitionnait de réformateur de la science.

Il fallait donc tout revoir, tout recueillir, tout observer; il fallait comparer les formes, les dimensions des êtres; il fallait porter le scalpel dans leur intérieur, et dévoiler les parties les plus cachées de leur organisation. Buffon sentit que son esprit impatient ne lui permettrait pas ces travaux pénibles; que la faiblesse même de sa vue lui interdirait l'espoir de s'y livrer avec succès. Il chercha un homme qui joignît à la justesse d'esprit et à la finesse de tact nécessaire pour ce genre de recherches, assez de modestie, assez de dévouement, pour se contenter d'un rôle secondaire en apparence, pour n'être en quelque sorte que son œil et sa main; et il le trouva dans le compagnon des jeux de son enfance, dans Daubenton.

Mais il trouva en lui plus qu'il n'avait cherché, plus même qu'il ne croyait lui être nécessaire ; et ce n'est peut-être pas dans la partie où il demandait ses secours, que Daubenton lui fut le plus utile.

En effet, on peut dire que jamais association ne fut mieux assortie. Il existait au physique et au moral, entre les deux amis, ce contraste parfait qu'un de nos plus aimables écrivains assure être nécessaire pour rendre une union durable, et chacun d'eux semblait avoir reçu précisément les qualités propres à tempérer celle de l'autre par leur opposition.

Buffon, d'une taille vigoureuse, d'un aspect imposant, d'un naturel impérieux, avide en tout d'une jouissance prompte, semblait vouloir deviner la vérité, et non l'observer. Son imagination venait à chaque instant se placer entre la nature et lui, et son éloquence semblait s'exercer contre sa raison avant de s'employer à entraîner celle des autres.

Daubenton, d'un tempérament faible, d'un regard doux, d'une modération qu'il devait à la nature autant qu'à sa propre sagesse, portait dans toutes ses recherches la circonspection la plus scrupuleuse ; il ne croyait, il n'affirmait que ce qu'il avait vu et touché ; bien éloigné de vouloir persuader par d'autres moyens que par l'évidence même, il écartait avec soin de ses discours et de ses écrits toute image, toute expression propre à séduire ; d'une patience inaltérable, jamais il ne souffrait d'un retard ; il recommençait le même travail jusqu'à ce qu'il eût réussi à son gré, et, par une méthode trop rare peut-être parmi les hommes occupés de sciences réelles, toutes les ressources de son esprit semblaient s'unir pour imposer silence à son imagination.

Buffon croyait n'avoir pris qu'un aide laborieux qui lui aplanirait les inégalités de la route, et il avait trouvé un guide fidèle qui lui en indiquait les écarts et les précipices. Cent fois le sourire piquant qui échappait à son ami, lorsqu'il concevait du doute, le fit revenir de ses premières idées ; cent fois un de ces mots que cet ami savait si bien placer, l'arrêta dans sa marche précipitée ; et la sagesse de l'un, s'alliant ainsi à la force de l'autre, parvint à donner à l'histoire des quadrupèdes, la seule qui soit commune aux deux auteurs, cette perfection qui en fait, sinon la plus intéressante de celles qui entrent dans la grande histoire naturelle de Buffon, du moins celle qui est le plus exempte d'erreurs, et qui restera le plus longtemps classique pour les naturalistes.

C'est donc moins encore par ce qu'il fit pour lui, que par ce qu'il l'empêcha de faire, que Daubenton fut utile à Buffon, et que celui-ci dut se féliciter de se l'être attaché.

Ce fut vers l'année 1742 qu'il l'attira à Paris. La place de garde et démonstrateur du Cabinet d'histoire naturelle était presque sans fonctions, et le titulaire, nommé Noguez, vivant depuis longtemps en province, elle était remplie de temps à autre par quelqu'une des personnes attachées au jardin. Buffon la fit revivre pour Daubenton, et elle lui fut conférée par brevet en 1745. Ses appointements, qui n'étaient d'abord que de 500 fr., furent augmentés par degrés jusqu'à 4,000 fr. Lorsqu'il n'était qu'adjoint à l'Académie des sciences, Buffon, qui en était le trésorier, lui fit avoir quelques gratifications. Dès son arrivée à Paris, il lui avait donné un logement. En un mot, il ne négligea rien pour lui assurer l'aisance nécessaire à tout homme de lettres et à tout savant qui ne veut s'occuper que de la science.

Daubenton, de son côté, se livra sans interruption aux travaux propres à seconder les vues de son bienfaiteur, et il érigea par ces travaux mêmes les deux principaux monuments de sa propre gloire.

L'un des deux, pour n'être pas un livre imprimé, n'en est pas moins un livre très beau et très instructif, puisque c'est presque celui de la nature : je veux parler du Cabinet d'histoire naturelle du Jardin des Plantes. Avant Daubenton ce n'était qu'un simple droguier, où l'on recueillait les produits des cours publics de chimie, pour les distribuer aux pauvres qui pouvaient en avoir besoin dans leurs maladies. Il ne contenait, en histoire naturelle proprement dite, que des coquilles rassemblées par Tournefort, qui avaient servi depuis à amuser les premières années de Louis XV, et dont plusieurs portaient encore l'empreinte des caprices de l'enfant royal.

En bien peu d'années il changea totalement de face. Les minéraux, les fruits, les bois, les coquillages furent rassemblés de toute part et exposés dans le plus bel ordre. On s'occupa de découvrir ou de perfectionner les moyens par lesquels on conserve les diverses parties des corps organisés ; les dépouilles inanimées des quadrupèdes et des oiseaux reprirent les apparences de la vie, et présentèrent à l'observateur les moindres détails de leurs caractères, en même temps qu'elles firent l'étonnement des curieux par la variété de leurs formes et l'éclat de leurs couleurs.

Auparavant, quelques riches ornaient bien leurs cabinets de productions naturelles ; mais ils en écartaient celles qui pouvaient en gâter la symétrie et leur ôter l'apparence de décoration. Quelques savants recueillaient les objets qui pouvaient aider leurs recherches ou appuyer leurs opinions ; mais, bornés dans leur fortune, ils étaient obligés de travailler longtemps, avant de compléter même une branche isolée. Quelques curieux rassemblaient des suites qui satisfaisaient leurs goûts ; mais ils s'arrêtaient ordinairement aux choses les plus futiles, à celles qui étaient plus propres à flatter la vue qu'à éclairer l'esprit : les coquillages les plus brillants, les agathes les plus variées, les gemmes les mieux taillées, les plus éclatantes, faisaient ordinairement le fonds de leurs collections.

Daubenton, appuyé par Buffon, et profitant des moyens que le crédit de son ami lui obtint du gouvernement, conçut et exécuta un plan plus vaste : il pensa qu'aucune des productions de la nature ne devait être écartée de son temple ; il sentit que celles de ces productions que nous regardons comme les plus importantes ne peuvent être bien connues, qu'autant qu'on les compare avec toutes les autres ; qu'il n'en est même aucune qui, par ses nombreux rapports, ne soit liée plus ou moins directement avec le reste de la nature. Il n'en exclut donc aucune, et fit les plus grands efforts pour les recueillir toutes ; il fit surtout exécuter ce grand nombre de préparations anatomiques qui distinguèrent longtemps le cabinet de Paris, et qui, pour être moins agréables à l'œil du vulgaire, n'en sont que plus utiles à l'homme qui ne veut pas arrêter ses recherches à l'écorce des êtres créés, et qui tâche de rendre l'histoire naturelle une science philosophique, en lui faisant expliquer aussi les phénomènes qu'elle décrit.

L'étude et l'arrangement de ces trésors étaient devenus pour lui une véritable passion ; la seule peut-être qu'on ait jamais remarquée en lui. Il s'enfermait pendant des journées entières dans le cabinet ; il y retournait de mille manières les objets qu'il y avait rassemblés : il en examinait scrupuleusement toutes les parties, il essayait tous les ordres possibles, jusqu'à ce qu'il eût rencontré celui qui ne choquait ni l'œil ni les rapports naturels.

Ce goût pour l'arrangement d'un cabinet se réveilla avec force dans ses dernières années, lorsque des victoires apportèrent au Muséum d'histoire naturelle une nouvelle masse de richesses, et que les circonstances

permirent de donner à l'ensemble un plus grand développement. A quatre-vingt-quatre ans, la tête courbée
sur la poitrine, les pieds et les mains déformés par la
goutte, ne pouvant marcher que soutenu de deux personnes, il se faisait conduire chaque matin au cabinet,
pour y présider à la disposition des minéraux, la seule
partie qui lui fût restée dans la nouvelle organisation de.
l'établissement.

Ainsi c'est principalement à Daubenton que la France
est redevable de ce temple si digne de la déesse à laquelle il est consacré, et où l'on ne sait ce que l'on doit
admirer le plus, de l'étonnante fécondité de la nature
qui a produit tant d'êtres divers, ou de l'opiniâtre patience de l'homme qui a su recueillir tous ces êtres, les
nommer, les classer, en assigner les rapports, en décrire
les parties, en expliquer les propriétés.

Le second monument qu'a laissé Daubenton, devait
être, d'après son plan primitif, le résultat et la description complète du Cabinet ; mais des circonstances que
nous indiquerons bientôt, l'empêchèrent de pousser cette
description plus loin que les quadrupèdes.

Ce n'est pas ici le lieu d'analyser la partie descriptive
de l'*Histoire naturelle* (1), cet ouvrage aussi immense par
ses détails qu'étonnant par la hardiesse de son plan, ni
de développer tout ce qu'il contient de neuf et d'important pour les naturalistes. Il suffira, pour en donner une
idée, de dire qu'il comprend la description, tant extérieure qu'intérieure, de cent quatre-vingt-deux espèces
de quadrupèdes, dont cinquante-huit n'avaient jamais

(1) Les trois premiers volumes in-4° parurent en 1749; les douze
suivants se succédèrent depuis cette époque jusqu'en 1767.

été disséquées, et dont treize n'étaient pas même décrites extérieurement. Il contient de plus la description, extérieure seulement, de vingt-six espèces, dont cinq n'étaient pas connues. Le nombre des espèces entièrement nouvelles est donc de dix-huit ; mais les faits nouveaux relatifs à celles dont on avait déjà une connaissance plus ou moins superficielle, sont innombrables. Cependant le plus grand mérite de l'ouvrage est encore l'ordre et l'esprit dans lequel sont rédigées ces descriptions, et qui est le même pour toutes les espèces. L'auteur se plaisait à répéter qu'il était le premier qui eût établi une véritable anatomie comparée : et cela était vrai dans ce sens, que toutes ses observations étant disposées sur le même plan, et que leur nombre étant le même pour le plus petit animal comme pour le plus grand, il est extrêmement facile d'en saisir tous les rapports ; que, ne s'étant jamais astreint à aucun système, il a porté une attention égale sur toutes les parties, et qu'il n'a jamais dû être tenté de négliger ou de masquer ce qui n'aurait pas été conforme aux règles qu'il aurait établies.

Quelque naturelle que cette marche doive paraître aux personnes qui n'en jugent que par le simple bon sens, il faut bien qu'elle ne soit pas très facile à suivre, puisqu'elle est si rare dans les ouvrages des autres naturalistes, et qu'il y en a si peu, par exemple, qui aient pris la peine de nous donner les moyens de placer les êtres qu'ils décrivent, autrement qu'ils ne le sont dans leurs systèmes.

Ainsi cet ouvrage de Daubenton peut-il être considéré comme une mine riche, où les naturalistes et les anatomistes qui s'occupent des quadrupèdes sont obligés de fouiller, et d'où plusieurs écrivains ont tiré des choses très précieuses, sans s'en être vantés. Il suffit quelquefois de faire un tableau de ses observations, de les placer sous certaines colonnes, pour obtenir les résultats les plus piquants ; et c'est ainsi qu'on doit entendre ce mot de Camper, que *Daubenton ne savait pas toutes les découvertes dont il était l'auteur*.

On lui a reproché de n'avoir pas tracé lui-même le tableau de ces résultats. C'était avec une pleine connaissance de cause qu'il s'était refusé à un travail qui aurait flatté son amour-propre, mais qui aurait pu le conduire à des erreurs. La nature lui avait montré trop d'exceptions, pour qu'il se crût permis d'établir une règle, et sa prudence a été justifiée, non seulement par le mauvais succès de ceux qui ont voulu être plus hardis que lui, mais encore par son propre exemple : la seule règle qu'il ait osé tracer, celle du nombre des vertèbres cervicales dans les quadrupèdes, s'étant trouvée démentie sur la fin de ses jours (1).

Un autre reproche fut celui d'avoir trop resserré ses anatomies, en les bornant à la description du squelette et à celle des viscères, sans traiter des muscles, des vaisseaux, des nerfs, ni des organes extérieurs des sens ; mais on ne prouvera qu'il lui était possible d'éviter ce reproche, que lorsqu'on aura fait mieux que lui, dans le même temps et avec les mêmes moyens. Il est certain du moins qu'un de ses élèves qui a voulu étendre son cadre, ne l'a presque rempli qu'avec des compilations trop souvent insignifiantes.

_____

(1) Il y en a en général sept : le paresseux à trois doigts ou l'aï en a neuf.

Aussi Daubenton ne tarda-t-il pas, sitôt que son ouvrage eut paru, d'obtenir les récompenses ordinaires de toutes les grandes entreprises, de la gloire et des honneurs, des critiques et des tracasseries ; car, dans la carrière des sciences, comme dans toutes les autres, il est moins difficile d'arriver à la gloire et même à la fortune, que de conserver sa tranquillité, lorsqu'on y est parvenu.

Réaumur tenait alors le sceptre de l'histoire naturelle. Personne n'avait porté plus loin la sagacité dans l'observation ; personne n'avait rendu la nature plus intéressante, par la sagesse et l'espèce de prévoyance de détail dont il avait trouvé des preuves dans l'histoire des plus petits animaux. Ses mémoires sur les insectes, quoique diffus, étaient clairs, élégants, et pleins de cet intérêt qui vient de la curiosité sans cesse piquée par des détails nouveaux et singuliers ; ils avaient commencé à répandre parmi les gens du monde le goût de l'étude de la nature.

Ce ne fut pas sans quelque chagrin que Réaumur se vit éclipsé par un rival dont les vues hardies et le style magnifique excitaient l'enthousiasme du public, et lui inspiraient une sorte de mépris pour des recherches en apparence aussi minutieuses que celles dont les insectes sont l'objet. Il témoigna sa mauvaise humeur d'une manière un peu vive (1) ; on le soupçonna même d'avoir

(1) Voyez, dans le volume des *Mémoires de l'Académie*, p. 452, lequel n'a paru qu'en 1751, un mémoire de Réaumur *sur la manière d'empêcher l'évaporation des liqueurs spiritueuses dans lesquelles on veut conserver des objets d'histoire naturelle*. Il s'y plaint violemment de ce que Daubenton avait publié, dans le tome III de l'*Histoire naturelle*, un extrait de ce Mémoire avant qu'il fût imprimé.

contribué à la publication de quelques lettres critiques (1), où l'on voulait opposer à l'éloquence du peintre de la nature les discussions d'une obscure métaphysique, et où Daubenton, dans lequel Réaumur croyait voir le seul appui solide de ce qu'il appelait les prestiges de son rival, n'était pas épargné. L'Académie fut quelquefois témoin de querelles plus directes, dont le souvenir ne nous est point entièrement parvenu, mais qui furent si fortes, que Buffon se vit obligé d'employer son crédit auprès de la favorite d'alors (2) pour soutenir son ami, et pour le faire arriver aux degrés supérieurs qui étaient dus à ses travaux.

Il n'est point d'hommes célèbres qui n'aient éprouvé de ces sortes de désagréments ; car, sous tous les régimes possibles, il n'y a jamais d'homme de mérite sans quelques adversaires, et ceux qui veulent nuire ne manquent jamais de quelques protecteurs.

Le mérite fut d'autant plus heureux de ne point succomber dans cette occasion, qu'il n'était pas de nature à frapper la foule. Un observateur modeste et scrupu-

---

(1) *Lettres à un Américain, sur l'Histoire naturelle générale et particulière de M. de Buffon*, première partie, Hambourg (Paris), 1751; seconde et troisième parties, *ibid. eod. ann.* C'est dans la neuvième lettre de cette troisième partie qu'on montre le plus l'intention de défendre Réaumur contre Buffon. — *Lettres, etc., sur l'histoire naturelle de M. de B. et sur les observations miscroscopiques de M. Needham*, quatrième partie, *ibid, eod. ann.* C'est dans la dixième lettre que l'on critique Daubenton sur l'arrangement du Cabinet du Roi, et qu'on lui oppose celui de M. Réaumur. Cinquième partie, même titre et même année. Puis, *Suite des lettres, etc., sur les quatrième et cinquième vol. de l'Histoire naturelle de M. de Buffon, et sur le Traité des animaux de M. l'abbé de Condillac*, sixième partie, Hambourg, 1756. Le titre et la date restent les mêmes pour la septième, la huitième et la neuvième partie, qui est la dernière.

L'auteur, ex-oratorien, natif de Poitiers, se nommait l'abbé Delignac : Il était très lié avec Réaumur. On a encore de lui, *Mémoires pour l'histoire des araignées aquatiques*, etc.

(2) Mme de Pompadour.

leux ne pouvait captiver ni le vulgaire ni même les savants
étrangers à l'histoire naturelle ; car les savants jugent
toujours comme le vulgaire les ouvrages qui ne sont pas
de leur genre, et le nombre des naturalistes était alors
très petit. Si le travail de Daubenton avait paru seul, il
serait resté dans le cercle des anatomistes et des naturalistes, qui l'auraient apprécié à sa juste valeur, et, leur
suffrage déterminant celui de la multitude, celle-ci aurait
respecté l'auteur sur parole, comme ces dieux inconnus
d'autant plus révérés, que leur sanctuaire est plus impé-
nétrable. Mais, marchant à côté de l'ouvrage de son
brillant émule, celui de Daubenton fut entraîné sur la
toilette des femmes et dans le cabinet des littérateurs ;
la comparaison de son style mesuré et de sa marche cir-
conspecte avec la poésie vive et les écarts hardis de son
rival, ne pouvait être à son avantage ; et les détails
minutieux de dimensions et de descriptions dans lesquels
il entrait, ne pouvaient racheter auprès de pareils juges
l'ennui dont ils étaient nécessairement accompagnés.

Ainsi, lorsque tous les naturalistes de l'Europe recevaient avec une reconnaissance mêlée d'admiration les
résultats des immenses travaux de Daubenton, lorsqu'ils
donnaient à l'ouvrage qui les contenait, et par cela seulement qu'il les contenait, les noms d'*ouvrage d'or*,
d'*ouvrage vraiment classique* (1), on chansonnait l'auteur
à Paris ; et quelques-uns de ces flatteurs qui rampent
devant la renommée comme devant la puissance, parce
que la renommée est aussi une puissance, parvinrent à
faire croire à Buffon, qu'il gagnerait à se débarrasser de
ce collaborateur importun. On a même entendu depuis

(1) Voyez Pallas, *Glires* et *Spicilegia zoologica.*

le secrétaire d'une illustre académie assurer que les
naturalistes seuls purent regretter qu'il eût suivi ce conseil.

Buffon fit donc faire une édition de l'*Histoire naturelle*
en treize volumes in-12, dont on retrancha non seulement la partie anatomique, mais encore les descriptions
de l'extérieur des animaux, que Daubenton avait rédigées pour la grande édition ; et comme on n'y substitua
rien, il en est résulté que cet ouvrage ne donne plus
aucune idée de la forme, ni des couleurs, ni des caractères distinctifs des animaux : en sorte que, si cette
petite édition venait à résister seule à la faux du temps,
comme la multitude de réimpressions qu'on en publie
aujourd'hui pourrait le faire craindre, on n'y trouverait
guères plus de moyens de reconnaître les animaux dont
l'auteur a voulu parler, qu'il ne s'en trouve dans Pline et
dans Aristote, qui ont aussi négligé le détail des descriptions.

Buffon se détermina encore à paraître seul dans ce
qu'il publia depuis, tant sur les oiseaux que sur les minéraux. Outre l'affront, Daubenton essuyait par là une
perte considérable. Il aurait pu plaider ; car l'entreprise
de l'histoire naturelle avait été concertée en commun ;
mais pour cela il aurait fallu se brouiller avec l'intendant du Jardin du roi, il aurait fallu quitter ce Cabinet
qu'il avait créé et auquel il tenait comme à la vie : il
oublia l'affront et la perte, et il continua à travailler.

Les regrets que témoignèrent tous les naturalistes,
lorsqu'ils virent paraître le commencement de l'*Histoire
des oiseaux* sans être accompagné de ces descriptions
exactes, de ces anatomies soignées qu'ils estimaient
tant, durent contribuer à le consoler.

Il aurait eu encore plus de sujets de l'être si son attachement pour le grand homme qui le négligeait ne l'eût emporté sur son amour-propre, lorsqu'il vit ces premiers volumes, auxquels Gueneau de Montbeillard ne contribua point, remplis d'inexactitudes et dépourvus de tous ces détails auxquels il était physiquement et moralement impossible à Buffon de se livrer.

Ces imperfections furent encore plus marquées dans les suppléments, ouvrages de la vieillesse de Buffon (1), où ce grand écrivain poussa l'injustice jusqu'à charger un simple dessinateur de la partie que Daubenton avait si bien exécutée dans les premiers volumes.

Aussi plusieurs naturalistes cherchèrent-ils à remplir ce vide ; et le célèbre Pallas, entre autres, prit absolument Daubenton pour modèle dans ses *Mélanges* et dans ses *Glanures zoologiques*, ainsi que dans son *Histoire des rongeurs*, livres qui doivent être considérés comme les véritables suppléments de Buffon, et comme ce qui a paru de mieux sur les quadrupèdes, après son grand ouvrage.

Tout le monde sait avec quel succès l'illustre continuateur de Buffon, pour la partie des poissons et des reptiles, qui fut aussi l'ami et le collègue de Daubenton, et qui le pleure encore avec nous, a réuni dans ses écrits le double avantage d'un style fleuri et plein d'images, et d'une exactitude scrupuleuse dans les détails, et comment il a su remplacer également bien ses deux prédécesseurs.

Au reste, Daubenton oublia tellement les petites

_____

(1) Le tome III de 1776 et le VI° de 1782 traitent des quadru-pèdes, et auraient eu grand besoin du concours de Daubenton ; ainsi que le VII°, qui est posthume, de 1789.

injustices de son ancien ami, qu'il contribua depuis à plusieurs parties de l'*Histoire naturelle*, quoique son nom n'y fût plus attaché, et nous avons la preuve que Buffon a pris connaissance de tout le manuscrit de ses leçons au Collège de France, lorsqu'il a écrit son *Histoire des minéraux* (1). Leur intimité se rétablit même entièrement et se conserva jusqu'à la mort de Buffon.

Pendant les dix-huit ans que les quinze volumes in-4° de l'*Histoire des quadrupèdes* mirent à paraître, Daubenton ne put donner à l'Académie des sciences qu'un petit nombre de mémoires ; mais il la dédommagea par la suite, et il en existe de lui, tant dans la collection de l'Académie que de celle des Sociétés de médecine et d'agriculture et de l'Institut national, un assez grand nombre, qui contiennent tous, ainsi que les ouvrages qu'il a publiés à part, quelques faits intéressants ou quelques vues nouvelles.

Leur seule nomenclature serait trop longue pour les bornes d'un éloge ; et nous nous contenterons d'indiquer sommairement les principales découvertes dont ils ont enrichi certaines branches des connaissances humaines.

En zoologie, Daubenton a découvert cinq espèces de chauve-souris (2) et une de musaraigne (3), qui avaient échappé avant lui aux naturalistes, quoique toutes assez communes en France.

Il a donné une description complète de l'espèce de chevrotain qui produit le musc, et il a fait des remarques curieuses sur son organisation (4).

(1) De 1783 à 1788.
(2) *Mémoires de l'Académie des Sciences* pour 1759, p. 61.
(3) *Ibid.* pour 1756, p. 203.
(4) *Ibid.* pour 1772, seconde partie, p. 215.

Il a décrit une conformation singulière dans les organes de la voix de quelques oiseaux étrangers (1).

Il est le premier qui ait appliqué la connaissance de l'anatomie comparée à la détermination des espèces de quadrupèdes dont on trouve les dépouilles fossiles ; et quoiqu'il n'ait pas toujours été heureux dans ses conjectures, il a néanmoins ouvert une carrière importante pour l'histoire des révolutions du globe : il a détruit pour jamais ces idées ridicules de géants, qui se renouvelaient chaque fois qu'on déterrait les ossements de quelque animal (2).

Son tour de force le plus remarquable en ce genre fut la détermination d'un os que l'on conservait au Garde-meuble, comme l'os de la jambe d'un géant. Il reconnut, par le moyen de l'anatomie comparée, que ce devait être l'os du *rayon* d'une girafe, quoiqu'il n'eût jamais vu cet animal et qu'il n'existât point de figure de son squelette. Il a eu le plaisir de vérifier lui-même sa conjecture, lorsque, trente ans après, le Muséum a pu se procurer le squelette de girafe qui s'y trouve aujourd'hui.

On n'avait avant lui que des idées vagues sur les différences de l'homme et de l'orang-outang : quelques-uns regardaient celui-ci comme un homme sauvage ; d'autres allaient jusqu'à prétendre que c'est l'homme qui a dégénéré, et que sa nature est d'aller à quatre pattes. Daubenton prouva, par une observation ingénieuse et décisive sur l'articulation de la tête, que l'homme ne pourrait marcher autrement que sur deux

(1) *Mémoires de l'Académie des Sciences* pour 1781, p. 369.
(2) *Ibid.* pour 1762, p. 206.

pieds, ni l'orang-outang autrement que sur quatre (1).

En physiologie végétale, il est le premier qui ait appelé l'attention sur ce fait, que tous les arbres ne croissent pas par des couches extérieures et concentriques. Un tronc de palmier, qu'il examina, ne lui montra aucune de ces couches; éveillé par cette observation, il s'aperçut que l'accroissement de cet arbre se fait par le prolongement des fibres du centre, qui se développent en feuilles. Il expliqua par là pourquoi le tronc du palmier ne grossit pas en vieillissant, et pourquoi il est d'une même venue dans toute sa longueur (2); mais il ne poussa pas cette recherche plus loin. M Desfontaines, qui avait observé la même chose longtemps auparavant, a épuisé, pour ainsi dire, cette matière, en prouvant que ces deux manières de croître distinguent les arbres dont les semences sont à deux cotylédons et ceux qui n'en ont qu'un, et en établissant sur cette importante découverte une division qui sera désormais fondamentale en botanique (3).

Daubenton est aussi le premier qui ait reconnu, dans l'écorce, des trachées, c'est-à-dire ces vaisseaux brillants, élastiques et souvent remplis d'air, que d'autres avaient découverts dans le bois.

La minéralogie a fait tant de progrès dans ces dernières années, que les travaux de Daubenton dans cette partie de l'histoire naturelle sont presque éclipsés aujourd'hui, et qu'il ne lui restera peut-être que la gloire d'avoir donné à la science celui qui l'a portée le plus

(1) *Mémoires de l'Académie des Sciences* pour 1764, p. 568.
(2) Leçons de l'École normale;
(3) *Mémoires de l'Institut national*, classe de physique, tome 1ᵉʳ.

loin : c'est lui qui a été le maître de M. Haüy. Il a publié
cependant des idées ingénieuses sur la formation des
albâtres et des stalactites (1), sur les causes des herborisa-
tions dans les pierres (2), sur les marbres figurés, et des
descriptions de minéraux peu connus aux époques où il
les fit paraître (3). Il est vrai que sa distribution des pierres
précieuses n'est point conforme à leur véritable nature;
mais elle donne du moins quelque précision à la nomenclature de leurs couleurs (4).

On retrouve plus ou moins, dans tous ces travaux de
Daubenton sur la physique, le genre de talent qui lui
était propre, cette patience qui ne veut point deviner
la nature, parce qu'il ne désespère pas de la forcer à
s'expliquer elle-même, en répétant les interrogations,
et cette sagacité habile à saisir jusqu'aux moindres signes
qui peuvent indiquer une réponse.

On reconnaît dans ses travaux sur l'agriculture une
qualité de plus, le dévouement à l'utilité publique. Ce
qu'il a fait pour l'amélioration de nos laines, lui méri-
tera à jamais la reconnaissance de l'État auquel il a
donné une nouvelle source de prospérité.

Il commença ses expériences sur ce sujet en 1766, et
les continua jusqu'à sa mort. Favorisé d'abord par Tru-
daine il reçut des encouragements de tous les administrateurs qui succédèrent à cet homme d'État éclairé
et patriote, et il y répondit d'une manière digne de
lui.

(1) *Mémoires de l'Académie* pour 1754, p. 237.
(2) *Ibid.* pour 1782, p. 667.
(3) *Ibid.* pour 1781.
(4) Voyez encore son *Tableau méthodique des minéraux*, dont la
1re éd. est de 1784, la 5e de 1796.

Mettre dans tout son jour l'utilité du parcage continuel; démontrer les suites pernicieuses de l'usage de
renfermer les moutons dans des étables pendant l'hiver (1); essayer les divers moyens d'en améliorer la
race; trouver ceux de déterminer avec précision le degré de finesse de la laine; reconnaître le véritable
mécanisme de la rumination (2), en déduire des conclusions utiles sur le tempérament des bêtes à laine, et sur
la manière de les nourrir et de les traiter (3); disséminer
les produits de sa bergerie dans toutes les provinces;
distribuer ses béliers à tous les propriétaires de troupeaux; faire fabriquer des draps avec ses laines, pour
en démontrer aux plus prévenus la supériorité (4); former des bergers instruits pour propager la pratique de
sa méthode; rédiger des instructions à la portée de
toutes les classes d'agriculteurs (5); tel est l'exposé
rapide des travaux de Daubenton sur cet important
sujet.

Presque à chaque séance publique de l'Académie, il
rendait compte de ses recherches, et il obtenait souvent
plus d'applaudissements de la reconnaissance des assistants, que ses confrères n'en recevaient de leur admiration pour des découvertes plus difficiles, mais dont
l'utilité était moins évidente.

---

(1) *Mémoires de l'Académie* pour 1772; 1re part. p. 436.
(2) *Ibid.* pour 1768, p. 389.
(3) *Ibid.* p. 393.
(4) *Mémoire sur le premier drap de laine superfine du cru de
la France,* lu à la rentrée publique de l'Académie des Sciences
de 1784.
(5) *Instruction pour les bergers et pour les propriétaires des troupeaux;* 1 vol. in-8°, 1778, 2e éd. 1782; 3e, 1796.
Extrait de l'Instruction pour les bergers; 1 vol. in-8°, 1794;
2e éd., 1795.

Ses succès ont été surpassés depuis : les troupeaux entiers que le gouvernement a fait venir d'Espagne, sur la demande de M. Tessier ; ceux que M. Gilbert est allé chercher nouvellement, ont répandu et répandront la belle race avec plus de rapidité que Daubenton ne put le faire avec des béliers seulement ; mais il n'en a pas moins donné l'éveil, et fait tout ce que ses moyens rendaient possible.

Il avait acquis par ces travaux une espèce de réputation populaire qui lui fut très utile dans une circonstance dangereuse. En 1793, à cette époque heureusement déjà si éloignée de nous, où, par un renversement d'idées, qui sera longtemps mémorable dans l'histoire, la portion la plus ignorante du peuple eut à prononcer sur le sort de la plus instruite et de la plus généreuse, l'octogénaire Daubenton eut besoin, pour conserver la place qu'il honorait depuis cinquante-deux ans par ses talents et par ses vertus, de demander à une assemblée qui se nommait la section des *Sans-Culottes,* un papier dont le nom, tout aussi extraordinaire, était *certificat de civisme.* Un professeur, un académicien aurait eu peine à l'obtenir ; quelques gens sensés, qui se mêlaient aux furieux dans l'espoir de les contenir, le présentèrent sous le titre de *berger*, et ce fut le berger Daubenton qui obtint le certificat nécessaire pour le directeur du Muséum national d'histoire naturelle. Cette pièce existe (1) :

(1) Copie figurée du certificat de civisme de Daubenton :

SECTION DES SANS CULOTTE.

Copie de L'Extrait des délibérations de L'assemblée Générale de la Séance du cinq de la première décade du troisième mois de la seconde année de la République françoise une et indivisible.

Appert que d'après le Rapport faite de la société fraternelle de la section des sans culotte sur le bon Civisme et faits d'huma-

elle sera un document utile, moins encore pour la vie de Daubenton, que pour l'histoire de cette époque funeste.

Ces nombreux travaux auraient épuisé une activité brûlante ; ils ne suffirent point à l'amour paisible d'une occupation réglée, qui faisait une partie du caractère de Daubenton.

Depuis longtemps on se plaignait qu'il n'y eût point en France de leçons publiques d'histoire naturelle : il obtint, en 1773, qu'une des chaires de médecine pratique du Collège de France serait changée en une chaire d'histoire naturelle, et il se chargea, en 1775, de la remplir. L'intendant de Paris, Berthier, l'engagea, en 1783, à faire des leçons d'économie rurale à l'école vétérinaire d'Alfort, dans le même temps où Vicq-d'Azyr y en donnait d'anatomie comparée, et M. de Fourcroy de chimie.

Il demanda aussi à faire des leçons dans le Cabinet de Paris, où les objets auraient parlé avec plus de clarté encore que le professeur, et, n'ayant pu y parvenir sous l'ancien régime, il se joignit aux autres employés du Jardin des Plantes, pour demander à la Convention la conversion de cet établissement en école spéciale d'histoire naturelle.

Daubenton y fut nommé professeur de minéralogie,

nité qu'à toujour témoignés Le Berger Daubenton L'assemblée Generale arete unanimement qu'il lui sera accordé, un certificat de Civisme, et le président suivie de plusieurs membre de la dite assemblée lui donne l'âcolade avec toutes les acclamation dues a un vraie modèle d'humanité ce qui a été témoigné par plusieurs reprise.

Signé R. G. DARDEL, président.

Pour extrait conforme.

Signé DOMONT, Stair.

et il a rempli les fonctions de cette charge jusqu'à sa mort, avec la même exactitude qu'il mettait à tous ses devoirs.

C'était véritablement un spectacle touchant de voir ce vieillard entouré de ses disciples, qui recueillaient avec un attention religieuse ses paroles dont leur vénération semblait faire autant d'oracles; d'entendre sa voix faible et tremblante se ranimer, reprendre de la force et de l'énergie, lorsqu'il s'agissait de leur inculquer quelques-uns de ces grands principes qui sont le résultat des méditations du génie, ou seulement de leur développer quelques vérités utiles.

Il ne mettait pas moins de plaisir à leur parler, qu'ils en avaient à l'entendre; on voyait, à sa gaieté aimable, à la facilité avec laquelle il se prêtait à toutes les questions, que c'était pour lui une vraie jouissance. Il oubliait ses années et sa faiblesse, lorsqu'il s'agissait d'être utile aux jeunes gens et de remplir ses devoirs.

Un de ses collègues lui ayant offert, lorsqu'il fut nommé sénateur, de le soulager dans son enseignement : *Mon ami,* lui répondit-il, *je ne puis être mieux remplacé que par vous; lorsque l'âge me forcera à renoncer à mes fonctions, soyez certain que je vous en chargerai.* Il avait quatre-vingt-trois ans.

Rien ne prouve mieux son zèle pour les étudiants, que les peines qu'il prenait pour se tenir au courant de la science, et pour ne point imiter ces professeurs qui, une fois en place, n'enseignent chaque année que les mêmes choses. A quatre-vingts ans, on l'a vu se faire expliquer les découvertes d'un de ses anciens élèves, M. Haüy, s'efforcer de les saisir, pour les rendre lui-même aux jeunes gens qu'il instruisait. Cet exemple est si rare parmi les savants, qu'on doit peut-être le considérer comme un des plus beaux traits de l'éloge de Daubenton.

Lors de l'existence éphémère de l'Ecole normale, il y fit quelques leçons : le plus vif enthousiasme l'accueillait chaque fois qu'il paraissait, chaque fois qu'on retrouvait dans ses expressions les sentiments dont ce nombreux auditoire était animé et qu'il était fier de voir partagés par ce vénérable vieillard.

C'est ici le lieu de parler de quelques-uns de ses ouvrages, qui sont moins destinés à exposer des découvertes, qu'à enseigner systématiquement quelque corps de doctrine : tels que ses articles pour les deux Encyclopédies, surtout pour l'Encyclopédie méthodique, où il a fait les dictionnaires des quadrupèdes, des reptiles et des poissons, son tableau minéralogique, ses leçons à l'Ecole normale. Il a laissé le manuscrit complet de celles de l'Ecole vétérinaire, du Collège de France et du Muséum : on doit espérer que le public n'en sera pas privé.

Ces écrits didactiques sont remarquables par une grande clarté, par des principes sains, et par une attention scrupuleuse à écarter tout ce qui est douteux. On a seulement été étonné de voir que le même homme qui s'était expliqué avec tant de force contre toute espèce de méthode en histoire naturelle, ait fini pas en adopter qui ne sont ni meilleures ni peut-être aussi bonnes que celles qu'il avait blâmées, comme s'il eût été destiné à prouver par son exemple combien ses premières préventions étaient contraires à la nature des choses et de l'homme.

Enfin, outre tous ces ouvrages, outre toutes ces leçons, Daubenton avait encore été chargé de contribuer à la rédaction du *Journal des Savants* ; et dans ses dernières années, sur la demande du comité d'instruction publique, il avait entrepris de composer des éléments d'histoire naturelle à l'usage des Ecoles primaires : ces éléments n'ont point été achevés.

On se demande comment, avec un tempérament faible et tant d'occupations pénibles, il a pu arriver sans infirmités douloureuses à une vieillesse si avancée ; il l'a dû à une étude ingénieuse de lui-même, à une attention calculée d'éviter également les excès du corps, de l'âme et de l'esprit. Son régime, sans être austère, était très uniforme : ayant toujours vécu dans une honnête aisance, n'estimant la fortune et la grandeur que ce qu'elles valent, il les désira peu. Il eut surtout le bon esprit d'éviter l'écueil de presque tous les gens de lettres, cette passion désordonnée d'une réputation précoce ; ses recherches furent pour lui un amusement plutôt qu'un travail. Une partie de son temps était employée à lire avec sa femme des romans, des contes, et d'autres ouvrages légers ; les plus frivoles productions de nos jours ont été lues par lui ; il appelait cela *mettre son esprit à la diète.*

Sans doute que cette égalité de régime, cette constance de santé contribuaient beaucoup à cette aménité qui rendait sa société si aimable : mais un autre trait de son caractère, qui n'y contribuait pas moins, et qui frappait tous ceux qui approchaient de lui, c'est la bonne opinion qu'il paraissait avoir des hommes.

Elle semblait naturellement venir de ce qu'il les avait peu vus, de ce que, uniquement occupé de la contemplation de la nature, il n'avait jamais pris de part aux

mouvements de la partie active de la société. Mais elle
allait quelquefois à un point étonnant. Cet homme, d'un
tact si délicat pour distinguer l'erreur, n'avait jamais
l'air de soupçonner le mensonge; il éprouvait toujours
une nouvelle surprise, lorsqu'on lui dévoilait l'intrigue
ou l'intérêt cachés sous de beaux dehors. Que cette
ignorance fût naturelle en lui, ou qu'il eût renoncé
volontairement à connaître les hommes, pour s'épargner les peines qui affectent ceux qui les connaissent
trop, cette disposition n'en répandait pas moins sur sa
conversation un ton de bonhomie d'autant plus aimable
qu'il contrastait davantage avec l'esprit et la finesse
qu'il portait dans tout ce qui n'était que raisonnement.
Aussi suffisait-il de l'approcher pour l'aimer; et jamais
homme n'a reçu de témoignages plus nombreux de
l'affection ou du respect des autres à toutes les époques
de sa vie et sous tous les gouvernements qui se sont succédé.

On lui a reproché d'avoir souffert des hommages
indignes de lui et odieux par les noms seuls de ceux qui
les lui rendaient; mais c'était une suite du système qu'il
s'était fait de juger même les hommes d'Etat par leurs
propres discours, et de ne leur supposer jamais d'autres
motifs, que ceux qu'ils exprimaient : méthode dangereuse, sans doute, mais que nous avons peut-être aussi
un peu trop abandonnée aujourd'hui.

Une autre disposition de son esprit, qui a encore
contribué à ces odieuses imputations de pusillanimité
ou d'égoïsme qu'on lui a faites même dans des ouvrages imprimés, et qui ne les justifia cependant pas
davantage, c'était son obéissance entière à la loi, non
pas comme juste, mais simplement comme loi. Cette

soumission pour les lois humaines était absolument du même genre que celle qu'il avait pour les lois de la nature ; et il ne se permettait pas plus de murmurer contre celles qui le privaient de sa fortune, ou de l'usage raisonnable de sa liberté, que contre celles qui lui faisaient déformer les membres par la goutte. Quelqu'un a dit de lui qu'il observait le nodus de ses doigts avec le même sang-froid qu'il aurait pu faire de ceux d'un arbre, et cela était vrai à la lettre. Cela était vrai également du sang-froid avec lequel il aurait abandonné ses places, sa fortune, et se serait exilé au loin, si les tyrans l'eussent exigé.

D'ailleurs, quand le maintien de sa tranquillité aurait été le motif de quelques-unes de ses actions, l'usage qu'il a fait de cette tranquillité ne l'absoudrait-il pas? Et l'homme qui a su arracher tant de secrets à la nature, qui a posé les bases d'une science presque nouvelle, qui a donné à son pays une branche entière d'industrie, qui a créé l'un des plus importants monuments des sciences, qui a formé tant d'élèves instruits, parmi lesquels plusieurs sont déjà assis dans les premiers rangs des savants, un tel homme aurait-il besoin aujourd'hui que je le justifiasse de s'être ménagé les moyens de faire tout ce bien à sa patrie et à l'humanité?

Les acclamations universelles de ses concitoyens répondent pour moi à ses accusateurs : les dernières et les plus solennelles marques de leur estime ont terminé de la manière la plus glorieuse la carrière la plus utile ; peut-être avons-nous à regretter qu'elles en aient abrégé le cours.

Nommé membre du sénat conservateur, Daubenton

voulut remplir ses nouveaux devoirs comme il avait rempli ceux de toute sa vie : il fut obligé de faire quelque changement à son régime. La saison était très rigoureuse. La première fois qu'il assista aux séances du corps qui venait de l'élire, il fut frappé d'apoplexie, et tomba sans connaissance entre les bras de ses collègues effrayés. Les secours les plus prompts ne purent lui rendre le sentiment que pour quelques instants, pendant lesquels il se montra tel qu'il avait toujours été : observateur tranquille de la nature, il tâtait avec les doigts, qui étaient restés sensibles, les diverses parties de son corps, et il indiquait aux assistants les progrès de la paralysie. Il mourut le 31 décembre 1799, âgé de quatre-vingt-quatre ans, sans avoir souffert, de manière que l'on peut dire qu'il a atteint au bonheur, sinon le plus éclatant, du moins le plus parfait et le moins mélangé qu'il ait été permis à l'homme d'espérer sur cette terre.

Ses funérailles ont été telles que le méritait un de nos premiers magistrats, un de nos plus illustres savants, un de nos concitoyens les plus respectables à tous égards. Les citoyens de tous les âges, de tous les rangs se sont fait un honneur de rendre à sa cendre le témoignage de leur vénération : ses restes ont été déposés dans ce jardin que ses soins embellirent, que ses vertus honorèrent pendant soixante années, et dont son tombeau, selon l'expression d'un homme qui honore également les sciences et le sénat, va faire un élysée, en ajoutant aux beautés de la nature les charmes du sentiment. Deux de ses collègues ont été les interprètes éloquents des regrets de tous ceux qui l'avaient connu. Pardonnez, si ces douloureux sentiménts m'affectent encore aujourd'hui que je ne devrais plus être que l'interprète de la reconnaissance publique, et s'ils m'écartent du ton ordinaire d'un éloge académique ; pardonnez-le, dis-je, à celui qu'il honora de sa bienveillance, et dont il fut le maître et le bienfaiteur.

Madame Daubenton, que des ouvrages agréables ont fait connaître dans la littérature, et avec qui il a passé cinquante années de l'union la plus douce, ne lui a point donné d'enfants.

Il a été remplacé à l'Institut par M. Pinel, au Muséum d'histoire naturelle par M. Haüy : j'ai eu le bonheur d'être choisi pour lui succéder au Collège de France.

ÉLOGES HISTORIQUES

DE A.-A. PARMENTIER

ET DU COMTE

DE RUMFORD

ÉLOGES HISTORIQUES

DE A.-A. PARMENTIER

ET DU COMTE

DE RUMFORD

Les sciences en sont venues à ce point, d'étonner moins encore par les grands efforts qu'elles supposent et par les vérités éclatantes qu'elles révèlent, que par les immenses avantages que leurs applications procurent chaque jour à la société. Il n'en est pas une aujourd'hui où la découverte d'une seule proposition ne puisse enrichir tout un peuple ou changer la face des États ; et, loin que l'on ait à craindre de voir diminuer cette influence, elle ne peut que s'accroître, car il est facile de prouver qu'elle prend sa source dans la nature la plus intime des choses.

Permettez-nous, sur ce sujet, quelques réflexions, qui ne peuvent être déplacées ni dans ce lieu ni devant cette assemblée.

La faim et le froid sont les deux grands ennemis de notre espèce, et c'est à les combattre que tous nos arts s'appliquent plus ou moins immédiatement ; or, ce n'est que par la combinaison et par le dégagement de deux ou trois substances élémentaires, qu'ils peuvent y parvenir.

Nous nourrir n'est autre chose que remplacer en nous les parcelles de carbone et d'hydrogène que la respiration et la transpiration nous enlèvent ; et nous chauffer, c'est retarder la dissipation du calorique que la respiration nous fournit.

A l'une ou l'autre de ces fonctions s'emploient et les palais et les cabanes : et le pain chétif du pauvre, et les mets recherchés du gourmand ; et la pourpre des rois, et les haillons de la misère.

Par conséquent, l'architecture et les arts libéraux, l'agriculture et toutes les fabriques, la navigation, le commerce, la plupart des guerres même, et cet immense développement de courage et de génie, ce grand appareil d'efforts et de connaissances qu'elles exigent, n'ont pour objet final que deux simples opérations de chimie ; et par conséquent aussi la moindre vérité nouvelle sur les lois de la nature, dans ces deux opérations, peut réduire les dépenses publiques et particulières, changer la tactique et la marche du commerce, transférer la puissance d'un peuple à un autre, et finir par altérer les rapports les plus fondamentaux des classes de la société.

En effet, ce carbone, cet hydrogène, que nous consumons sans cesse dans nos foyers, dans nos vêtements et dans nos repas, sont reproduits sans cesse pour une consommation nouvelle par la végétation, qui les reprend dans l'atmosphère et dans les eaux. Mais la quantité de la végétation est elle-même fixée par l'étendue du sol, par les espèces de végétaux que l'on y cultive, et par la proportion des bois, des prairies, des terres à blé et des bestiaux. En vain donc le gouvernement le plus paternel voudra-t-il augmenter la population dans son territoire au delà de certaines limites; tous ses soins seront inefficaces, si la science ne vient à son secours. Mais qu'un physicien imagine une forme de foyer qui économise quelque partie de combustible, c'est comme s'il avait ajouté en proportion à nos terrains plantés en bois ; qu'un botaniste nous apporte une plante propre à donner dans un même espace plus de substance nutritive, c'est comme s'il avait augmenté d'autant nos terres labourables ; à l'instant il y aura de la place dans le pays pour un plus grand nombre d'hommes actifs.

Heureuses conquêtes, qui ne coûtent point de sang, et qui réparent les désastres des conquêtes vulgaires !

Oui, quelque paradoxale que cette assertion puisse paraître, ce sont essentiellement les progrès des sciences qui empêchent que la société ne succombe aux effets de ses propres fureurs. Sans la chimie, que seraient devenues presque toutes nos fabriques, à cette époque où nous nous étions fermé volontairement les climats qui produisent nos matières premières ? La vaccine ne nous a-t-elle pas conservé ces enfants qui vont bientôt remplacer ceux qu'a moissonnés la guerre ? Et, pour nous en tenir seulement aux travaux des deux hommes bienfaisants auxquels je consacre ces éloges, n'est-ce point une chose palpable pour tout le monde que la persévérance du premier à exciter à la propagation de la pomme de terre a fécondé et rendu habitables des cantons entiers auparavant stériles, et nous a sauvés deux fois en vingt ans des horreurs de la famine ; que les découvertes de l'autre sur le meilleur emploi ud combustible ont contrebalancé la dévastation de nos forêts, et que, appliquées à la préparation des aliments, elles soutiennent encore en ce moment, d'une extrémité de l'Europe à l'autre, une infinité de malheureux ?

Que l'on réfléchisse un instant sur l'effet de la plus petite amélioration appliquée à une si grande échelle, et l'on verra que c'est par centaines de millions, qu'il faut la calculer.

Ah ! si je pouvais faire paraître devant vous ces pères de famille qui n'entendent plus autour d'eux les cris douloureux du besoin ; ces mères qui ont senti renaître le lait dont la misère tarissait les sources ; ces enfants qui ne tombent plus, dès leurs premiers jours, flétris comme les fleurs du printemps ; si je pouvais leur apprendre à qui ils doivent ces soulagements de leur infortune, leurs cris de reconnaissance me dispenseraient d'un vain discours ; non, il ne serait pas un de vous qui n'échangeât avec joie ses plus belles découvertes contre un pareil concert de bénédictions.

Vous entendrez donc avec quelque intérêt les détails de la vie de ces hommes utiles ; c'est un honneur que vous rendrez au genre de travaux que l'état progressif de la civilisation réclame le plus impérieusement.

PARMENTIER.

Antoine-Augustin Parmentier naquit à Montdidier, en 1737, d'une famille bourgeoise établie depuis long-temps dans cette ville, où elle avait rempli des charges municipales.

La mort prématurée de son père, et l'exiguité de la fortune qu'il laissa à une veuve et à trois enfants en bas âge, réduisirent la première instruction de M. Parmentier à quelques notions de latin que lui donna sa mère, femme d'esprit et plus instruite que la plupart de celles de sa condition. Un honnête ecclésiastique s'était chargé de développer ces premiers germes, dans l'idée que ce jeune homme pourrait devenir un sujet précieux pour la religion; mais la nécessité de soutenir sa famille le contraignit bientôt à choisir un état qui pût lui offrir des ressources plus promptes; il fut donc obligé d'interrompre l'étude des lettres, et sa vie laborieuse ne lui a plus permis d'y revenir complètement, ce qui explique comment ses ouvrages, si importants par leur utilité, n'ont pas toujours l'ordre et la précision que de bonnes études et un long exercice peuvent seules donner à un écrivain.

Il entra, en 1755, chez un apothicaire de Montdidier pour y commencer son apprentissage, et vint, l'année suivante, le continuer chez un de ses parents qui exerçait la même profession à Paris. Ayant montré de l'intelligence et de l'application, il obtint, en 1757, d'être employé comme pharmacien dans les hôpitaux de l'armée de Hanovre. Feu M. Bayen, un des membres les plus distingués que cette classe ait possédés, présidait alors à cette partie du service. On sait qu'il n'était pas moins recommandable par l'élévation de son caractère que par ses talents. Il remarqua les dispositions et la conduite régulière du jeune Parmentier, le rapprocha de lui et le fit connaître à M. de Chamousset, intendant général des hôpitaux, que son active bienfaisance a rendu si célèbre, et à qui Paris et la France doivent tant d'utiles établissements. C'est dans la conversation de ces deux excellents hommes que M. Parmentier puisa les idées et les sentiments qui ont depuis inspiré tous ses travaux.

Il en apprenait deux choses également ignorées de ceux pour qui ce serait le plus un devoir de les connaître : l'étendue, la variété des misères auxquelles il serait encore possible de soustraire les peuples, si l'on s'occupait plus sérieusement de leur bien-être, et le nombre et la puissance des ressources que la nature offrirait contre tant de fléaux, si l'on voulait en répandre et en encourager l'étude.

Les connaissances chimiques, nées en Allemagne, y étaient encore, en ce temps-là, plus répandues que parmi nous; on y en avait fait plus d'applications; les nombreux petits souverains qui se partageaient ce pays avaient donné des soins particuliers à l'amélioration de leurs principautés, et le chimiste, l'agronome, l'ami des arts utiles, trouvaient également à apprendre.

M. Parmentier, stimulé par ses vertueux maîtres, profita avec ardeur de ces sources d'instruction. Quand son service l'arrêtait dans quelque ville, il visitait les fabriques les moins connues parmi nous; il demandait aux pharmaciens habiles la permission de travailler dans leurs laboratoires. A la campagne il observait les pratiques des fermiers ; il notait les objets intéressants qui le frappaient dans ses marches à la suite de la troupe, et il ne lui manqua aucune occasion de voir dans tous ces genres des choses bien variées, car il fut cinq fois fait prisonnier et transporté en des lieux où ses généraux ne l'auraient pas conduit. Il apprit même alors, par sa propre expérience, jusqu'où peuvent aller les horreurs du besoin, instruction nécessaire peut-être pour allumer en lui, dans toute sa force, ce beau feu d'humanité dont il a été enflammé durant sa longue vie.

Cependant, avant de faire usage des connaissances qu'il avait acquises, et de songer à améliorer le sort du peuple, il fallait qu'il songeât à rendre le sien un peu moins précaire.

Il revint donc, à la paix de 1763, dans la capitale, et y reprit, dans un ordre plus scientifique, les études relatives à son art; les cours de Nollet, de Rouelle, et d'Antoine et de Bernard de Jussieu, étendirent ses idées et l'aidèrent à y mettre plus de méthode; il acquit sur toutes les sciences physiques une instruction variée et solide, et une place inférieure d'apothicaire étant venue à vaquer aux Invalides, en 1766, il l'obtint, à l'unanimité des voix, après un concours vivement disputé. Son existence fut ainsi assurée, et ne tarda pas à devenir assez heureuse. Les administrateurs de la maison, voyant que sa conduite justifiait ce que le concours avait annoncé, déterminèrent le roi, en 1772, à le charger en chef de l'apothicairerie; mais des intrigues ayant et surseoir à son installation, il fut, après deux années de controverse, pris cette décision singulière, que M. Parmentier continuerait de jouir des avantages de sa place, mais qu'il ne s'ingérerait plus à en remplir les fonctions.

C'était le rendre tout entier à son zèle pour les recherches d'utilité générale, et depuis ce moment il ne les interrompit plus.

La première occasion d'en publier quelques résultats lui avait été offerte, en 1771, par l'Académie de Besançon. La disette de 1769 avait porté les regards des administrateurs et des physiciens sur les végétaux qui pourraient suppléer aux céréales, et l'Académie avait fait de leur histoire l'objet d'un prix que M. Parmentier remporta. Il chercha à prouver, dans sa dissertation, que la substance nutritive la plus utile des végétaux est l'amidon, et montra comment on peut le retirer des racines et des semences de plusieurs plantes indigènes, et le dépouiller des principes âcres et vénéneux qui l'altèrent dans quelques-unes ; il indiqua aussi les mélanges qui peuvent aider à convertir cet amidon en un pain supportable, ou du moins en une sorte de biscuit propre à être mangé en soupe (1).

Sans doute on pourrait, en certains cas, tirer quelque parti des procédés qu'il propose ; mais, comme la plupart de ces plantes sont sauvages, peu abondantes, et qu'elles coûteraient plus que le blé le plus cher, une famine absolue pourrait seule engager à les employer.

M. Parmentier s'aperçut aisément qu'il était plus sûr de disposer la culture et l'économie domestique de façon

(1) Mémoire qui a remporté le prix sur cette question : *Indiquer les végétaux qui pourraient suppléer en temps de disette à ceux qu'on emploie communément à la nourriture des hommes.* Paris, Knapen, 1773, in-12.

qu'une famine, et même une disette, devinssent impossibles ; et c'est dans cette vue qu'il mit tous ses soins à recommander la pomme de terre, et qu'il combattit avec constance les préjugés qui s'opposaient à la propagation de cette racine bienfaisante.

La plupart des botanistes, et Parmentier lui-même, ont écrit, d'après Gaspard Bauhin, que la pomme de terre nous est venue de Virginie vers la fin du seizième siècle, et c'est au célèbre et malheureux Walther Raleigh qu'ils attribuent communément l'honneur de l'avoir donnée à l'Europe. Je trouve beaucoup plus probable qu'elle a été apportée du Pérou par les Espagnols. Raleigh n'alla en Virginie qu'en 1586 ; et nous pouvons conclure du témoignage de Clusius (1), que dès 1587 la pomme de terre devait être commune dans plusieurs parties de l'Italie, et qu'on l'y donnait déjà aux bestiaux, ce qui suppose au moins quelques années de culture.

Ce végétal a d'ailleurs été indiqué dès la fin du quinzième siècle, par les premiers écrivains espagnols (2) comme cultivé aux environs de Quito, où on l'appelait *papas*, et où l'on en préparait plusieurs sortes de mets. Enfin, ce qui semble compléter toutes les preuves désirables, Banister et Clayton, qui ont fait de grandes recherches sur les plantes indigènes de Virginie, ne mettent point la pomme de terre de ce nombre, et Banister dit même expressément qu'il l'y a cherchée en vain pendant douze années (3), tandis que Dombey l'a trouvée à l'état sauvage dans toutes les Cordillères, où les Indiens

(1) *Rarior. lib.* IV, p. 79.
(2) Pierre Cieça, Acosta, etc.
(3) Morison, *Hist. plant. exot.*, III, 522.

en font encore aujourd'hui les mêmes préparations qu'au temps de la découverte.

L'erreur a pu venir de ce que la Virginie produit plusieurs autres plantes à racines tubéreuses, que des descriptions incomplètes auront fait confondre avec la pomme de terre. Bauhin prit en effet pour telle la plante nommé *openawk* par Thomas Harriot. Il y a aussi en Virginie des patates ordinaires ; mais l'auteur anonyme de l'histoire de ce pays dit positivement qu'elles n'ont rien de commun avec le *potatoe* d'Irlande et d'Angleterre, qui est notre pomme de terre.

Quoi qu'il en soit, cet admirable végétal fut accueilli fort diversement par les peuples de l'Europe. Il paraît que les Irlandais en tirèrent parti les premiers ; car nous voyons de bonne heure les pommes de terre désignées sous le nom de patates d'Irlande ; mais en France on commença par les proscrire. Bauhin rapporte que, de son temps, l'usage en avait été défendu en Bourgogne, parce que l'on s'était imaginé qu'elles devaient donner la lèpre.

On ne se persuaderait jamais qu'un végétal si sain, si agréable, si productif, qui exige si peu de manipulation pour servir à la nourriture ; qu'une racine si bien garantie contre l'intempérie des saisons ; qu'une plante, en un mot, qui par un privilège unique, réunit manifestement tous les genres d'avantages sans autre inconvénient que celui de ne pas durer toute l'année, mais qui doit à ce défaut même un avantage de plus, celui de ne point donner de prise à l'avidité des accapareurs, ait pu avoir besoin de deux siècles pour vaincre des préventions puériles. Cependant nous en avons encore été les témoins. Les Anglais avaient apporté la pomme de terre en Flandre pendant les guerres de Louis XIV ; elle s'était propagée ensuite, mais faiblement, dans quelques parties de la France ; la Suisse l'avait accueillie et s'en trouvait très bien ; plusieurs de nos provinces méridionales en avaient planté, d'après son exemple, à l'époque de ces disettes qui se répétèrent plusieurs fois dans les dernières années du règne de Louis XV. Turgot surtout la multipliait dans le Limousin et dans l'Angoumois, dont il était intendant ; et l'on pouvait espérer que bientôt le royaume jouirait pleinement de cette nouvelle branche de subsistances, lorsque quelques vieux médecins renouvelèrent contre elle les inculpations du seizième siècle. Il ne s'agissait plus de lèpre, mais de fièvres. Les disettes avaient produit dans le Midi quelques épidémies, qu'on s'avisa d'attribuer au seul moyen qui existât de les prévenir. Le contrôleur général se vit obligé de provoquer, en 1771, un avis de la Faculté de médecine, propre à rassurer les esprits.

M. Parmentier, qui avait appris à connaître la pomme de terre dans les prisons d'Allemagne, où il n'avait eu souvent que cette nourriture, seconda les vues du ministre par un examen chimique de cette racine, où il montrait qu'aucun de ses principes n'est nuisible. Il fit mieux encore : pour apprendre au peuple à y prendre goût, il en cultiva en plein champ, dans des lieux très fréquentés, les faisant garder avec appareil pendant le jour seulement, heureux quand il apprenait qu'il avait excité ainsi à ce qu'on lui en volât quelques-unes pendant la nuit. Il aurait voulu que le roi, comme on le rapporte des empereurs de la Chine, eût tracé le premier sillon de son champ ; il en obtint du moins de porter, en pleine cour, dans un jour de fête solennelle, un bouquet de fleurs de pommes de terre à la boutonnière, et il n'en fallut pas davantage pour engager plusieurs grands seigneurs à en faire planter. Il n'est pas jusqu'à l'art de la cuisine raffinée que M. Parmentier voulut aussi contraindre à venir au secours des pauvres, en s'exerçant sur la pomme de terre ; car il prévoyait bien que les pauvres n'auraient partout des pommes de terre en abondance, que lorsque les riches sauraient qu'elles peuvent aussi leur fournir des mets agréables. Il assurait d'avoir donné un jour un dîner entièrement composé de pommes de terre, à vingt sauces différentes, où l'appétit se soutint à tous les services.

Mais les ennemis de la pomme de terre, hors d'état de prouver qu'elle fait du mal aux hommes, ne se tinrent pas pour battus ; ils prétendirent qu'elle en ferait aux champs, et les rendrait stériles.

Il n'y a nulle apparence qu'une culture qui aide à nourrir plus de bestiaux et à multiplier les engrais, pût jamais en résultat épuiser le sol ; néanmoins il fallut encore répondre à cette objection et considérer la pomme de terre sous le point de vue agricole.

M. Parmentier reproduisit donc, sous diverses formes, tout ce qui regardait sa culture et ses usages, même pour la fertilisation des terres ; il ne se lassait point d'en parler dans des ouvrages savants, dans des instructions populaires, dans des journaux, dans des dictionnaires de tout genre.

Pendant quarante ans il n'a manqué aucune occasion de la recommander ; chaque mauvaise année était même pour lui une sorte d'auxiliaire dont il profitait avec soin pour rappeler l'attention sur sa plante chérie. C'est ainsi que le nom de ce végétal bienfaisant et le sien sont devenus presque inséparables dans la mémoire des amis des hommes ; le peuple même les avait unis, et ce n'était pas toujours avec reconnaissance.

À une certaine époque de la révolution l'on proposait de porter M. Parmentier à quelque place municipale ; un des votants s'y opposait avec furenr : *Il ne nous fera manger que des pommes de terre,* disait-il ; *c'est lui qui les a inventées.*

Mais M. Parmentier ne demandait point les suffrages du peuple ; il savait bien que ce sera toujours un devoir de le servir ; mais il savait également que, tant que son éducation restera où elle en est, c'en sera souvent un aussi de ne le pas consulter. Il ne doutait point d'ailleurs qu'à la longue le bien ne finît par être apprécié ; en effet, l'un des bonheurs de sa vieillesse a été le succès presque complet de sa persévérance. *La pomme de terre n'a plus que des amis,* s'écrie-t-il dans un de ses derniers ouvrages, *même dans les cantons d'où l'esprit de système et de contradiction semblait la vouloir bannir pour jamais.*

Cependant M. Parmentier n'était pas de ces esprits étroits, exclusivement épris d'une idée ; et les avantages qu'il avait reconnus à la pomme de terre, ne lui faisaient point négliger ceux qu'offraient les autres végétaux. Le maïs, celui de tous, après la pomme de terre, qui nous donne la nourriture la plus économique, est aussi un présent du nouveau monde, quoiqu'on s'obstine encore, en plusieurs lieux, à l'appeler blé de Turquie.

C'était la base principale de la nourriture des Américains, quand les Espagnols abordèrent chez eux. Il a été apporté en Europe beaucoup plus tôt que la pomme de terre, car Fuchs l'a décrit et représenté dès 1543. Il s'y est aussi répandu beaucoup plus vite, et en donnant à l'Italie et à nos provinces méridionales une branche nouvelle et abondante de nourriture, il a singulièrement contribué à enrichir et à en étendre la population. Aussi M. Parmentier n'a-t-il eu besoin, pour en encourager encore la multiplication, que d'exposer, comme il l'a fait, d'une manière bien complète, les précautions que sa culture et sa conservation exigent, et les nombreux emplois que l'on peut en faire. Il voudrait qu'il pût bientôt exclure le sarrasin, qui lui est si inférieur, du petit nombre de cantons où l'on en conserve encore l'usage.

La châtaigne, qui, dit-on, nourrissait nos ancêtres avant même qu'ils connussent le blé, est encore à présent un produit fort utile dans plusieurs de nos provinces, principalement vers le centre du royaume. M. Daine, intendant de Limoges, engagea M. Parmentier à examiner s'il ne serait pas possible d'en faire un pain mangeable et susceptible de garde; ses expériences n'eurent point de succès; mais elles donnèrent lieu à un traité complet sur le châtaignier et sur sa culture, ainsi que sur sa récolte et sur les diverses préparations de son fruit.

Le blé lui-même a été l'objet de longues études de la part de M. Parmentier, et peut-être n'a-t-il pas rendu moins de services, en répandant les meilleurs procédés de mouture et de boulangerie, qu'en propageant la culture de la pomme de terre. L'analyse chimique lui ayant fait connaître que le son ne contient aucun principe propre à nourrir l'homme, il en conclut qu'il n'y a qu'à gagner à l'exclure du pain; il déduisit de là les avantages de la mouture économique qui, en soumettant plusieurs fois le grain à la meule et au bluloir, parvient à détacher du son jusqu'au dernières parcelles de farine, et il prouva qu'elle fournit à meilleur marché un pain plus blanc, plus savoureux et plus nutritif. L'ignorance avait tellement méconnu les avantages de cette méthode, qu'il y avait eu pendant longtemps des arrêts pour la proscrire, et que la partie la plus précieuse du grain était livrée aux bestiaux avec le son.

M. Parmentier étudia avec soin tout ce qui a rapport au pain ; et comme des livres auraient peu servi pour l'instruction des meuniers et des boulangers, personnages qui, pour la plupart, ne lisent guère, il engagea le gouvernement à établir une école de boulangerie, dont les élèves porteraient plus tôt dans les provinces toutes les bonnes pratiques ; il se rendit lui-même avec M. Cadet de Vaux en Bretagne et en Languedoc pour y prêcher sa doctrine.

Il fit retrancher la plus grande partie du son que l'on mêlait au pain des troupes, et en leur procurant ainsi une nourriture plus saine et plus agréable, il arrêta une multitude d'abus dont ce mélange était la source. En un mot, des hommes habiles ont calculé que les progrès faits de nos jours en France, dans l'art de la meunerie et dans celui de la boulangerie, sont tels que, abstraction faite des autres végétaux qui pourraient en partie être substitués au blé, la quantité de blé nécessaire à la nourriture d'un individu peut être réduite de plus d'un tiers. Comme c'est principalement à M. Parmentier que l'on doit l'adoption presque générale de ces nouveaux procédés, ce calcul établit ses services mieux que tous les éloges.

Plein d'une sorte d'enthousiasme pour des arts qu'il

n'appréciait que d'après leur utilité, M. Parmentier aurait voulu régler sur cette seule base la considération et
le bien-être de ceux qui les exercent ; il déplore surtout
la condition du boulanger, dont le travail est si pénible,
l'industrie soumise à des règlements souvent vexatoires,
et qui ne manque point de devenir un des premiers
objets de la fureur du peuple à la moindre apparence
de disette. Son bon cœur lui faisait oublier que c'est
précisément une des conditions de l'existence d'une
grande société, que les métiers nécessaires à la vie
soient arrivés à ce degré de simplicité où leur apprentissage ne suppose point de grandes avances de temps
ni d'argent, et où ceux qui les pratiquent, ne puissent
par conséquent exiger de grands salaires. Il ne pourrait
y avoir de nation, si le laboureur prétendait être traité
comme le médecin, ou le boulanger comme l'astronome.
D'ailleurs il est à croire qu'en dernier résultat la proportion des récompenses n'est pas si fort au désavantage
des artisans ; car on en voit assurément beaucoup plus
faire fortune, que de savants ou d'artistes.

Ardent comme l'était M. Parmentier pour l'utilité publique, on conçoit qu'il dut prendre beaucoup de part
aux efforts occasionnés par la dernière guerre pour
suppléer aux denrées exotiques ; c'est lui, en effet, qui
a le plus perfectionné et préconisé le sirop de raisin,
cette préparation qui a pu faire tourner en ridicule ceux
qui voulaient entièrement l'assimiler au sucre, mais
qui n'en a pas moins réduit la consommation du sucre
de bien des milliers de quintaux ; qui n'en a pas moins
facilité à nos hôpitaux des épargnes immenses dont les
pauvres ont profité ; qui n'en a pas moins donné une
nouvelle valeur à nos vignes, à une époque où déjà la

guerre et les impôts les faisaient arracher en plusieurs
endroits, et qui, enfin, n'en restera pas moins utile et
recherchée pour beaucoup d'aliments, même s'il arrive jamais que le sucre retombe parmi nous à son
ancien prix.

Ces travaux, purement agricoles ou économiques, ne
firent point négliger à M. Parmentier ceux qui tenaient
de plus près à son premier métier; il avait donné, en
1774, une traduction, avec des notes, des *Récréations
physiques* de Model, ouvrage où les opérations pharma-
ceutiques tiennent plus de place que les autres parties
des sciences naturelles, et en 1775 il publia une édition
de la *Chimie hydraulique de Lagaraye*, qui n'est guère
qu'une collection de recettes pour obtenir les principes
des substances médicamenteuses sans les altérer par
trop de feu. Peut-être ne serait-il pas resté étranger
aux grands progrès que la chimie fit à cette époque,
si les tracasseries dont nous avons rendu compte,
ne l'eussent privé de son laboratoire aux Invalides ;
du moins peut-on dire que l'examen chimique du
lait et celui du sang, auxquels il a travaillé avec notre
confrère M. Deyeux, sont des modèles de l'application de la chimie aux produits des corps organisés
et leurs modifications. Dans le premier, les auteurs
comparent, avec le lait de la femme, ceux des animaux
domestiques dont nous faisons le plus d'usage ; dans le
second, ils examinent les altérations produites dans le
sang par les maladies inflammatoires et putrides, et
par le scorbut, altérations souvent peu sensibles et bien
éloignées d'expliquer les désordres qu'elles occasionnent, ou qu'au moins elles accompagnent.

Nous avons vu ci-dessus comment M. Parmentier,

par des incidents assez bizarres, en perdant son activité
aux Invalides, avait été arrêté dans la ligne naturelle de
son avancement. Il avait trop de mérite pour que cette
injustice pût durer longtemps ; le gouvernement l'employa en diverses circonstances comme pharmacien militaire, et lorsqu'on organisa un conseil de médecins et
de chirurgiens consultants pour les armées, le ministre
voulut l'y placer comme pharmacien ; mais Bayen vivait
encore, et M. Parmentier fut le premier à représenter
qu'il ne pouvait s'asseoir au-dessus de son maître. On
le nomma donc seulement adjoint de Bayen. Cette institution, comme tant d'autres, fut supprimée à l'époque
de la grande anarchie révolutionnaire, époque où l'on
ne voulait pas même de subordination en médecine ;
mais la nécessité la fit bientôt rétablir sous les noms de
Commission et de Conseil de santé des armées, et
M. Parmentier, que le régime de la terreur avait momentanément éloigné de Paris, y fut promptement rap
pelé.

Il a porté dans cette carrière le même zèle que dans
toutes les autres, et les hôpitaux des armées ont prodigieusement dû à ses soins : instructions, ordres répétés
aux inférieurs, sollicitations pressantes à l'autorité, il
ne négligeait rien. Nous l'avons vu, dans ces dernières
années, déplorant amèrement l'abandon où un gouvernement occupé de conquérir et non de conserver, laissait les asiles des victimes de la guerre.

Nous devons surtout un éclatant témoignage aux
soins qu'il prenait des jeunes gens employés sous ses
ordres ; à la manière amicale dont il les recevait, les
encourageait et les faisait récompenser ; sa protection
s'étendait sur eux à quelque distance qu'ils fussent

entraînés, et nous en connaissons plus d'un qui a dû sa vie, dans des climats lointains, aux recommandations prévoyantes de ce chef paternel.

Mais son activité ne se bornait point aux devoirs de sa place, et tout ce qui pouvait être utile avait droit à l'exercer.

Lors de l'établissement des pompes à feu, il rassura le public sur la salubrité des eaux de la Seine ; plus tard il s'occupa avec ardeur de l'établissement des soupes économiques ; il contribua efficacement à la propagation de la vaccine ; c'est principalement lui qui a mis dans la pharmacie centrale des hôpitaux de Paris le bel ordre qui y règne, et il est le rédacteur du Code pharmaceutique d'après lequel on s'y dirige. Il surveillait la grande boulangerie de Scipion, où se fabrique tout le pain des hôpitaux ; l'hospice des ménages était sous sa direction particulière, et il donnait l'attention la plus minutieuse à tout ce qui pouvait adoucir le sort des huit cents vieillards des deux sexes qui le composent.

En un mot, partout où l'on pouvait travailler beaucoup, rendre de grands services et ne rien recevoir ; partout où l'on se réunissait pour faire du bien, il accourait le premier, et l'on pouvait être sûr de disposer de son temps, de sa plume et au besoin de sa fortune.

Cette longue et continuelle habitude de s'occuper du bien des hommes, avait fini par s'empreindre jusque dans son air extérieur ; on aurait cru voir en lui la bienfaisance personnifiée. Une taille élevée et restée droite jusqu'à ses derniers jours, une figure pleine d'aménité, un regard à la fois noble et doux, de beaux cheveux blancs comme la neige, semblaient faire de ce respectable vieillard l'image de la bonté et de la vertu. Sa phy

sionomie plaisait surtout par ce sentiment de bonheur
né du bien qu'il avait fait ; et qui, en effet, aurait mieux
mérité d'être heureux que l'homme qui, sans naissance,
sans fortune, sans grandes places, sans même une
éminence de génie, mais par la seule persévérance de
l'amour du bien, a peut-être autant contribué au bien-
être de ses semblables, qu'aucun de ceux sur lesquels la
nature et le hasard avaient accumulé tous les moyens
de les servir ?

M. Parmentier n'avait point été marié ; Mme Hou-
zeau, sa sœur, était toujours restée auprès de lui, et
l'avait secondé dans ses travaux de bienfaisance avec le
dévouement d'une amitié tendre. Elle mourut au moment où ses soins affectueux auraient été le plus nécessaires à son frère que minait déjà depuis quelques
années une affection chronique de la poitrine. Le chagrin de cette perte aggrava les douleurs de cet excellent
homme, et rendit ses derniers jours bien pénibles, mais
sans altérer en rien son caractère et sans arrêter ses
travaux. Il nous fut enlevé le 17 décembre 1813, dans
la soixante-dix-septième année de son âge.

RUMFORD.

BENJAMIN THOMSON, décoré en Angleterre du titre de
chevalier et en Allemagne de celui de comte de Rumford, naquit en 1753, dans les colonies anglaises de
l'Amérique septentrionale, au lieu nommé alors Rumford, et aujourd'hui Concord, qui appartient à l'État de
New-Hampshire. Sa famille, anglaise d'origine, y cul-

tivait quelques terres ; et il a dit lui-même qu'il serait probablement demeuré dans la condition modeste de ses ancêtres, s'il n'avait perdu, dès l'enfance, le petit bien qu'ils auraient dû lui laisser. Ainsi, comme beaucoup d'autres savants, c'est à un premier malheur qu'il a été redevable de sa fortune et de son illustration.

Son père était mort jeune ; un second mari l'avait éloigné de sa mère, et son aïeul, de qui seul il pouvait attendre quelque bien, avait disposé de tout ce qu'il possédait en faveur d'un fils puîné, et avait abandonné ainsi son petit-fils à un dénuement presque absolu.

Rien n'est plus fait qu'une telle position pour donner une raison prématurée. Le jeune Thomson s'attacha à un prédicant instruit qui essaya de le préparer au commerce, en lui donnant quelques teintures des mathématiques ; mais le bon ministre lui parlait aussi quelquefois d'astronomie, et ses leçons en ce genre profitaient au delà de ce qu'il prévoyait.

Le jeune homme lui apporta un jour la carte d'une éclipse, qu'il avait tracée d'après des méthodes qu'il s'était faites à lui-même en méditant sur les discours de son maître ; elle se trouva d'une justesse singulière, et ce succès lui fit tout abandonner pour les sciences.

En Europe les sciences auraient pu lui offrir quelque ressource ; mais alors elles n'en étaient pas une dans le New-Hampshire. Heureusement la nature lui en avait donné qui sont assurées à toutes les époques et dans tous les pays, une belle figure, et des manières nobles et douces. Elles lui procurèrent, à dix-neuf ans, la main d'une riche veuve, et le pauvre écolier, au moment où il s'y attendait le moins, devint un des personnages considérables de la colonie.

Son bonheur ne fut pas de longue durée. Les troubles que les prétentions du ministère et du parlement britanniques nourrissaient si imprudemment depuis dix ans, en vinrent aux dernières extrémités ; le gouvernement résolut la guerre, et ce fut la patrie de M. Thomson qui en devint le premier théâtre.

Dans la nuit du 18 avril 1775 les troupes royales parties de Boston, après avoir eu un premier engagement à Lexington se portèrent sur Concord; mais bientôt, assaillies par une multitude furieuse, elles furent obligées de se retirer dans leur garnison. La famille de Mme Thomson était attachée au gouvernement par des emplois importants ; son mari, tout jeune qu'il était, en avait lui-même reçu quelques marques de confiance et de faveur. Ses sentiments personnels le portaient d'ailleurs à seconder l'autorité. Ainsi il était naturel qu'il embrassât le parti des ministres avec la chaleur de son âge, et qu'il en partageât franchement toutes les chances. Il se retira donc à Boston avec l'armée, et tellement à la hâte, qu'il fut obligé de laisser à Concord sa femme, dont la grossesse était très avancée. Ballotté depuis lors de contrée en contrée, il ne l'a jamais revue ; ce n'est qu'au bout de vingt ans qu'il s'est réuni à la fille qu'elle lui donna quelques jours après son départ.

Un malheur non moins grand fut sans doute celui de faire la guerre à ses compatriotes ; mais peut-être ne l'envisagea-t-il pas ainsi, et nous l'en plaindrons sans oser l'en blâmer. Pendant l'époque cruelle d'où nous venons de sortir, quand presque tous les Etats de l'Europe voyaient leurs citoyens servir sous des drapeaux

opposés, chacun se prétendait du parti de la patrie ; et
le sort des armes lui-même, qui décide de tout sur la
terre, n'a pas terminé ce genre de contestations. Heureusement l'honneur et la fidélité sont des points sur
lesquels personne ne dispute, et dans ces moments heureux où la raison, conduite par l'épuisement, vient enfin
mettre un terme aux sanglantes querelles des peuples,
ce sont eux qui rallient tous les braves et tous les hommes vertueux.

M. Thomson, constamment attaché au gouvernement royal, le servit avec courage et avec habileté,
soit sur le champ de bataille, soit dans le cabinet;
mais il ne partagea point les fureurs de quelques-
uns de ses partisans. Ceux qu'il combattit le respec-
tèrent toujours, et il en reçut à la fin de la guerre
une preuve bien honorable. Plusieurs villes des Etats-
Unis lui adressèrent des invitations pressantes d'y
retourner.

On sait que l'un des premiers exploits de Washington
fut de contraindre les troupes anglaises à évacuer Boston, le 24 mars 1776. M. Thomson fut chargé de porter à
Londres cette mauvaise nouvelle. Ordinairement ce
n'est pas ce genre de missions qui procure des récompenses; mais la bonne mine du jeune officier, la netteté
et l'étendue des renseignements qu'il donna, prévin-
rent en sa faveur le secrétaire d'Etat au département
d'Amérique, ce lord George Sakville Germaine, que les
malheurs de son administration ont rendu si fameux.
Il crut faire une bonne acquisition en l'attachant à ses
bureaux, et ayant de plus en plus éprouvé ses talents
et sa fidélité, il le fit élever, en 1780, jusqu'au poste important de sous-secrétaire d'Etat.

Cette nomination aurait été une belle fortune sous un chef plus habile; mais M. Thomson éprouva bientôt le sentiment le plus pénible qui puisse affecter un honnête homme, celui de l'incapacité de son bienfaiteur. L'armée royale semblait condamnée à tous les genres de malheurs. Chaque jour l'opinion se prononçait davantage contre les ministres. Aux reproches que leur imprudence pouvait mériter, il s'en joignait de calomnieux, comme il arrive toujours quand les hommes en place n'ont point de succès. M. Thomson se vit lui-même au moment d'être en butte à quelqu'une de ces imputations; il sentit qu'on ne peut servir avec honneur une cause désespérée, qu'en la servant au péril de sa vie, et il retourna à l'armée, où il venait d'obtenir le commandement d'un escadron. C'était au commencement de 1782. Les Anglais étaient confinés à Charles-town et réduits à une guerre de poste. M. Thomson réorganisa leur cavalerie, il la conduisit à plusieurs affaires, et il eut encore assez d'occasions de se distinguer, dans le courant de cette campagne, pour qu'on l'ait destiné à concourir à la défense de la Jamaïque, menacée alors par les flottes combinées de la France et de l'Espagne; mais la défaite de M. de Grasse fit cesser le danger, et bientôt la paix vint mettre un terme à la carrière militaire de M. Thomson.

Rien ne pouvait lui arriver alors de plus contraire à ses goûts et à ses espérances d'avancement. Il avait trente ans, le grade de colonel, une belle réputation, et une vive passion pour son métier. La guerre lui semblait tellement la seule profession à laquelle il fût propre, que, n'en voyant nulle part d'apparence, si ce n'est entre l'Autriche et les Turcs, il imagina d'aller demander du service à l'Empereur. Mais son bon destin en avait décidé autrement que son inclination. En passant à Munich, il trouva l'occasion d'entrer dans un service plus avantageux, quoique plus pacifique ; les idées de sa première jeunesse se réveillèrent, et il fut bientôt ramené aux sciences et à leurs applications, comme à sa vocation véritable.

Il ne les avait jamais entièrement abandonnées. Dès 1777, au commencement de son séjour à Londres, il avait fait des expériences curieuses sur la cohésion des corps ; en 1778, il en avait entrepris sur la force de la poudre, qui le firent admettre à la Société royale ; en 1779, il s'était embarqué sur la flotte anglaise, principalement dans la vue de répéter ses expériences sur une grande échelle ; mais peut-être, au milieu des distractions de son état, et même dans les loisirs d'une condition privée, n'aurait-il tenté que des essais isolés, sans but constant et sans grands résultats. Il envisagea les sciences d'un nouveau point de vue, lorsqu'il eut besoin de leur secours dans une grande administration militaire et civile. L'homme d'Etat se ressouvint qu'il était physicien et géomètre. Son génie avait aidé à établir son crédit ; il employa son crédit pour seconder son génie ; et c'est ainsi que chaque service qu'il rendit au pays qui se l'était attaché, produisit quelque découverte, et que chaque découverte qu'il fit, le mit à même de rendre quelque nouveau service.

Ce fut le roi actuel qui donna M. Thomson à la Bavière. Ce jeune colonel, allant à Vienne et passant par Strasbourg, où le prince Maximilien de Deux-Ponts, aujourd'hui roi, commandait un régiment, se présenta à la parade à cheval et en uniforme. C'était le moment où toutes les conversations des militaires roulaient sur les campagnes d'Amérique; il était naturel qu'on désirât d'en entendre parler à un officier anglais. On le conduisit donc chez le prince, où le hasard amena quelques Français qui avaient servi dans les corps opposés au sien. La manière dont il rendit compte des affaires qu'il avait vues, les plans qu'il en montra, les idées accessoires qu'il laissa échapper, apprirent que M. Thomson n'était point un homme ordinaire, et le prince, sachant qu'il allait passer à Munich, crut devoir lui donner, pour son oncle l'électeur régnant, de fortes recommandations.

Charles-Théodore, qui, de simple prince apanagé de Sulzbach, était devenu, par l'extinction successive des principales branches de la maison palatine, souverain de deux électorats, méritait, à beaucoup d'égards, cette faveur de la fortune; il était spirituel, instruit, et montrait du goût pour les sciences et pour tout ce qui annonçait de la grandeur; il a encouragé les arts dans ses Etats, construit de beaux palais et fondé l'Académie de Mannheim. S'il n'adopta point, dans son gouvernement, ces maximes de philanthropie et de tolérance, qui dominent aujourd'hui dans les conseils des princes, on doit l'attribuer à l'époque où il reçut son éducation, époque où Louis XIV passait en Allemagne pour le modèle et pour l'idéal d'un monarque parfait. Nous avons déjà dit, et nous verrons encore mieux par la suite, que les idées politiques de M. Thomson n'étaient pas fort éloignées de celles-là; il dut donc apprécier l'électeur et en être apprécié; et, en effet, dès la première entrevue, il en reçut l'offre d'une place, et résolut de n'avoir plus d'autre maître.

Il vit donc Vienne rapidement, et se hâta de retourner à Londres pour obtenir la permission d'entrer au service de Bavière. Elle lui fut accordée avec des marques flatteuses de satisfaction de la part de son gouvernement. Le roi le fit chevalier, et lui conserva la demi-solde qui appartenait à son grade; elle lui a été payée jusqu'à sa mort.

Aux connaissances et aux avantages extérieurs dont nous avons parlé, à cette qualité d'Anglais qui en impose toujours à tant de personnes sur le continent, sir Benjamin Thomson (car c'est avec ce titre qu'il revint à Munich en 1784) se trouva joindre un talent de plaire que l'on n'aurait pas supposé dans un homme sorti, pour ainsi dire, des forêts du nouveau monde. L'électeur Charles-Théodore lui accorda la faveur la plus signalée; il le fit, par degrés, son aide de camp, son chambellan, membre de son conseil d'Etat, lieutenant général de ses armées; il lui procura les décorations des deux ordres de Pologne, parce que les statuts de ceux de Bavière ne permettaient pas alors qu'on l'y admît; enfin, dans l'intervalle de la mort de l'empereur Joseph au couronnement de Léopold II, l'électeur profita du droit que lui donnaient ses fonctions de vicaire de l'Empire, pour élever sir Benjamin à la dignité de comte, en lui donnant le nom du canton de New-Hampshire dans lequel il était né.

On a quelquefois reproché au comte de Rumford l'espèce d'importance qu'il a semblé mettre à des distinctions sur lesquelles son mérite réel aurait pu le rendre indifférent; c'est que l'on n'a pas assez réfléchi sur sa situation. Autrefois un titre sans naissance n'avait point de valeur parmi nous; mais il n'en est pas

ainsi en Angleterre, où le titre métamorphose pour ainsi
dire l'homme ; ni en Allemagne, où il est rare qu'on
reçoive un grand emploi sans recevoir aussi quelque
titre correspondant. M. de Rumford put donc croire
cet usage nécessaire au maintien d'une considération
qu'il savait rendre si utile. Nous avons vu d'ailleurs,
par une expérience récente et faite en grand, que, les
uns n'étant pas assez philosophes pour refuser les
titres quand le hasard les leur offre, et les autres apparemment l'étant trop pour croire que des titres vaillent
la peine d'être refusés, tout le monde les accepte : Ne
condamnons donc pas M. de Rumford d'avoir fait
comme tout le monde ; pardonnons même d'avance à
ceux qui l'imiteront sur ce point, pourvu qu'ils veuil-
lent aussi l'imiter sur les autres.

Son nouveau maître ne lui avait pas seulement procuré des distinctions honorifiques ; il lui avait confié un
pouvoir réel et fort étendu, en réunissant sur sa personne l'administration de la guerre et la direction de la
police ; et son crédit lui donna d'ailleurs bientôt une
grande influence sur toutes les parties du gouvernement.

La plupart de ceux que les événements conduisent au
pouvoir, y arrivent déjà égarés par l'opinion vulgaire ;
ils savent qu'on les appellera infailliblement des hommes de génie, et qu'on les célébrera en vers et en prose,
s'ils parviennent à changer en quelque point les formes
du gouvernement, ou à étendre de quelques lieues le
territoire où ce gouvernement s'exerce. Qu'y a-t-il donc
d'étonnant si des ébranlements intestins et des guerres
extérieures troublent sans cesse le repos des hommes ?
C'est à eux-mêmes que les hommes doivent s'en prendre.

Heureusement pour le comte de Rumford que la Bavière, dans ce temps-là, ne pouvait pas donner de ces tentations à ses ministres; sa constitution était fixée par les lois de l'Empire; ses frontières, par les grandes puissances qui l'avoisinaient; et elle en était réduite à cette condition, que la plupart des États trouvent si dure, de borner tous ses soins à améliorer le sort de son peuple.

Il est vrai qu'elle avait beaucoup à faire en ce genre; ses souverains, agrandis à l'époque des guerres de religion par suite de leur zèle pour le catholicisme, avaient longtemps porté les marques de ce zèle bien au delà de ce que réclame un catholicisme éclairé; ils encourageaient la dévotion, et ne faisaient rien pour l'industrie; on comptait dans leurs États plus de couvents que de fabriques; l'armée y était à peu près nulle; l'ignorance et l'inertie dominaient dans toutes les classes de la société.

Le temps ne nous permet pas d'entrer dans le détail infini des services que M. de Rumford rendit à ce pays et à sa capitale, et nous sommes obligés de nous réduire aux plus remarquables.

Il s'occupa d'abord de l'armée, dans l'organisation de laquelle une paix de quarante ans avait laissé introduire de graves abus. Il trouva moyen de soustraire le soldat aux malversations de quelques chefs et d'augmenter son bien-être en diminuant les dépenses de l'État; l'armure, le vêtement et la coiffure devinrent plus commodes et plus propres; chaque régiment eut un jardin où les soldats cultivèrent eux-mêmes les légumes dont ils avaient besoin, et une école où leurs enfants reçurent les éléments des lettres et de la morale. On simplifia l'exercice ; on rapprocha le militaire du citoyen ; on accorda aux simples soldats plus de facilité pour devenir officiers ; on établit en même temps une école où les jeunes gens de famille reçurent l'instruction militaire la plus étendue. L'artillerie, comme tenant de plus près aux sciences, attira principalement les regards de M. de Rumford qui fit de nombreuses expériences pour la perfectionner. Enfin, il établit une maison d'industrie où se fabriquèrent avec ordre tous les objets nécessaires à la troupe, maison qui devint en même temps, entre ses mains, une source d'améliorations pour la police, plus importantes encore que celles qu'il avait introduites dans l'armée.

D'après ce que nous avons dit de l'état de la Bavière, on conçoit que la mendicité devait y être excessive, et l'on assure en effet que Munich était, après Rome, la ville de l'Europe où il y avait proportionnellement le plus de mendiants. Ils obstruaient les rues ; ils se partageaient les postes, se les vendaient ou en héritaient, comme nous ferions d'une maison ou d'une métairie ; quelquefois même on les voyait se livrer des combats pour la possession d'une borne ou d'une porte d'église, et quand l'occasion s'en présentait, ils ne se refusaient pas aux crimes les plus révoltants.

Il était facile de calculer que l'entretien régulier de cet amas de misérables coûterait moins au public que les prétendues charités qu'ils lui extorquaient. M. de Rumford n'eut pas de peine à le sentir ; mais il sentit en même temps qu'il ne suffirait pas de défendre la mendicité pour l'extirper ; que l'on n'aurait encore fait que la moitié de l'ouvrage en arrêtant les mendiants, en les nourrissant, si on ne changeait leurs habitudes ;

si on ne les formait au travail et à l'ordre, si on n'inspirait au peuple l'horreur de l'oisiveté et des suites funestes qu'elle entraîne.

Son plan embrassa donc le physique et le moral ; il le médita longtemps, il en coordonna toutes les parties entre elles, et avec les lois et les ressources du pays ; il prépara de longue main et en secret les détails de l'exécution, et, quand tout fut prêt, il la dirigea avec fermeté.

Le 1er janvier 1790 tous les mendiants furent conduits au magistrat, et il leur fut signifié qu'ils trouveraient à la nouvelle maison d'industrie du travail et tout ce qui serait nécessaire à leur existence, mais qu'il était désormais défendu de mendier.

En effet, on leur fournit des matières, des outils, des salles spacieuses et bien chauffées, une nourriture saine et peu coûteuse ; l'ouvrage leur fut payé à la pièce. Le travail ne fut pas d'abord parfait, mais bientôt l'apprentissage avança ; les ouvriers furent classés d'après leurs progrès, ce qui facilita aussi la distribution des produits. Leur ouvrage s'employait à fabriquer les vêtements des troupes ; au bout de quelque temps, on en vendit au public et même à l'étranger, ce qui finit par donner annuellement plus de 10,000 florins de profit.

Tout cet établissement fut abondamment soutenu dans son origine par une souscription volontaire, à laquelle on sut intéresser toutes les classes d'habitants, et qui fut beaucoup moindre que la somme des aumônes que l'on faisait auparavant.

Et pour changer ainsi les déplorables dispositions d'une classe avilie, il ne fallut que l'habitude de l'ordre et des bons procédés. Ces êtres farouches et défiants cé-

dèrent aux attentions et aux prévenances. Ce fut, dit
M. de Rumfort lui-même, en les rendant heureux qu'on
les accoutuma à devenir vertueux ; pas même un enfant
ne reçut un coup ; bien plus, on payait d'abord les enfants seulement pour qu'ils regardassent travailler leurs
camarades, et ils ne tardaient pas à demander en pleu-
rant qu'on les mît aussi à l'ouvrage. Quelques louanges
données à propos, quelques vêtements plus distingués
récompensèrent la bonne conduite et établirent l'émulation. On fit naître l'esprit d'industrie par l'amour-
propre ; car les ressorts du cœur humain sont les mêmes
dans les conditions les plus opposées, et l'équivalent
d'un cordon peut se retrouver partout.

On ne se borna pas à secourir les mendiants ; les pauvres honteux et honnêtes furent admis à demander du
travail et des aliments ; plus d'une femme de condition
tombée dans le malheur faisait prendre du lin et de la
soupe par des commissionnaires qu'on ne questionnait
jamais, et parmi les braves de l'armée bavaroise, il en
était beaucoup qui portaient des habits filés par une
main illustre et délicate.

Le succès fut tel que non seulement les pauvres furent complètement secourus, mais qu'il y eut beaucoup
moins de pauvres, parce qu'ils apprirent à se passer de
secours. On en avait enregistré en une semaine deux
mille cinq cents, et ils étaient réduits à quatorze cents
quelques années après. Ils apprirent même à mettre
une sorte d'orgueil à secourir leurs anciens compagnons ;
et rien ne les corrigea mieux de demander l'aumône,
que lorsqu'ils eurent joui du plaisir de la faire.

Quoique M. de Rumford ait été dirigé dans ses opérations plutôt par les calculs d'un administrateur, que par

les mouvements d'un homme sensible, il ne put se refuser à une véritable émotion au spectacle de la métamorphose qu'il avait effectuée, lorsqu'il vit sur ces visages auparavant flétris par le malheur et par le vice, un air de satisfaction, et quelquefois des larmes de tendresse et de reconnaissance. Pendant une maladie assez dangereuse, il entendit sous sa fenêtre un bruit dont il demanda le cause ; c'étaient les pauvres qui se rendaient en procession à la principale église pour obtenir du ciel la guérison de leur bienfaiteur. Il convient lui-même que cet acte spontané de reconnaissance religieuse, en faveur d'un homme d'une autre communion, lui parut la plus touchante des récompenses ; mais il ne se dissimulait pas qu'il en avait obtenu une autre, qui sera plus durable. En effet, c'est en travaillant pour les pauvres qu'il a fait ses plus belles découvertes.

M. de Fontenelle a dit de Dodard, qui, en observant rigoureusement les jeûnes prescrits par l'Église, faisait des expériences exactes sur les changements que son abstinence produisait en lui, qu'il était le premier qui eût pris le même chemin pour arriver au ciel et à l'Académie. On lui associera M. de Rumford, si, comme on peut le croire, les services rendus aux hommes conduisent au ciel aussi sûrement que les pratiques de dévotion. Ce qui est certain, c'est qu'il a été principalement redevable à ses recherches de bienfaisance, de l'éclat dont son nom jouira dans l'histoire de la physique.

Chacun sait que ses plus belles expériences ont eu pour objet la nature de la chaleur et de la lumière, ainsi que les lois de leur propagation ; et c'était là effectivement ce qu'il importait le plus de bien connaître pou nourrir, vêtir, chauffer et éclairer avec économie un grand rassemblement d'hommes. Il s'occupa d'abord de comparer ensemble la chaleur des divers vêtements ; ce n'est point, comme on sait, une chaleur absolue, et l'on n'entend par là que la propriété de retenir celle que produit notre propre corps, d'en empêcher la dissipation. M. de Rumford enveloppa de diverses substances des thermomètres plus échauffés que l'air, et tint compte du temps qu'il leur fallait pour revenir à l'équilibre ; et il arriva à ce résultat général, que le principal obstacle de la chaleur est l'air retenu entre les fibres des substances, et que celles-ci fournissent des vêtements d'autant plus chauds, qu'elles retiennent davantage l'air échauffé par le corps ; c'est ainsi, et il ne manqua pas de le remarquer, que la nature a eu soin d'habiller les animaux des pays froids.

Passant ensuite à l'examen des moyens les plus efficaces d'économiser le combustible, il voyait dans ses expériences que la flamme à l'air libre donnait peu de chaleur, surtout quand elle ne s'agitait pas avec vitesse, et ne frappait pas verticalement le fond du vase ; il observait aussi que la vapeur de l'eau conduisait très peu la chaleur quand elle n'était pas en mouvement ; le hasard lui donna la clef de ces phénomènes, et lui ouvrit un nouveau champ de recherches. Jetant les yeux sur la liqueur colorée d'un thermomètre qui refroidissait au soleil, il y aperçut un mouvement continuel, qui dura jusqu'à ce que ce thermomètre fût descendu à la température environnante ; quelques poussières qu'il répandit dans des liquides de même gravité spécifique s'y agitèrent aussi chaque fois que la température du liquide changea, ce qui annonçait des courants continuels dans le liquide même. M. de Rumford vint à penser que c'était précisément par ce transport des molécules que la chaleur se distribuait dans les liquides, lesquels par eux-mêmes laisseraient très peu passer le calorique. Ainsi, lorsque l'échauffement commence par en bas, les molécules chaudes, devenues plus légères, se portent dans le haut, et les molécules froides se précipitent pour aller s'échauffer vers le fond. C'est ce que M. de Rumford vérifia par des expériences directes et ingénieuses. Tant qu'on n'échauffa que le haut d'une colonne de liquide, le bas ne participa nullement à l'augmentation de chaleur. Un fer rouge, enfoncé dans de l'huile jusqu'à peu de distance d'un morceau de glace qui en occupait le fond, n'en liquéfia pas un atome; un morceau de glace maintenu sous de l'eau bouillante fut deux heures à se fondre, tandis qu'à la surface il se fondait en trois minutes. Toutes les fois que l'on arrêta le mouvement intestin d'un liquide par l'interposition de quelque substance non conductrice, le refroidissement ou l'échauffement, en un mot, l'équilibre y fut retardé; ainsi des plumes, des fourrures produisirent dans l'eau les mêmes effets que dans l'air.

Comme il est reconnu que l'eau douce est à son maximum de densité à quatre degrés au-dessus de zéro, elle devient plus légère un peu avant de geler; c'est pour cette raison que la glace se forme toujours à la surface, et que, une fois prise, elle garantit l'eau qu'elle recouvre. M. de Rumford trouvait dans cette propriété le moyen par lequel la nature conserve un peu de fluidité et de vie dans les pays du Nord; car, si la communication de la chaleur et du froid se faisait dans les liquides comme dans les solides, ou seulement dans l'eau douce comme dans les autres liquides, les ruisseaux et les lacs seraient bientôt glacés jusqu'au fond.

La neige, à cause de l'air qui s'y mêle, était à ses yeux le manteau qui recouvre la terre en hiver, et l'empêche de perdre toute sa chaleur. Il voyait en tout cela des précautions marquées de la Providence ; il en voyait jusque dans la propriété de l'eau salée, contraire à celle de l'eau douce, qui fait qu'à tous les degrés les molécules se précipitent quand elles ont été refroidies ; en sorte que l'Océan, toujours tempéré à sa surface, adoucit sur les côtes la rigueur des hivers , et réchauffe par ses courants les climats des pôles, en même temps qu'il rafraîchit ceux de l'équateur.

L'intérêt des observations de M. de Rumford s'étendait donc en quelque sorte à tout le jeu de la nature sur notre globe ; et peut-être faisait-il autant de cas de ces rapports qu'il leur apercevait avec la philosophie générale, que de leur utilité dans l'économie publique et privée.

Leur simple énoncé a dû faire pressentir cette utilité à ceux qui m'écoutent, et d'ailleurs il n'est maintenant personne qui n'en connaisse les effets par expérience. C'est par une application suivie de ces découvertes, que M. de Rumford est parvenu à construire des foyers, des fourneaux, des chaudières de nouvelles formes, qui, depuis les salons jusque dans les cuisines et dans les ateliers, ont réduit de plus de moitié la consommation du combustible.

Quand nous nous rappelons ces énormes cheminées de nos pères, où l'on brûlait des arbres entiers, et qui fumaient presque toutes, nous sommes étonnés que l'on n'ait pas imaginé plus tôt le perfectionnement simple et sûr de M. de Rumford. Mais il faut bien qu'il y ait quelque difficulté cachée dans toutes ces choses que l'on trouve si tard, et que l'on dit si simples une fois qu'elles sont trouvées.

Les améliorations que M. de Rumford a apportées dans la construction des cuisines, auront un résultat aussi important, bien qu'un peu plus tardif, parce que la première mise de fonds pour les établir, est un peu plus forte. Le malheureux cuisinier, rôti maintenant lui-même par l'ardeur de son feu, pourra opérer tranquillement dans une atmosphère douce, avec une économie des trois quarts pour le combustible et de moitié pour le temps; et M. de Rumford ne comptait pas pour peu ce bien-être procuré à ceux qui façonnent nos aliments. Comme la même quantité de matière première fournit beaucoup plus ou beaucoup moins de nutrition, selon qu'on la prépare, il jugeait l'art du cuisinier tout aussi intéressant que celui de l'agriculteur. Lui-même ne se borna pas à l'art de cuire les mets à peu de frais; il donna beaucoup d'attention à celui de les composer; il a reconnu, par exemple, que l'eau qu'on y incorpore devient elle-même par ce mélange une matière nutritive; il a essayé de toutes les substances alimentaires pour découvrir celle qui soutient le mieux et au moindre prix. Il n'est pas jusqu'au plaisir de manger dont il n'ait fait une étude, et sur lequel il n'ait écrit exprès une dissertation; non pas assurément pour lui-même, car il était d'une sobriété excessive, mais afin de découvrir aussi les moyens économiques de l'augmenter et de le prolonger, parce qu'il y voyait une attention de la nature pour exciter les organes qui doivent concourir à la digestion.

C'est en combinant ainsi avec sagacité le choix des substances et toutes les économies dans l'art de les préparer, que M. de Rumford est arrivé à nourrir l'homme à si peu de frais, et que, dans tous les pays civilisés, son nom est aujourd'hui attaché aux secours les plus efficaces que l'indigence puisse recevoir. Cet honneur vaut bien ceux qu'on a décernés aux Apicius anciens et modernes, j'oserais presque dire à beaucoup d'hommes fameux dans des genres plus élevés.

Dans un de ses établissements de Munich, trois femmes suffisaient pour faire à dîner à mille personnes, et elles n'y brûlaient que pour neuf sous de bois. La cuisine qu'il fit construire à l'hôpital de la Piéta de Vérone est encore plus parfaite ; on n'y brûle que le huitième du bois qui s'y consumait auparavant.

Mais c'est dans l'emploi de la vapeur pour le chauffage que M. de Rumford s'est pour ainsi dire surpassé. On sait que l'eau retenue dans un vase qu'elle ne peut rompre, acquiert une chaleur énorme; sa vapeur, à l'instant où on la lâche, porte cette chaleur partout où on la dirige. Les bains et les appartements se chauffent ainsi avec une promptitude merveilleuse. Appliquée aux savonneries et surtout aux distilleries, cette méthode a enrichi déjà quelques fabricants de nos départements méridionaux, et dans les pays où l'on est moins lent à adopter les nouvelles découvertes, elle a donné des avantages immenses. Les brasseries et les distilleries d'Angleterre ne ne chauffent plus autrement; une seule petite chaudière de cuivre y met en ébullition dix grandes cuves de bois.

M. de Rumford en était venu en ce genre jusqu'à tirer partie de toute la chaleur de la fumée, qu'il ne

laissait sortir de ses appareils, que lorsqu'elle était
devenue presque absolument froide. Un personnage
justement célèbre par l'atticisme de son esprit, disait
de lui que bientôt il ferait cuire son' dîner à la
fumée de son voisin ; mais ce n'était pas pour lui qu'il
cherchait l'économie ; ses expériences variées et répétées lui coûtaient au contraire beaucoup, et ce n'é-
tait qu'à force de prodiguer son argent, qu'il enseignait
aux autres à épargner le leur.

Il a fait sur la lumière presque autant de recherches
que sur la chaleur, et l'on doit principalement remarquer parmi ses résultats cette observation, que la flamme
est toujours parfaitement transparente et perméable à
la lumière d'une autre flamme ; et cette autre, que la
quantité de la lumière n'est point en proportion avec
celle de la chaleur, et qu'elle ne dépend pas, comme
celle-ci, de la quantité de matière brûlée, mais bien de
la vivacité de la combustion. En combinant ces deux
remarques, il a inventé une lampe à plusieurs mèches
parallèles, dont les flammes, excitant mutuellement
leur chaleur sans laisser perdre aucun de leurs rayons,
peuvent produire une masse illimitée de lumière. On
dit que lorsqu'elle fut allumée à Auteuil, elle éblouit
tellement le lampiste qui l'avait construite, que ce
pauvre homme ne retrouva pas son chemin, et fut obligé
de passer la nuit dans le bois de Boulogne.

Je crois superflu de rappeler combien M. de Rumford a varié et assorti à tous les usages les divers instruments qui servent à éclairer ; les lampes à la Rumford
ne sont pas moins répandues ni moins populaires que
les cheminées et les soupes du même nom ; c'est là
le vrai caractère de toute bonne invention.

Il a déterminé par des expériences physiques jusqu'aux règles qui rendent agréables les oppositions de couleur. Peu de jolies femmes se doutent que le choix d'une bordure ou du liséré d'un ruban dépend des lois immuables de la nature ; et cependant la chose est très vraie. Lorsqu'on regarde fixement pendant quelque temps une tache d'une certaine couleur sur un fond blanc, elle paraît bordée d'une couleur différente, mais toujours la même relativement à celle de la tache ; c'est ce qu'on nomme couleur complémentaire ; et, par des raisons qu'il est inutile de développer ici, les deux mêmes couleurs sont toujours complémentaires l'une pour l'autre ; c'est en les assortissant que l'on produit l'harmonie et que l'on flatte l'œil le plus agréablement. M. de Rumford, qui faisait tout par méthode, disposait d'après cette règle les teintes de ses meubles et de ses tapisseries, et l'effet suave de l'ensemble était remarqué de tous ceux qui entraient dans ses appartements.

Frappé, sans cesse, dans tous ses travaux, des merveilleux phénomènes de la chaleur et de la lumière, il était naturel que M. de Rumford cherchât à se faire une théorie générale sur ces deux grands agents de la nature. Il ne les considérait l'un et l'autre que comme des effets d'un mouvement vibratile imprimé aux molécules des corps, et il en trouvait une preuve dans la production continuelle de chaleur qui a lieu par le frottement. Le forage d'un canon de bronze, par exemple, mettant en peu de temps l'eau en ébullition, et cette ébullition durant autant que le mouvement qui l'avait produite, il trouvait difficile de concevoir comment, dans un pareil cas, il se dégagerait une matière ; car il faudrait qu'elle fût inépuisable.

M. de Rumford a prouvé d'ailleurs mieux que personne que la chaleur n'a aucun poids ; une fiole d'esprit de vin et une d'eau restèrent en équilibre après la congélation de celle-ci, quoiqu'elle eût perdu par là assez de calorique pour chauffer à blanc le même poids d'or.

Il a imaginé deux instruments singulièrement ingénieux. L'un, qui est un nouveau calorimètre, sert à mesurer la quantité de chaleur produite par la combustion de chaque corps ; c'est une caisse remplie d'une quantité donnée d'eau, au travers de laquelle on fait passer, par un tube serpentin, le produit de la combustion ; et la chaleur de ce produit se transmet à l'eau, qu'elle élève d'un nombre déterminé de degrés, ce qui sert de base aux calculs. La manière dont il empêche que la chaleur extérieure n'altère son expérience, est très simple et très spirituelle ; il commence l'opération à quelques degrés au-dessous de cette chaleur, et la termine à autant de degrés au-dessus ; l'air extérieur reprend pendant la seconde moitié précisément ce qu'il avait donné pendant la première. L'autre instrument sert à apercevoir les plus légères différences dans la température des corps ou dans la facilité de sa transmission ; il consiste en deux boules de verre pleines d'air, réunies par un tuyau dans le milieu duquel est une bulle d'esprit de vin coloré ; la moindre augmentation de chaleur dans l'une des boules, chasse la bulle vers l'autre. Cet instrument, qu'il a nommé thermoscope, lui a fait connaître principalement l'influence variée et puissante des diverses surfaces sur la transmission de la chaleur, et lui a indiqué encore une infinité de procédés pour retarder ou accélérer à volonté l'échauffement ou le refroidissement.

Ces deux derniers ordres de recherches, et celles qui ont rapport à l'illumination, doivent nous intéresser plus particulièrement, parce qu'il les a faites depuis qu'il s'était fixé à Paris, et qu'il prenait une part active à toutes nos occupations ; il les regardait comme ses contributions de membre de l'Institut.

Tels sont les principaux travaux scientifiques de M. de Rumford ; mais ce ne sont pas à beaucoup près les seuls services qu'il ait rendus aux sciences. Il savait qu'en lumières, comme en bienfaits, l'ouvrage d'un homme est passager et borné, et, dans ce genre comme dans l'autre, il s'est efforcé de créer et de faire créer des institutions durables. Ainsi il a fondé deux prix qui doivent être décernés annuellement, par la société royale de Londres et par la société philosophique de Philadelphie, aux expériences les plus importantes dont la chaleur et la lumière seront les objets, fondation où, en marquant son zèle pour la physique, il témoignait aussi son respect pour sa patrie naturelle et pour sa patrie adoptive, et prouvait que, pour avoir servi l'une, il ne s'était pas brouillé avec l'autre.

Il a été l'auteur principal de l'Institution royale de Londres, l'un des établissements les mieux conçus pour hâter les progrès des sciences et de leurs applications à l'utilité publique. Dans un pays où chaque particulier se fait gloire d'encourager ce qui peut rendre service au grand nombre, la seule distribution de son prospectus lui procura des fonds considérables, et son activité eut bientôt accéléré l'exécution. Le prospectus même était déjà une sorte de description, car il y parlait d'une chose en grande partie réalisée ; une maison vaste offrait toutes sortes de métiers et de machines en fonctions ; il s'y formait une bibliothèque; l'on y a construit un bel amphithéâtre, où se donnent des cours de chimie, de mécanique et d'économie politique. La chaleur et la lumière, ces deux objets favoris du comte de Rumford, et le mystérieux procédé de la combustion, qui les met à la disposition de l'homme, devaient sans cesse y être soumis à la méditation.

Ce prospectus est daté de Londres, le 21 janvier 1800, et toute cette fondation était l'ouvrage des quinze mois précédents que M. de Rumford avait passés en Angleterre avec l'espoir de s'y fixer.

Après avoir été comblé, pendant quatorze ans, par l'électeur Charles-Théodore, de marques d'une faveur toujours croissante, après en avoir reçu, à l'époque de la fameuse campagne de 1796, la mission difficile de commander son armée et de maintenir la neutralité de sa capitale contre les deux grandes puissances qui semblaient également vouloir l'attaquer, M. de Rumford en avait obtenu pour dernière récompense, en 1798, le poste qu'il désirait le plus au monde, celui de ministre plénipotentiaire près du roi de la Grande-Bretagne.

Il ne pouvait y avoir en effet pour lui de manière plus flatteuse de retourner au milieu de ses compatriotes, et d'y réunir à un haut degré, suivant la noble expression d'un ancien, le loisir et la dignité; mais son espoir fut déçu; les usages du gouvernement anglais ne permettent pas qu'un homme né son sujet puisse être accrédité près de lui pour représenter une autre puissance, et le ministre des affaires étrangères signifia à M. de Rumford qu'on était résolu à ne point faire fléchir la coutume.

Un chagrin plus cuisant vint bientôt se joindre à celui-là; il apprit la mort du prince son bienfaiteur, arrivée en 1799, et il prévit qu'il n'aurait guère moins de peine à reprendre ses anciennes fonctions qu'à exercer les nouvelles. A la vérité, l'électeur Maximilien-Joseph n'ignorait ni son mérite ni ses services, et se souvenait d'avoir été le premier auteur de sa fortune ; mais, avec un système de gouvernement différent et des intérêts politiques opposés, il était naturel qu'il employât d'autres conseillers que Charles-Théodore, et M. de Rumford n'était pas de caractère à entrer en partage ; d'ailleurs, les heureux changements qu'on lui devait l'avaient rendu moins nécessaire, et ses vues, si utiles quand il avait fallu éclairer la Bavière, ne convenaient plus, précisément à cause de la rapidité avec laquelle elles avaient fructifié.

Il ne retourna donc à Munich que pour peu de temps, à l'époque de la paix d'Amiens ; et toutefois, dans ce peu de temps même, il rendit encore aux sciences un véritable et grand service, en concourant par ses conseils à faire réorganiser l'Académie bavaroise sur un plan qui réunit à tous les genres d'utilité une magnificence vraiment royale.

Le moment arriva enfin où une retraite définitive fut à peu près nécessaire ; et ce ne fut pas pour la France un médiocre honneur, qu'un homme qui avait joui de la considération des contrées les plus civilisées des deux mondes, la préférât pour son dernier séjour ; c'est qu'il avait promptement aperçu que c'est le pays où toute célébrité donne le plus sûrement à celui qui la mérite une véritable dignité, indépendante de la faveur passagère des cours et de tous les hasards de la fortune.

Nous l'y avons vu, en effet, pendant dix ans, honoré des Français et des étrangers, estimé des amis des sciences, partageant leurs travaux, aidant de ses avis jusqu'aux moindres artisans, gratifiant noblement le public de tout ce qu'il inventait chaque jour d'utile.

Rien n'y aurait manqué à la douceur de son existence, si l'aménité de son commerce avait égalé son ardeur pour l'utilité publique.

Mais, il faut l'avouer, il perçait, dans sa conversation et dans toute sa manière d'être, un sentiment qui devait paraître fort extraordinaire dans un homme si constamment bien traité par les autres, et qui leur avait fait lui-même tant de bien; c'est que c'était sans les aimer et sans les estimer, qu'il avait rendu tous ces services à ses semblables. Apparemment que les passions viles qu'il avait observées dans les misérables commis à ses soins, ou ces autres passions, non moins viles, que sa fortune avait excitées parmi ses rivaux, l'avaient ulcéré contre la nature humaine. Aussi ne pensait-il point que l'on dût confier au commun des hommes le soin de leur bien-être; ce besoin, qui leur semble si naturel, d'examiner comment ils sont régis, n'était à ses yeux qu'un produit factice des fausses lumières. Il avait sur l'esclavage à peu près les idées d'un planteur, et il regardait le gouvernement de la Chine comme le plus voisin de la perfection, parce qu'en livrant le peuple au pouvoir absolu des seuls hommes instruits, et en élevant chacun de ceux-ci dans la hiérarchie selon le degré de son instruction, il fait en quelque sorte, de tant de millions de bras, les organes passifs de la volonté de quelques bonnes têtes; doctrine que nous exposons sans prétendre la justifier en rien, et que nous savons de reste être peu propre à faire fortune chez nos nations européennes.

M. de Rumford a éprouvé lui-même, à plus d'une reprise, qu'il n'est pas si aisé dans l'Occident qu'en Chine d'engager les autres à n'être que des bras; et cependant personne ne s'était autant préparé que lui à bien se servir des bras qu'on lui aurait soumis.

Un empire, tel qu'il le concevait, ne lui aurait pas été plus difficile à conduire que ses casernes et ses maisons de pauvres; il se confiait surtout pour cela à la puissance de l'ordre; il appelait l'ordre l'auxiliaire nécessaire du génie, le seul instrument possible d'un véritable bien, et presque une divinité subordonnée, régulatrice de ce bas monde. Il se proposait d'en faire l'objet d'un ouvrage qu'il regardait comme devant être plus important que tous ceux qu'il a écrits; mais on n'en a trouvé dans ses papiers que quelques matériaux informes. Lui-même, de sa personne, était, sur tous les points et sous tous les rapports imaginables, le modèle de l'ordre; ses besoins, ses plaisirs, ses travaux étaient calculés, comme ses expériences. Il ne buvait que de l'eau; il ne mangeait que de la viande grillée ou rôtie, parce que la viande bouillie donne sous le même volume un peu moins d'aliment. Il ne se permettait, enfin, rien de superflu, pas même un pas ni une parole, et c'était dans le sens le plus strict qu'il prenait le mot *superflu*.

C'était sans doute un moyen de consacrer plus sûrement toutes ses forces au bien; mais ce n'en était pas un d'être agréable dans la société de ses pareils; le monde veut un peu plus d'abandon, et il est tellement fait, qu'une certaine hauteur de perfection lui paraît souvent un défaut, quand on ne met pas autant d'efforts à la dissimuler, qu'on en a mis à l'acquérir.

Quels que fussent au reste les sentiments de M. de

Rumford pour les hommes, ils ne diminuaient en rien
son respect pour Dieu. Il n'a négligé dans ses ouvrages aucune occasion d'exprimer sa religieuse admiration pour la Providence, et d'y offrir à l'admiration
des autres les précautions innombrables et variées par
lesquels elle a pourvu à la conservation de ses créa-
tures ; peut-être même son système politique venait-il
de ce qu'il croyait que les princes doivent faire comme
elle, et prendre soin de nous sans nous en rendre
compte.

Cette rigoureuse observance de l'ordre, qui a probablement nui aux agréments de sa vie, n'a pas contribué
à la prolonger ; une fièvre subite et violente l'a enlevé,
dans toute sa vigueur, à soixante et un ans. Il est mort
le 21 août 1814, dans sa maison de campagne d'Auteuil, où il passait la belle saison.

L'avis de ses obsèques, arrivé presque en même
temps que la nouvelle de sa maladie, n'a point permis
à ses confrères de lui rendre sur sa tombe les honneurs
accoutumés. Mais, si de tels honneurs, si des efforts
quelconques pour étendre la renommée et la rendre
durable, furent jamais superflus, c'est pour l'homme
qui, par l'heureux choix des sujets de ses travaux, a su
lui donner à la fois pour appui l'estime des savants et
la reconnaissance des malheureux.

ÉLOGE HISTORIQUE

DE SIR HUMPHRY DAVY

ELOGE HISTORIQUE

DE

SIR HUMPHRY DAVY

Un célèbre académicien ,parvenu de l'état le plus humble, aux hautes dignités de l'Église et de la littérature, disait, le jour de sa réception à l'Académie : « S'il « se trouve dans cette assemblée un jeune homme né « avec l'amour du travail, mais isolé, sans appui, livré « au découragement, et si l'incertitude de sa destinée « affaiblit dans son âme le ressort de l'émulation, qu'il « jette les yeux sur moi dans ce moment et qu'il ouvre « son cœur à l'espérance. » Est-il en effet un spectacle plus fait à la fois pour toucher, ponr encourager, que celui du mérite perçant à force de constance, l'obscurité qui le couvre, surmontant les barrières que le malheur lui oppose, se faisant reconnaître par degrés de ses contemporains, arrivant enfin avec leurs justes applaudissements à tous les avantages que nos sociétés peuvent dispenser à ceux qui les servent.

Voilà ce que nous présentent éminemment les deux célèbres chimistes dont je dois vous entretenir dans notre séance; nés l'un et l'autre dans un état voisin du dénuement, et supportant tous deux avec fermeté les peines de leur position. Dès qu'ils eurent fait quelques pas dans la carrière des sciences, dès que leurs premiers travaux furent connus, la faveur les entoura; ils furent accueillis dans le monde; à mesure que leurs découvertes s'accrurent, ils se virent conduits à la fortune, et les honneurs s'accumulèrent sur leur tête; aucune voix jalouse ne troubla ce concert unanime, ou, s'il s'en éleva, ce ne fut qu'après que leur position sociale eut été mise à l'abri de toute atteinte, et que les jaloux furent réduits à n'être plus que des envieux.

Sir Humphry Davy, baronnet, ancien président de la Société royale de Londres, associé étranger de l'Académie des Sciences, de l'Institut, naquit à Penzance, petite ville du comté de Cornouailles, la plus reculée de toute l'Angleterre vers l'ouest, le 17 décembre 1778, de Robert Davy et de Grace Millett.

Sa famille avait, dit-on, possédé autrefois des terres assez considérables dans la paroisse de Ludgvan, voisine de Penzance; mais Robert Davy, son père, était réduit à une très petite ferme sur les bords de la Boye, dite du mont Saint-Michel, d'après un rocher assez semblable, par sa situation, et par le couvent qui y était construit, à celui qui porte le même nom sur la côte de Normandie. Désirant augmenter son mince revenu par quelque industrie, il exerça longtemps à Penzance l'état de sculp-

teur en bois et de doreur; ce métier lui réussissant mal,
il se retira sur son bien, qu'il essaya de faire valoir sans
y être plus heureux, et il mourut en 1794, laissant sa
veuve dans une situation fort triste et chargée de cinq
enfants, dont le dernier n'était âgé que de quatre ans et
quelques mois. Cette femme respectable ne perdit
cependant point courage; occupée sans relâche de
l'éducation de ses enfants, elle ouvrit d'abord, pour les
soutenir, une boutique de modes, et tint ensuite une
pension où logeaient les personnes que leur santé ame-
naient dans ce canton, renommé en Angleterre par un
climat plus doux que le reste du royaume.

Le jeune Humphry, son aîné, déjà en état de connaître sa position et les seuls moyens qui pouvaient l'y
soustraire, profita avec ardeur du peu de sources d'instruction qu'offrait ce pays reculé, et quelques-uns de ses
maîtres ont prétendu s'enorgueillir depuis d'un disciple
si célèbre; mais il a toujours dit que s'il a eu quelque
chose d'original dans ses idées, il l'a dû précisément à
ce que les personnes chargées de l'instruire ne s'en
occupaient guère, et le laissaient, par indifférence, se
livrer à toutes ses fantaisies. Plus d'un homme de génie,
en se reportant sur ses premières années, a pu faire la
même remarque; et en effet, l'instruction générale, calculée pour le grand nombre, ne s'adapte pas aisément à
ces têtes excentriques dont les premières pensées sont
déjà supérieures à celles de leurs camarades et souvent
à celles de leurs maîtres. Les efforts pour les faire ren-
trer dans la voie commune, ne serviraient qu'à contra-
rier leurs progrès. C'est un bonheur pour eux et pour le
monde qu'ils soient ainsi négligés. Davy donc, laissé à
lui-même, chassait, pêchait, parcourait en tous sens ce

pays pittoresque, essayant déjà d'en chanter les beau-
tés ; car dès l'enfance il était orateur et poète. Ses impressions se peignaient vivement dans ses discours ;
chaque fois qu'il rentrait à l'école, ses petits camarades
l'entouraient ; ils se pressaient, ils oubliaient tout pour
l'entendre raconter ce qu'il venait de voir. Ses lectures
ne l'agitaient pas moins que ses observations ; à peine
une traduction d'Homère lui fut-elle tombée sous les
yeux, qu'il se mit à composer aussi une épopée dont
Diomède était le sujet ; composition, dit un de ses anciens condisciples, fort incorrecte et qui ne manquait
de fautes ni contre les règles, ni contre le goût, mais
pleine de vie, d'incidents variés, et où se déployaient
une richesse d'invention et une liberté d'exécution qui
annonçaient un vrai poète.

Cependant il fallait prendre un état plus sérieux, et sa
mère le mit en apprentissage à quinze ans chez un pharmacien nommé Borlase, probablement de la même
famille que l'ecclésiastique ministre de la paroisse de
Ludgvan, à qui l'on a dû, sur l'histoire naturelle et sur
les antiquités du comté de Cornouailles, deux ouvrages
encore aujourd'hui précieux par les documents dont ils
sont remplis. Ce pharmacien, comme tous ceux d'Angleterre, exerçait aussi la chirurgie et la médecine. Le jeune
Davy était souvent obligé de visiter pour lui ses malades
ou de leur porter des remèdes, courses très conformes
à ses premiers goûts, et qui ne faisaient que les rendre
plus vifs. En parcourant ces riches paysages, il récitait
à haute voix des vers d'Horace ou les siens ; car il en
avait déjà fait beaucoup. C'est de ce temps que date
son ode au mont Saint-Michel et son poème sur Mounts-
Bay, deux de ses meilleures pièces de vers. Le jeu que

ses promenades solitaires laissaient à un esprit aussi actif, l'avait aussi jeté dans la métaphysique, et autant que l'on peut en juger par quelques lettres et par des stances faites à cette époque, et qui ont paru plus tard, mais fort modifiées, sous le titre de *La Vie*, il s'était enfoncé dans toutes les abstractions du panthéisme et parlait *de Dieu, du monde, comme un* bramine ou comme un professeur de philosophie allemande.

Mais le comté de Cornouailles n'est pas seulement un pays pittoresque ; ses roches primitives, leurs divers accidents, les filons métalliques qu'elles renferment ; les mines profondes que l'on y a creusées dès avant les temps historiques, les nombreux ateliers où l'on en élabore les produits, en font aussi un pays éminemment chimique et géologique, et un jeune homme tel que nous venons de peindre Davy ne pouvait entendre sans cesse parler autour de lui de ce qui a rapport à l'exploitation des métaux, à leurs usages, aux différents procédés dont ils sont l'objet, aux relations qu'ils observent entre eux et avec les roches qui les recèlent, sans que ses réflexions se portassent vers ces branches des sciences naturelles, qui ont pour objet la structure du globe, les matériaux dont il se compose et leurs propriétés. Une circonstance fortuite acheva de diriger vers des études positives cette jeune imagination. M. Grégoire Watt, fils de celui de nos anciens associés qui, en perfectionnant la machine à vapeur, en a fait un agent qui changera la face du monde, fut envoyé à Penzance, pour une affection de poitrine, et logea chez madame Davy. Le jeune garçon apothicaire, touché de la belle figure et des manières distinguées de ce nouvel hôte, conçut le désir de gagner son amitié ; mais des Anglais ne se lient pas si vite, surtout quand ils diffèrent par la fortune ou par le rang; il fallait un prétexte. Davy n'en trouva pas de plus simple que d'entretenir M. Watt de chimie; il en avait déjà pris quelque teinture chez son maître, mais légère et purement pratique, qui ne pouvait devenir un sujet de conversation avec un savant. Quelqu'un à qui il parla de son projet, lui prêta la Chimie de Lavoisier, traduite en anglais. En deux jours, il l'eut dévorée, et, ce qui est bien remarquable, dès ce moment, ignorant encore toutes les objections que Priestley et d'autres de ses compatriotes faisaient contre la théorie exposée dans ce célèbre ouvrage, il déclara qu'il concevait une autre explication des phénomènes, et s'occupa sérieusement de la développer. De vives discussions qu'il eut à ce sujet avec M. Watt, ne firent que l'affermir dans sa résolution; le poëte, le métaphysicien se décida à devenir tout à fait chimiste. D ans l'état de sa fortune, ce n'était pas une petite entreprise que de se procurer seulement les instruments nécessaires; mais ici, comme dans ses autres études, son courage et son esprit subvinrent à tout. De vieux tuyaux de pipe, quelques tubes de verre achetés d'un marchand de baromètres ambulant, formèrent ses premiers appareils. Le chirurgien d'un navire français, échoué près de Lands-End, lui montrant ses instruments, il y remarqua un ustensile fort vulgaire chez nous, et d'un usage peu noble, dont apparemment la forme diffère dans les deux pays ; concevant aussitôt la possibilité d'en faire la pièce principale d'une machine pneumatique, il la demanda avec instance, l'obtint et la consacra en effet à cette destination bien imprévue sans doute du fabricateur. C'est ainsi que, pour beaucoup de grands hommes, le malaise a été le meilleur maître.

Les leçons qu'il avait données en cette occasion ne furent pas perdues. Pendant toute sa vie, M. Davy a continué à faire ressource de tout pour ses recherches; et la simplicité de ses appareils a toujours été aussi remarquable que l'originalité de ses expériences et l'élévation de ses vues; et pendant ses voyages dans les lieux les plus éloignés de tout secours scientifique, il n'était pas plus embarrassé pour vérifier une idée qui lui venait à l'esprit, qu'il ne l'avait été dans la boutique de son maitre de Penzance pour commencer ses premiers travaux.

Enfin, après quelque exercice, il prit dans son voisinage son premier sujet d'expériences; il voulut déterminer de quelle espèce d'air sont remplies les vésicules des fucus, et constata, d'une manière aussi précise qu'un chimiste consommé l'aurait pu faire, que les plantes marines agissent sur l'air comme les plantes terrestres. C'était en 1797; il n'avait pas tout à fait dix-huit ans.

Dans ce temps-là le docteur Beddoes, que les désagréments occasionnés par ses opinions politiques avaient engagé à quitter la chaire de chimie de l'université d'Oxford, était venu s'établir à Bristol, et, secondé par la famille du célèbre Wedgwood, il avait formé un établissement qu'il intitulait *Institution pneumatique*, et qui avait pour objet principal d'appliquer l'action de divers gaz aux maladies du poumon; en même temps il rédigeait un recueil périodique où, sous le titre de *Contributions des provinces de l'Ouest*, il insérait les travaux des physiciens et des chimistes de cette partie de l'Angleterre. Ce fut à lui que M. Davy adressa son essai, et Beddoes, étonné que dans une pharmacie de

Penzance il se trouvât un jeune homme déjà en état de travailler ainsi, désira vivement l'attacher à son institution.

Il fallait pour cela le dégager du contrat d'apprentissage que, selon l'usage un peu gothique de la Grande-Bretagne, il avait fait avec Borlase. M. Davies Gilbert, aujourd'hui président de la Société royale, se chargea de la négociation, qui ne fut pas longue ; car l'apothicaire, qui apparemment se souciait peu de découvertes scientifiques, et moins encore de métaphysique ou de poésie, ne faisait pas grand cas de son garçon ; et ce fut en le qualifiant de *pauvre sujet*, qu'il rendit de très bon cœur à la liberté l'homme destiné à devenir, sitôt après, la lumière de la chimie et l'honneur de son pays.

Beddoes mesurait les hommes à une autre échelle ; s'apercevant promptement de la portée de l'esprit de son nouvel assistant, il ne l'employa pas seulement comme un aide passif ; il lui confia son laboratoire, et lui permit d'y faire toutes les expériences qu'il jugerait propres à étendre la science des gaz, lui accordant même l'usage de son amphithéâtre pour y faire des leçons.

C'est dans l'*Institution pneumatique* que M. Davy découvrit, en 1799, les propriétés du *gaz oxyde nitreux*, ou, comme on l'appelle aujourd'hui, du protoxyde d'azote, et les effets extraordinaires qu'il exerce sur certaines organisations. Bien des personnes, quand elles le respirent, n'en éprouvent que du malaise ou un commencement d'asphyxie ; d'autres sont mêmes asphyxiées véritablement ; mais il en est chez lesquelles il produit une ivresse d'un genre tout particulier, qui leur donne, disent-elles, une existence délicieuse, un bien-être supérieur à tous les plaisirs connus, et tel qu'elles se laisseraient mourir dans cet état, sans faire le moindre effort pour en sortir, s'il ne cessait de lui-même au bout de quelque temps.

On peut juger de l'empressement avec lequel cette nouvelle manière de s'enivrer fut reçue dans un pays où l'ancien procédé n'était pas encore hors d'usage autant qu'il l'est maintenant, et où ce moyen nouveau faisait espérer une variation agréable dans des jouissances jusque-là trop uniformes; le nom du jeune chimiste de Penzance fut en peu de temps populaire dans les trois royaumes.

Ajoutons cependant, pour être justes, que le courage qu'il avait montré, n'avait pas été moins remarqué que la singularité de sa découverte. Il donne lui-même de son état une description effrayante. La perte du mouvement volontaire ne diminua d'abord rien de ses sensations : il voyait, il entendait tout autour de lui ; mais à mesure que cette espèce d'asphyxie augmen tait, le monde extérieur l'abandonnait; une foule d'images nouvelles s'emparaient de lui ; il lui semblait qu'il faisait des découvertes, qu'il s'élevait à des théories sublimes. Mais que l'on ne croie pas que cette ivresse plus qu'aucune autre puisse rien apprendre. Quand, enfin, un ami lui arracha le dangereux bocal, ses premières paroles ne furent que la vieille formule de l'idéalisme. *Rien n'existe que la pensée, l'univers ne se compose que d'impressions et d'idées de plaisirs et de souffrances.* Depuis longtemps il avait eu ce système dans l'esprit, et ce n'était pas, comme on voit, la peine de s'exposer à tant de danger pour arriver à un tel résultat.

Il fit cependant une expérience plus périlleuse encore, en respirant la vapeur du charbon ; mais celle-là ne lui

procura que de la douleur et de l'oppression ; et peut-
être ces essais téméraires n'ont-ils pas peu contribué à
préparer la prompte altération que son tempérament
éprouva, et la mort prématurée qui en a été la suite.

A cette époque, Bristol était rempli d'une jeunesse
ardente, amie des nouveautés, qui ne s'en cachait point,
et dont les discours, au milieu des divisions que la révolution française excitait en Angleterre, avaient fait regarder cette ville comme le foyer principal de la démo-
cratie.

Dans l'espèce de plan qu'avaient formé ces jeunes
gens, et ceux avec qui ils correspondaient dans diverses
parties du royaume, de faire arriver leurs amis aux postes les plus propres à leur procurer la faveur du public,
ils résolurent de faire leurs efforts pour porter leur
jeune professeur sur un plus grand théâtre. Le comte de
Rumford, notre ancien confrère, venait d'établir à Londres *l'Institution royale*, destinée à répandre dans les
classes supérieures de la société les découvertes utiles
des sciences. Peu accommodant de son naturel, il avait
déjà rompu avec son professeur de chimie, le docteur
Garnett ; on imagina de lui proposer Davy, et l'on s'empressa de le faire venir et de le lui présenter.

Chacun se souvient que, parmi les grandes et nobles
qualités du comte de Rumford, ce n'était point par l'af-
fabilité qu'il brillait ; à l'air presque enfant du candidat,
qui a toujours paru plus jeune qu'il n'était réellement,
à ses manières un peu provinciales, à quelques restes
d'accent de Cornouailles, il devint plus glacial encore
que de coutume ; et la timidité de M. Davy, augmentant
par un tel accueil, ne raccommoda point l'effet de son
début. Ceux qui l'avaient amené eurent besoin de beau-

coup d'art et de sollicitations pour lui obtenir la tolérance de donner, dans une chambre particulière de la maison, quelques leçons sur les propriétés des gaz ; mais il n'en fallait pas davantage. Dès la première, la variété de ses idées, leurs ingénieuses combinaisons, la chaleur, la vivacité, la clarté, la nouveauté même de leur exposition, tout ce que les talents réunis du poète, de l'orateur et du philosophe pouvaient prêter de charmes à l'enseignement du chimiste, enchantèrent le petit nombre de ceux qui s'étaient hasardés à venir l'entendre. Ils en parlèrent aussitôt avec tant d'enthousiasme, qu'à la seconde, la pièce qu'on lui avait accordée ne put contenir l'affluence qui se présenta, et que l'on se vit obligé de transférer son cours dans le grand amphithéâtre de l'établissement.

L'Institution royale était suivie alors par ce que la Grande-Bretagne avait de plus élevé dans les deux sexes, en naissance et en esprit ; des dames du plus haut rang en suivaient les leçons, aussi bien que les plus grands seigneurs et les jeunes hommes les plus distingués.

La jeunesse d'un professeur à peine sorti de l'adolescence, sa jolie figure, ses manières ingénues ne contribuèrent pas moins que sa vive éloquence à lui concilier l'affection d'un pareil public. En peu de temps il devint si fort à la mode, qu'une soirée ne paraissait pas complète lorsqu'il y manquait. Ce fut dans son existence une révolution totale, et, dans cette subite prospérité, il ne lui fallut pas moins de courage pour continuer ses travaux, qu'il ne lui en avait fallu dans son malheur pour les entreprendre. Quelques-uns même prétendent qu'il se laissa éblouir par l'accueil du grand monde plus qu'il ne convenait à son génie et à sa position. Mais quel est l'homme qui, à vingt ans, aurait mieux résisté à une pareille épreuve? Ce ne fut pas du moins à la science qu'il renonça ; et, au milieu des plaisirs dont à son âge il était si naturel de vouloir jouir, il ne cessa pas un instant de multiplier les titres qui les lui avaient procurés. On ne peut guère se dissimuler, toutefois, que sa distance des sociétés qui étaient devenues pour lui un besoin, cette barrière terrible que rien dans son pays ne peut renverser, ne l'ait affecté profondément et n'ait troublé sa vie. On aperçoit des traces de ce sentiment pénible jusque dans le dernier de ses écrits, dans celui auquel il travaillait encore quelques jours avant sa mort, et qu'il intitule *Consolations*, parce que des consolations, au milieu des triomphes de son génie, lui furent, en effet, sans cesse nécessaires.

Qui aurait dû cependant se trouver plus heureux ? Depuis son premier cours régulier, qui commença en mai 1801, une continuité de leçons, d'expériences, de découvertes, qui se sont succédé avec une rapidité inouïe, et qui ont éclairci les branches les plus importantes de la physique et de la chimie, qui en ont essentiellement modifié les doctrines, qui en ont fait les applications les plus heureuses et les plus inattendues aux besoins de la société, ont attiré à leur auteur l'admiration du monde civilisé et la reconnaissance de son pays. Nommé membre de la Société royale en 1803, et son secrétaire en 1806 ; chargé par le bureau d'agriculture d'enseigner les applications de la chimie à cette branche de l'économie publique ; uni en 1812 à une épouse riche et de l'esprit le plus élevé ; fait, la même année, chevalier par le prince régent, le premier auquel il ait accordé cet honneur en prenant le gouvernement; créé baronnet en 1818, lorsque ce prince monta sur le trône; élevé enfin au poste éminent de président de la Société royale en 1820, à la mort de sir Joseph Banks, à une majorité de 200 contre 13, poste qu'il continua d'occuper sept années de suite, le jeune apprenti de Penzance a éprouvé sans interruption tout ce que, dans un ordre social fixé, un pays peut faire pour ceux qui l'honorent, et l'assentiment des étrangers a confirmé, en toute occasion, ces marques d'estime. Couronné par l'Institut en 1807, lorsque la guerre avec l'Angleterre était au plus haut degré de violence ; associé de ce corps en 1817 ; appelé également à faire partie de toutes les grandes académies, M. Davy eut à se louer de l'Europe comme de sa patrie. Mais notre nature ne permet pas qu'il y ait pour nous sur la terre un bonheur complet ; et lorsque tout au dehors nous favorise, c'est trop souvent en nous-mêmes que nous portons le poison qui doit amèrement affecter notre existence.

Dans l'exposé que je vais faire des travaux suivis sans interruption pendant plus de vingt-cinq ans par M. Davy, et présentés dans plus de soixante mémoires ou écrits divers, on comprend que je ne puis m'attacher qu'aux résultats principaux, aux découvertes fondamentales. Ainsi je passerai rapidement sur les premières expériences qu'il fit à l'Institution royale en 1803, pour déterminer la proportion de tannin de chaque substance tannante, bien qu'il y fasse l'observation singulière que le gland n'en contient pas à l'état naturel, mais que cuit au four, à la chaleur de l'eau bouillante, il en prend en grande quantité. Celles de l'année suivante (1802) sur les différentes combinaisons de l'azote avec l'oxygène, c'est-à-dire sur l'oxyde nitreux et les gaz nitreux nommés aujourd'hui *protoxyde et deutoxyde d'azote*, et sur les proportions de leurs éléments, ainsi que sur celles de l'hydrogène et de l'azote dans l'ammoniaque, qui prennent déjà une importance plus générale pour la chimie, étaient les suites et le complément naturel de ses premières observations sur le gaz nitreux, et il en résulta l'invention d'un nouvel eudiomètre. Une solution de muriate ou de sulfate de fer imprégnée de gaz nitreux se trouva absorber l'oxygène plus facilement et plus promptement qu'aucune autre substance.

Nous ne pouvons pas accorder non plus beaucoup de temps à ses découvertes en minéralogie, bien qu'elles ne soient certainement pas sans importance. En 1805, son analyse d'une pierre du Devonshire, que l'on avait nommée vavellite, fournit à cette science une espèce nouvelle, une combinaison d'alumine pure avec de l'eau.

La même année, il enseigna une nouvelle méthode d'analyser par l'acide boracique les pierres qui contiennent de l'alcali fixe.

Il prouva plus évidemment qu'on ne l'avait fait avant lui, et contre ce que lui-même avait conjecturé, que le diamant ne donne à la combustion que de l'acide carbonique pur. En 1822, il prouva que le fer et la silice sont dissous dans les eaux thermales de Lucques. Des cristaux de roche et d'autres pierres contiennent souvent, dans les cavités de leur intérieur, des gaz et des liquides; et ces substances, ayant dû y être renfermées dès le moment de leur formation, il n'était pas sans intérêt pour l'histoire ancienne du globe d'en connaître la nature. M. Davy trouva que c'était de l'eau pure et du gaz azote pur.

La physique ordinaire doit aussi des observations à son esprit de recherches. Ce qui se passe lorsque le briquet tire des étincelles du silex; la nature des changements de couleur que la chaleur fait éprouver à l'acier; les brouillards qui se forment au-dessus des rivières; l'emploi que l'on pourrait faire comme agents mécaniques des gaz comprimés jusqu'à la consistance de liquides; enfin, la couleur des eaux des fleuves et de l'Océan, attirèrent son attention et produisirent des écrits piquants et instructifs.

Dans l'histoire de tout autre, on insisterait aussi sur le cours qu'il fit, en 1803, devant le bureau d'agriculture, et qui fut publié en 1813. Lorsqu'on ne s'attendait qu'à y voir traiter des questions rebattues de physique ou de physiologie végétale, il y développa un principe tout nouveau et des plus importants, celui que la partie la plus efficace des engrais est la plus volatile, celle qui se dissipe le plus aisément, si l'on ne prend, pour la conserver, les précautions dictées par une science profonde. C'était un homme de vingt-deux ans, et qui n'avait jamais cultivé, qui éclairait ainsi de lumières inattendues les propriétaires et les cultivateurs les plus expérimentés de la Grande-Bretagne.

Cependant ce n'étaient là que des essais ou des travaux légers, en quelque sorte, pour sa distraction. Ses expériences sur la décomposition des corps par l'électricité galvanique, furent d'un ordre supérieur, et ce fut à elles qu'il dut d'être porté subitement, par la voix unanime de l'Europe, au rang des plus grands chimistes de notre âge. Personne encore aujourd'hui ne conteste que jamais on n'avait mis dans une longue recherche plus de persévérance, de méthode et de rigueur, et que rarement il y en avait eu de couronnées par-de plus brillants succès. ·

Une observation fortuite dans laquelle Galvani, en 1789, avait vu les parties d'un animal mort entrer en convulsion quand on établissait une communication métallique entre un nerf et le muscle où il se rend, avait excité l'attention non seulement des savants, mais du vulgaire; quelques-uns avaient cru y voir l'explication de tous les phénomènes vitaux, et jusqu'à un moyen de rappeler les morts à la vie. Volta, en ramenant ces faits à leur véritable cause, l'électricité produite par le contact de deux métaux différents, et en cherchant à rendre cette influence des métaux plus sensible, en avait multiplié les lames, en les séparant par des lames moins conductrices, et en avait construit ainsi sa fameuse pile, source constante d'une électricité qui se renouvelle sans cesse. A peine les physiciens eurent-ils connaissance de ce nouvel et admirable instrument, qu'ils voulurent en essayer les effets sur toutes sortes de substances.

Dès 1800, MM. Carlisle et Nicholson, introduisant dans l'eau des fils métalliques correspondants aux deux pôles de la pile, virent avec surprise de l'oxygène se montrer près du fil positif, et de l'hydrogène près du fil négatif; mais il se montrait en même temps de l'acide et de l'alcali.

La même année, et peut-être avant eux, Ritter, en Allemagne, plaçant l'eau dans deux vases séparés, mais qui communiquaient par de l'acide sulfurique, était arrivé à un résultat plus précis : l'oxygène et l'hydrogène se produisaient indéfiniment chacun à son pôle. ·
Il en concluait, non pas que la pile décompose l'eau,

.nais que les deux gaz ne sont que de l'eau combinée avec les deux électricités. Lorsque c'était quelque fibre animale, ou même les doigts qui établissaient la communication entre les deux vases, il apparaissait toujours de l'acide muriatique au fil positif, et quelques-uns en avaient même conclu que cet acide était formé d'hydrogène moins oxygéné que l'eau. On voyait aussi apparaître des alcalis de diverses sortes, suivant les circonstances dans lesquelles on opérait.

En 1803, deux chimistes suédois, MM. Hisinger et Berzélius, multipliant les expériences, en étaient venus à reconnaître que l'action décomposante de la pile s'étend à toutes sortes de corps ; qu'elle fait toujours paraître les acides et les substances oxygénées vers le pôle positif, les alcalis vers le négatif; et ils avaient ainsi ouvert la voie pour l'explication de ces diverses anomalies.

M. Davy avait suivi avec attention toutes ces expériences, et même dès 1800, et sous les yeux de Beddoes, il avait aussi opéré sur l'eau, dans des vases séparés, mais employant une lanière de vessie pour moyen de communication, il lui était aussi apparu de l'acide muriatique. En 1801, il avait fait connaître un genre de pile un peu différente de celle de Volta, et dans laquelle un seul métal alternait avec deux liquides. En 1802, il avait opéré sur divers liquides avec une pile très-puissante, et observé plusieurs dégagements singuliers de gaz. Enfin, il se livra à des recherches plus profondes, qu'il suivit persévéramment pendant quelques années, et qui établirent définitivement la théorie de ce nouvel ordre de phénomènes. Le résultat en fut publié, en 1806, dans un mémoire intitulé *Leçons Bakeriennes*, parce qu'il était destiné à remplir une de ces fondations assez nombreuses dans la Grande-Bretagne, et dont l'objet est de diriger l'attention des savants sur certains sujets spéciaux auxquels le fondateur portait intérêt. Après de minutieuses précautions, il était parvenu à démontrer que lorsque l'eau est pure, il n'en sort que de l'hydrogène et de l'oxygène, dans les proportions où les deux gaz la composent. Soumettant au même agent des corps de toutes sortes, il avait porté au plus haut degré de généralité la loi de Hisinger et de Berzélius ; et remontant enfin au principe même de cette loi, il était arrivé à cette conclusion, *que l'affinité chimique n'est autre que l'énergie des pouvoirs électriques opposés*, conclusion qui, combinée avec une autre loi établie en 1804 par M. Dalton, sur les proportions définies, a donné à M. *Berzélius* un système tout nouveau de chimie et de minéralogie.

Ce fut pour ce grand et beau travail que l'Institut, dans sa séance publique du mois de janvier 1808, décerna à M. Davy le prix fondé pour les progrès du galvanisme ; prix qui n'a été accordé depuis qu'à M. OErstedt, pour sa brillante découverte des rapports du magnétisme avec l'électricité. Bientôt après M. Davy, en suivant la même voie, obtint un succès encore plus flatteur, parce qu'il lui était plus exclusivement propre ; je veux dire sa découverte de la nature métallique des alcalis fixes. Depuis longtemps on avait été frappé de l'analogie des alcalis fixes avec les terres alcalines, et de ces dernières avec les oxydes métalliques, et Lavoisier avait même, dès 1789, énoncé la possibilité que ces terres ne fussent que des oxydes irréductibles par les moyens ordinaires. Quant aux

alcalis fixes proprement dits, si l'on faisait quelques
conjectures sur leur composition, c'était plutôt par
quelques combinaisons de l'azote, qu'on les supposait
formés ; et l'analogie de l'ammoniaque était ce qui avait
conduit à cette idée ; mais, dans les sciences, les plus
heureuses conjectures ne sont rien si l'expérience ne
les confirme.

M. Davy, en possession d'un moyen de décomposition aussi puissant que la pile, ne désespéra pas de
résoudre le grand problème. Après l'avoir tenté sans
succès sur des solutions aqueuses, il prit de la potasse
humectée, seulement assez pour servir de conducteur,
et l'ayant placée dans le cercle d'une forte batterie,
pendant que du côté positif elle donnait une efferves-
cence, il vit paraître, du côté négatif, de petits globules
semblables au mercure par la couleur et par l'éclat,
mais tellement combustibles, qu'ils se couvraient, presque en se formant, d'une croûte blanche qui était de
la potasse, et que, jetés dans l'eau, ils surnageaient et
y brûlaient avec une lumière éclatante et une vive
chaleur ; il en était de même de la glace ; il semblait
qu'il eût retrouvé ce feu grégois si fameux dans l'histoire byzantine, et auquel nous devons probablement
que l'Europe ne soit pas aujourd'hui mahométane. Le
même phénomène se répéta avec la soude, et quels que
fussent les conducteurs, le produit de la combustion
était toujours de la potasse ou de la soude ; un enduit
de naphte pouvait seul, en préservant ces globules
métalliques de l'approche de tout corps oxigéné, arrêter leur tendance à la combustion. En vain quelques
contradicteurs supposèrent-ils que ces nouvelles substances étaient des combinaisons de l'hydrogène ou

même du carbone avec les alcalis ; des analyses rigou-
reuses repoussèrent promptement ces hypothèses, et
il demeura démontré que la potasse et la soude résultent de la combinaison de l'oxygène avec des bases
semblables aux métaux par leurs caractères extérieurs,
mais infiniment plus légers et d'une affinité pour l'oxygène infiniment plus forte. La potasse en contient 84
centièmes et la soude 76. Ces bases, aussi parfaits
conducteurs de la chaleur et de l'électricité qu'aucun
métal, se ramollissent à 12 degrés Réaumur, deviennent liquides à 30 comme le mercure et s'évaporent à
la chaleur rouge. Klaproth, le premier qui de nos jours
ait decouvert un métal nouveau, voulut leur contester
la qualité de métal, se fondant sur leur légèreté spécifique ; et en effet tous les métaux connus jusque-là
sont fort pesants, mais à des degrés fort divers. Le
tellure, par exemple, est quatre fois plus léger que
le platine, et l'on ne voit pas pourquoi le *sodium* et
le *potassium* (ce sont les noms que M. Davy donna
laux nouvelles substances), qui le sont six fois plus
que le tellure, seraient exclus par là de la classe à
laquelle ils appartiennent sous tous les autres rapports.

Cette grande découverte est de 1807, et fut l'objet
de la leçon Bakerienne du mois de novembre de cette
année. Dans un esprit comme celui de M. Davy, elle
ne pouvait manquer de conduire à de nouvelles recherches et à de nouvelles idées ; il essaya le même
procédé sur plusieurs terres, et M. Berzélius en ayant
fait autant de son côté, elles durent toutes être aussi
considérées comme des oxydes.

Le grand chimiste suédois, électrisant négativement

du mercure en contact avec une solution d'ammoniaque, réussit à produire un amalgame ; aussitôt M. Davy, qui obtint le même effet par un moyen plus simple, qui y vit le mercure se solidifier et perdre les trois quarts de sa pesanteur spécifique par l'addition d'une quantité de gaz équivalente à peine à 1/230 de son poids, en vint à penser que l'ammoniaque a aussi une base ; que peut-être l'azote et l'hydrogène dont elle se compose ne sont eux-mêmes que des oxydes métalliques. S'élevant encore à de plus hautes généralités, il ne voit plus dans la nature que de l'oxygène et des bases inconnues ; variant même ses explications comme dans l'algèbre, où l'on peut, par diverses formules, arriver aux mêmes résultats, il se demande si l'hydrogène ne serait pas le principe de la métallisation, et si les oxydes ne se réduiraient pas à des combinaisons des bases avec l'eau, ramenant ainsi, en quelque sorte, l'ancienne hypothèse du phlogistique sous une autre forme. C'est une tendance que l'on peut remarquer dans plusieurs autres mémoires de M. Davy, et peut-être le soupçonnera-t-on en cela d'un peu de jalousie nationale. Mais s'il ne réussit point à renverser la théorie française de la combustion, il lui apporta du moins une exception si notable, qu'au lieu de conserver le caractère d'une explication générale, elle ne s'applique plus qu'à des cas particuliers d'un phénomène qui exige une explication d'une nature plus élevée, et c'est la troisième et la plus importante de ses découvertes. Déjà l'on savait par les expériences de Berthollet, que l'hydrogène sulfuré, qui ne contient point d'oxygène, agit comme un acide ; l'oxygène n'est donc pas toujours le principe de l'acidité. D'autre part, les expériences de M. Davy venaient de prouver qu'il est principe d'alcalinité tout comme d'acidité ; ainsi son nom même n'avait plus de fondement dans sa nature. Bientôt l'on apprit que l'hydrogène n'a pas moins que l'oxygène le pouvoir de produire des acides.

Depuis longtemps les chimistes s'efforçaient vainement de découvrir le radical de l'acide muriatique ; mais d'après les explications proposées par Berthollet, ils supposaient que cet autre acide, si célèbre par les usages que l'on en fait dans les arts, qui s'obtient en faisant passer l'acide muriatique sur l'oxyde de manganèse, et que Scheele, son inventeur, avait nommé *acide muriatique déphlogistiqué*, résultait de la combinaison de l'acide muriatique avec l'oxygène de l'oxyde ; on l'appelait en conséquence *acide muriatique oxygéné ;* rien ne semblait donc si simple que d'en extraire l'acide muriatique en lui enlevant cet oxygène que l'on croyait y surabonder. MM. Gay-Lussac et Thénard l'essayèrent, mais ils ne purent jamais y réussir, sans y ajouter de l'eau ou au moins de l'hydrogène. Ce phénomène les frappa beaucoup ; l'eau, se dirent-ils, est donc un ingrédient nécessaire à la formation de l'acide muriatique ; mais comment se fait-il qu'elle y adhère avec tant de force qu'on ne puisse l'en retirer par aucun moyen ? Ne serait-ce point seulement par un de ses éléments (par l'hydrogène), qu'elle concourt à former cet acide ? et l'oxygène qui se dégage dans l'opération, et que l'on croyait provenir de l'acide muriatique oxygéné, ne serait-il pas simplement l'autre élément de l'eau ? Alors ni l'acide muriatique oxygéné, ni l'acide muriatique ordinaire, ne contiendraient d'oxygène ; le second ne serait que le premier, plus de l'hydrogène.

Cette pensée leur vint ; ils l'exprimèrent même, à la fin de leur Mémoire, comme une hypothèse possible ; mais ils n'osèrent la soutenir en face de leurs vieux maîtres, pour qui la théorie de Lavoisier était devenue presque une religion.

M. Davy, qui était plus libre, fut aussi plus hardi ; dans un Mémoire lu en 1810, il mit hautement cette hypothèse en avant et la développa par une multitude d'expériences ultérieures. Le prétendu gaz muriatique oxygéné était donc un agent de combustion à l'égal de l'oxygène ; il devenait en même temps un être simple pour nous, il lui fallait un nom simple ; M. Davy lui donna celui de *chlorine*, que l'on a ensuite abrégé et changé en chlore.

Une théorie si nouvelle ne fut pas, comme on peut bien le croire, aussitôt adoptée que proposée ; M. Murray, savant chimiste d'Édimbourg, M. Berzélius lui-même, défendirent l'ancienne théorie avec autant d'esprit que de persévérance ; jamais on ne vit dans les sciences une lutte aussi bien conduite des deux parts ; à chaque expérience, à chaque explication d'un adversaire, l'autre répliquait par des expériences ou des explications qui ne semblaient pas moins importantes, et le monde chimique semblait encore hésiter, lorsqu'une nouvelle substance vint faire pencher la balance en faveur de M. Davy, en s'associant au chlore par ses propriétés et surtout par celle de produire la combustion et l'acidification à l'égal de l'oxygène. — Ce fut l'*iode* découvert dans le varech par M. Courtois, salpêtrier instruit en chimie, substance sur laquelle M. Gay-Lussac et M. Davy firent de curieuses expériences.

L'acide fluorique, dont on avait tenté en vain de dé-

couvrir aussi le radical, fut promptement rangé dans la
même classe d'après une suggestion de M. Ampère.
Enfin, M. Gay-Lussac lui-même découvrit une combinaison du carbone et de l'azote (le *cyanogène*) qui agit
comme le chlore, comme le fluor et comme l'iode, et
qui fournit des acides sans le concours de l'oxygène.
Le bleu de Prusse est le produit bien connu de l'un des
deux acides et de l'oxyde de fer.

Ainsi, il est désormais reçu en chimie que l'acidité
dépend du mode de combustion et non d'un principe
matériel, et le nom de M. Davy s'attache à cette importante proposition, non pas qu'il ait conconcu seul à l'établir, mais parce qu'il l'a énoncée avec netteté et hardiesse. C'est en effet cette réduction des phénomènes
sous une forme générale et claire, qui constitue l'invention aux yeux du grand public, qui ne peut suivre, dans
tous ses détails, les phases par lesquelles une vérité est
obligée de passer avant de devenir complètement mûre
pour l'opinion commune.

Par ces trois grandes suites de recherches relatives à
l'*action chimique de la pile*, à la *métallisation des alcalis et aux combinaisons sans oxygène*, par les vérités
capitales qui en résultaient, par la multitude d'expériences nouvelles, de vues ingénieuses, d'appréciations
délicates et fines de tous les phénomènes qui avaient
concouru à la démonstration de ces vérités, M. Davy,
arrivé seulement à l'âge de trente-deux ans, s'était
placé dans l'opinion des hommes en état de juger de
pareils travaux, au premier rang des chimistes de
notre temps et de tous les temps ; il lui restait, par des
services directs rendus à la société, à prendre un rang
semblable dans l'opinion populaire. La demande qui lui

fut faite de moyens propres à empêcher les funestes effets des explosions si fréquentes dans les mines de charbon de terre, lui en fournit la première occasion.

Il s'échappe insensiblement des couches de houille en exploitation une certaine quantité de gaz inflammable qui, mêlé dans une certaine proportion avec l'air atmosphérique, s'allume à la lampe des mineurs, avec une détonation épouvantable, et fait périr quelquefois ces malheureux en grand nombre. Cavendish en avait reconnu la nature et surtout la légèreté spécifique, et sa découverte a été le principe de la construction des ballons aérostatiques ; mais personne ne s'était encore occupé de prévenir ses terribles effets, lorsqu'une de ces explosions, arrivée en 1812, dans une mine dite de Felling, y fit perdre la vie en un instant à plus de cent mineurs, avec des circonstances affreuses et qui effrayèrent tous les hommes de cette profession. Chaque matin, ils ne se séparaient de leur famille que comme des soldats allant à la brèche. Éveillé par l'intérêt, un comité de propriétaires de mines chercha en vain à prévenir le danger, et M. Davy fut invité à leur indiquer les moyens dont la science pouvait disposer à cet égard.

A tout autre il eût semblé que c'était demander l'impossible, demander de porter le feu dans un magasin à poudre et de l'empêcher de sauter ; M. Davy ne désespéra point, et son génie, dans ce travail, se montra peut-être plus admirable que dans tous ceux qui l'avaient précédé.

Ce ne fut point un de ces résultats auxquels on est conduit par une suite d'expériences souvent accumulées fortuitement, plutôt que dirigées par la volonté ; ici, le

problème était posé, le but connu, et tous les moyens
devaient être conçus d'après les principes généraux de
la science, sans rien attendre des autres ni du hasard.

M. Davy commença par analyser le gaz, par fixer les
quantités de carbone et d'hydrogène qui le composent,
et les proportions dans lesquelles son mélange avec l'air
commun détone plus ou moins fortement; il examina
ensuite à quel degré de chaleur se fait la combustion et
suivant quelles lois elle se propage. Il observa que dans
des tubes d'une petite dimension, elle ne se continue
point, même au milieu de toutes les autres circonstances
qui devraient la produire, parce que la masse de ces
tubes refroidit assez le gaz pour la faire cesser. Il en
conclut qu'en empêchant l'air de se porter en masse
sur la mèche et en l'y faisant arriver par des ouvertures étroites et prolongées, et seulement dans la quantité convenable pour entretenir la lumière, cet air se
trouvât-il momentanément composé dans les proportions les plus favorables à la détonation, la détonation
serait impossible. Il fut conduit ainsi à construire une
lanterne dont le bas ne communiquait au dehors qu'au
travers des intervalles de plusieurs tubes concentriques,
et dont la cheminée était garnie en dessus d'un dia-
phragme percé de petit trous, ou formé d'une gaze métallique. Ce premier essai ne le satisfaisait point encore,
mais il lui laissait entrevoir quelque chose de plus parfait. Il soumit ce pouvoir refroidissant des solides à une
multitude d'expériences, pour en saisir le juste degré,
et découvrit de nombreuses vérités physiques pleines
d'intérêt, entre autres la supériorité de chaleur de la
flamme, même sur celle d'un métal chauffé à blanc.
C'est ainsi qu'il vit un fil de platine rougir dans un mé-

lange dont la combustion était trop lente pour produire
de la flamme, spectacle tout à fait surprenant pour qui
n'en a pas l'explication. De toutes ces expériences résulta
enfin la démonstration que l'on peut tisser une gaze métallique dont les mailles soient précisément de l'épaisseur convenable pour refroidir l'air enflammé qui la
traverserait, au point d'en arrêter la combustion, et qui
serait ainsi perméable à l'air et à la lumière, sans l'être
à la flamme ; ce qui porta l'invention cherchée au degré
de simplicité nécessaire aux hommes auxquels on la
destinait, et donna par conséquent la solution complète
du problème.

Une seule enveloppe de cette gaze métallique, toutes
les fois qu'on l'emploie avec les précautions prescrites,
garantit désormais les mineurs du danger terrible qui
menaçait leur vie ; l'air susceptible de détoner peut arriver jusqu'à leur lampe sans autre danger que celui de
l'éteindre, et même alors, si l'on a suspendu au-dessus
de la mèche un fil de platine tourné en spirale, il sera
incandescent par la décomposition du gaz détonant, et
éclairera encore le mineur tant qu'il restera un peu
d'air respirable.

Employé aujourd'hui dans la plupart des mines,
porté par M. Davy lui-même dans celles de Hongrie,
cet instrument a déjà conservé l'existence d'un grand
nombre d'hommes utiles ; et ses services auraient été
plus grands encore sans l'inertie qui l'a empêchée de se
répandre dans quelques pays, ou la négligence que l'on
a mise à observer les règles indiquées par son inventeur.

Les hommes, dans le cours ordinaire de la vie, semblent si peu occupés de ce qui peut y mettre un terme,

que la moindre gêne présente leur pèse plus que lé plus
grand danger, pour peu qu'il paraisse éloigné.

Il semblait que l'on pût désormais commander à
M. Davy une découverte comme à d'autres une fourni-
ture. Le cuivre dont on double les vaisseaux s'oxyde par
l'eau de la mer, et dans une marine nombreuse comme
celle de l'Angleterre, son renouvellement occasionne
une dépense énorme. L'amirauté lui demanda, en 1823,
un préservatif, et la réponse ne se fit pas attendre ; il lui
suffit de rapprocher ses découvertes anciennes pour
faire encore celle-ci.

Suivant son usage, il chercha d'abord à se rendre un
compte précis du phénomène. Le cuivre plongé dans
l'eau de mer donnait une poudre d'un vert bleuâtre, sur
laquelle se déposait du carbonate de soude, preuve évidente que le sel marin avait été décomposé ; mais,
d'après sa théorie de l'acide muriatique, cela ne pouvait
avoir lieu sans oxygène, et comme aucun hydrogène ne
se montrait, ce n'était pas l'eau qui avait fourni cet
oxygène, mais l'air atmosphérique qu'elle contient.
D'un autre côté, d'après sa théorie de la correspondance
des actions chimiques avec l'état électrique des corps,
c'était en vertu de son électricité positive relativement
aux sels contenus dans l'eau, que le cuivre excitait ce
dégagement d'oxygène; il devait donc suffire, pour arrêter toute l'opération, de rendre la surface du cuivre
légèrement négative; et c'est encore ce que ses expériences sur la pile de Volta lui rendaient facile. Le métal
qui, alternant avec le cuivre dans la pile, prendrait le
plus fortement l'électricité positive, le fer par exemple,
ou mieux encore le zinc, devait produire l'effet désiré.
C'est là ce qui eut lieu : un seul grain de zinc, un petit

clou de fer, garantit un pied carré de cuivre et davantage ; et des vaisseaux que l'on prépara par sa méthode
allèrent en Amérique et en revinrent sans que leur dou-
blage eût éprouvé d'oxydation. Cependant, à l'épreuve,
de justes proportions se trouvèrent nécessaires ; une
trop grande quantité du métal préservateur rendant le
cuivre trop négatif, il s'y déposait une couche terreuse
qui provoquait des coquillages et des plantes marines
à s'y attacher ; on assure même que, malgré la justesse
de la solution du problème considéré sous le rapport
purement chimique, cette circonstance imprévue a été
telle que l'on s'est cru obligé d'abandonner l'emploi de
ce procédé. Peut-être M. Davy eût-il découvert encore
le remède de cet inconvénient, si le parti que la jalousie
en avait tiré contre lui ne l'eût dégoûté de s'en occuper.

Une cause analogue l'avait arrêté quelques années
auparavant dans un travail qui aurait pu procurer de
grands trésors à la littérature et à l'histoire.

On sait tout l'intérêt que le prince régent, depuis
Georges IV, avait mis au déroulement des manuscrits
d'Herculanum, au point d'y entretenir un directeur et
plusieurs ouvriers, qui déjà en ont déroulé plus de
mille colonnes. Tout faisait espérer que la chimie don-
nerait des moyens de faciliter ce travail, et M. Davy fut
envoyé à cet effet à Naples en 1818. Un examen attentif
de ces rouleaux, une appréciation exacte de leurs différents états et des causes qui les y avaient mis, lui firent
désespérer de trouver une méthode simple de ramollis-
sement, mais il indiqua plusieurs moyens d'en mieux
détacher les parties et de les étendre plus parfaitement
qu'on ne le faisait avant lui ; aussi les conservateurs

de la collection reçurent-ils ses conseils avec reconnaissance, tant qu'il ne s'agit que de l'opération mécanique; mais un autre ,savant anglais, versé dans l'étude
des manuscrits, M. Elonsley, ayant cherché à déchiffrer
ce qui se déroulait, les sentiments changèrent aussitôt,
et l'on suscita aux deux compatriotes tant de difficultés,
qu'ils renoncèrent à leur entreprise. Ce voyage procura
néanmoins à M. Davy l'occasion de traiter un autre
sujet intéressant pour l'histoire des arts, la nature des
couleurs dont se servaient les peintres de l'antiquité;
quelques écailles de la chaux des murs de Pompéïa ou
d'Herculanum lui suffirent pour en faire l'analyse. Il
prouva qu'elles étaient à peu près aussi nombreuses que
les nôtres, et que plusieurs semblent même avoir été
mieux préparées, puisqu'elles ont résisté à tant de
siècles.

Ce voyage lui fournit encore de nouvelles observations sur les volcans, mais qui se rapportaient toujours
à ses idées précédentes. L'excessive incandescence de
la lave au moment où'elle jaillit ; le bruit qui l'annonce ;
l'eau, les sels, les exhalaisons dont elle est accompa-
gnée, tout le confirma dans l'idée qu'il avait eue, dès le
temps de ses premières expériences sur les alcalis, que
la principale cause de ces étonnants phénomènes est
l'action de l'eau de la mer sur les métaux des terres ou
des alcalis qu'il suppose exister, non encore oxydés,
dans les profondes entrailles de la terre. Cette supposition se rattachait à un grand ensemble de vues sur l'état
primitif du globe et sur les divers changements que sa
surface a subis, où il cherchait à lier en un seul système toutes les observations de ces derniers temps, qui
se rapportent à ce sujet, depuis celles d'Herschell sur

les nébuleuses jusqu'à celles des naturalistes les plus récents sur la nature et la position relative des couches terrestres, et sur les animaux et les végétaux dont elles contiennent les dépouilles.

Ce n'étaient point des hypothèses indignes du génie qui avait produit tant de découvertes positives, mais enfin ce n'étaient pas non plus des vérités du premier ordre, et lui-même ne les plaçait pas au même rang. Il ne les a fait entrer que dans un ouvrage où son imagination s'est portée sur bien d'autres matières,et d'une nature bien plus élevée, ses *Consolations en voyage*, le dernier écrit qui l'ait occupé, et celui auquel il travaillait pour se distraire dans sa dernière maladie.

Le progrès de l'espèce humaine, le sort qui lui est réservé, celui qui attend chacun de nous, la destination de milliers de globes, dont à peine quelques astronomes aperçoivent une petite partie, y sont le sujet de dialogues où le poète ne brille pas moins que le philosophe, et où, parmi des fictions variées, une grande force de raisonnement s'applique aux questions les plus sérieuses; on aurait dit qu'une fois sorti de son laboratoire il retrouvait ces douces rêveries, ces pensées sublimes qui avaient enchanté sa jeunesse; c'était en quelque sorte l'ouvrage de Platon mourant.

C'est ainsi que, pendant une maladie précédente, il s'était amusé à expliquer, dans une autre suite de dialogues (son *Salmonia*), tout ce que son expérience de pêcheur lui avait appris sur l'histoire naturelle des saumons et des truites ; il y a consigné beaucoup d'observations curieuses qui en feront toujours un livre important pour l'ichthyologie.

Cependant, nous devons l'avouer, quelque ingénieux

que soient ces écrits, les sciences auront à regretter qu'un génie de cette force ait eu besoin de ces distractions; mais sa santé l'y obligeait; de bonne heure elle était devenue assez chancelante, et, dans certains moments, l'oubli absolu de toutes ses recherches chimiques pouvait seul donner trêve à ses douleurs.

Il n'avait même pas toujours la faculté de se distraire par des ouvrages d'esprit. La pêche, ou quelque autre occupation aussi insignifiante, remplissait forcément une partie de ses journées; en parcourant si rapidement une immense carrière dans les sciences, il avait aussi accéléré la course de sa vie, et il payait ses triomphes précoces par des infirmités venues avant le temps. Un troisième voyage en Italie, un séjour assez long à Florence et à Rome, n'eurent point, sur son état, l'influence qu'il en attendait.

Déjà fort affaibli, il désira voir son pays natal. Lady Davy et son frère le Dr John Davy, qui était aussi son médecin, lui prodiguèrent pendant la route les soins les plus tendres; les beaux sites qu'il parcourait semblaient par moment lui rendre quelques souvenirs de sa jeunesse, mais ce n'étaient que les dernières lueurs d'un flambeau qui va s'éteindre. Arrivé à Genève, et sans que rien fît prévoir une fin si prochaine, il expira subitement dans la nuit du 28 au 29 mai 1829.

Ainsi a fini à cinquante ans, sur une terre étrangère, un génie dont le nom brillera avec éclat parmi cette foule si éclatante de noms dont s'enorgueillit la Grande-Bretagne. Mais, que dis-je? pour un tel homme aucune erre n'est étrangère; Genève surtout ne pouvait pas l'être, où, depuis vingt ans, il comptait des amis intimes, des admirateurs sans cesse occupés de répandre ses découvertes sur le continent; aussi le deuil n'eût pas été plus grand ni les obsèques plus honorables pour un de leurs concitoyens les plus respectés. Les magistrats, l'université entière, élèves et professeurs, tout ce que la ville renfermait d'habitants et d'étrangers, se sont fait un devoir d'y assister ; chacun enfin s'empressa de prouver que les sciences sont cosmopolites ; et, pour lui donner la plus haute marque d'estime, l'Académie de Genève a accepté une fondation faite en son honneur par Mme Davy, en vertu de laquelle il sera décerné, tous les deux ans, un prix à l'expérience chimique la plus neuve et la plus féconde ; en sorte que son nom demeurera encore attaché aux vérités qui se découvriront longtemps après lui dans la science où il en a découvert de si importantes.

FIN.

TABLE

———

FIN

Angers, imprimerie Burdin et Cie.

www.ingramcontent.com/pod-product-compliance
Lightning Source LLC
Chambersburg PA
CBHW061114220326
41599CB00024B/4041